电工电子技术简明教程

李亚峰　李方园　编著

U0239325

机械工业出版社

电工电子技术是高职高专工科电类相关专业的一门技术基础课程，也是维修电工培训必须掌握的一门课程。本书作为双证融通系列丛书中的一门主干课，具有基础性、应用性和先进性。本书系统地介绍了电工电子技术的基本内容，把培养学生（或学员）的职业能力作为首要目标，内容系统连贯，深入浅出；案例通俗易懂，典型生动；书中插入电工电子元器件实物图片，直观形象。

本书共分为12讲，涵盖了安全用电与电工测量、直流电路的分析与实践、正弦交流电路的分析与实践、常用半导体器件、放大电路等。

本书可作为高职高专电气自动化、机电一体化、楼宇智能化等专业的课程教材，也可作为广大电工技术爱好者、求职者、下岗再就业者、职业培训人员的教材。

图书在版编目（CIP）数据

电工电子技术简明教程/李亚峰等编著. —北京：机械工业出版社，2013.2（2019.7重印）

（双证融通系列丛书）

ISBN 978 – 7 – 111 – 41525 – 1

Ⅰ.①电… Ⅱ.①李… Ⅲ.①电工技术 – 高等职业教育 – 教材②电子技术 – 高等职业教育 – 教材 Ⅳ.①TM②TN

中国版本图书馆 CIP 数据核字（2013）第 031254 号

机械工业出版社（北京市百万庄大街 22 号 邮政编码 100037）

策划编辑：林春泉 责任编辑：李振标 版式设计：霍永明
责任校对：刘雅娜 封面设计：路恩中 责任印制：常天培
北京京丰印刷厂印刷
2019 年 7 月第 1 版第 3 次印刷
184mm×260mm · 16.25 印张 · 401 千字
标准书号：ISBN 978 – 7 – 111 – 41525 – 1
定价：39.00 元

凡购本书，如有缺页、倒页、脱页，由本社发行部调换

电话服务　　　　　　　　　　网络服务

服务咨询热线：010 – 88361066　机 工 官 网：www.cmpbook.com
读者购书热线：010 – 68326294　机 工 官 博：weibo.com/cmp1952
　　　　　　　010 – 88379203　金 书 网：www.golden-book.com
封面无防伪标均为盗版　教育服务网：www.cmpedu.com

序

本套"维修电工培训与电类人才培养"双证融通系列丛书是在全社会大力推进"工学结合、产学合作"的大环境下推出的。丛书以服务为宗旨，以就业为导向，以提高学生（学员）素质为核心，以培养学生（学员）职业能力为本位，全方位推行产学合作，强调学校（培训机构）与社会的联系，注重理论与实践的结合，将分层化国家职业标准的理念融入课程体系，将国家职业资格标准、行业标准，融入课程标准。

目前，在很多高职院校、应用型本科中都有"电气自动化技术"专业，其对应的第一岗位就是电气设备及其相关产品的设计与维护，对应的考证是维修电工（中高级）。因此，本丛书以目前在各类高校中针对国家职业标准重新修订的"电类人才培养"教学计划为基础，将职业标准融入到课程标准中，并力求使各课程的理论教学、实操训练与国家职业标准的应知、应会相衔接对应，力求做到毕业后零距离上岗。

电类人才的培养目标定位于培养具有良好思想品德和职业道德，具备较为坚实的文化基础知识和电专业基础知识，要求学生能适应电气自动化行业发展的需要，成为电气控制设备和自动化设备的安装、调试与维护的高素质高技能的专门人才。根据这一培养目标制订的教学计划，除了能够做到学历教育与职业资格标准的完全融合外，还具有一定的前瞻性、拓展性，既满足当前岗位要求，又体现未来岗位发展要求；既确保当前就业能力，又为学生后续可持续发展提供基础和保障；既包含职业资格证书的内容，又保证学历教育的教学内容；既符合教育部门对电气自动化技术毕业生的学历培养要求，又符合人力资源与社会保障部对"维修电工中（高）级"职业技能鉴定的要求。

本丛书推出 7 门"双证融通"课程，每门课程均有电子版资料可免费下载，它们分别是：

（1）电工电子技术简明教程
（2）数控机床电气控制简明教程
（3）AutoCAD 工程绘图简明教程
（4）电力电子技术简明教程
（5）三菱 PLC 应用简明教程
（6）西门子 PLC 应用简明教程
（7）变频器应用简明教程

丛书特别感谢宁波市服务型教育重点专业建设项目（电子电气专业）的出版资助，同时也感谢机械工业出版社电工电子分社、浙江工商职业技术学院为丛书的策划与推广提供了必不可少的帮助。

丛书主编：李方园

前　言

电工电子技术是高职高专工科电类相关专业的一门技术基础课程，也是研究电工技术和电子技术理论和应用技术的基础课程。而对于维修电工培训人员来说，电工电子技术也是一门必须掌握的培训课程。

本书作为双证融通系列教程中的一门主干课，具有基础性、应用性和先进性。基础性是指电工电子技术的基本理论、知识和技能；应用性是指电类相关专业学生学习电工电子技术重在应用；先进性是指电工电子技术要反映现代电工技术和电子技术的发展水平。

本书系统地介绍了电工电子技术的基本内容，把培养学生（或学员）的职业能力作为首要目标，内容系统连贯，深入浅出；案例通俗易懂，典型生动；插入了电工电子元器件实物图片，直观形象。

本书共分12讲，内容涵盖了安全用电与电工测量，直流电路的分析与实践，正弦交流电路的分析与实践，三相交流电路的分析与实践，交直流电动机、低压电器及应用，常用半导体器件、放大电路、直流稳压电源、门电路与组合逻辑电路、数-模和模-数转换电路等。

本书主要由李亚峰和李方园编著。杨帆、钟晓强、胡焕啸、肖敏强、熊巧珍、张东升、叶明、陈亚玲、陈贤富、李伟庄、章富科、吴於等参与了相关章节的编写工作。

在编写过程中，曾参考和引用了国内外许多专家、学者主编的教材，浙江天煌和亚龙等教仪公司也为本书提供了最新的实验指导书，在此一并致谢！

作者

目　　录

第1讲 安全用电与电工测量

【导读】

为防止各类用电事故的发生，保护电气作业人员自身的安全与健康，安全用电始终是一个必须时刻引起高度重视的课题。本讲从人体触电的原理及其影响因素出发，详细介绍了人体触电的方式和触电急救技术，以及电器灭火常识，从而得出了用电安全操作规范。电工测量与仪表是维修电工必须要掌握的基本技能之一，因此本讲还介绍了相关人员在生产实践中应掌握的电工测量用仪器仪表的分类、特点、结构、工作原理和使用方法。

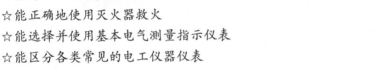

应知

※了解人体触电及其影响因素

※熟悉电器灭火常识和规范

※掌握电工测量的意义

※掌握电工指示仪表的误差和准确度

☆能对触电的人员进行急救

☆能正确地使用灭火器救火

☆能选择并使用基本电气测量指示仪表

☆能区分各类常见的电工仪器仪表

应会

1.1　安全用电

1.1.1　电气安全操作技术

安全教育是维修电工岗位教育的第一课，因此树立"安全第一，预防为主"的方针对于维修电工的日常作业来说是非常重要的。

1. 人体触电及其影响因素

（1）电击和电伤　人体触电有电击和电伤两种。所谓电击，是指电流通过人体内部器官，使其受到伤害。当电流作用于人体中枢神经，使心脏和呼吸器官的正常功能受到破坏，血液循环减弱，人体发生抽搐、痉挛、失去知觉甚至假死，若救护不及时，则会造成死亡。

电伤是指电流的热效应、化学效应和机械效应对人体外部器官造成的局部伤害，包括电弧引起的灼伤。电流长时间作用于人体，由其化学效应及机械效应在接触电流的皮肤表面形成肿块、电熔印及在电弧的高温作用下熔化的金属渗入人体皮肤表层，造成皮肤金属化等。电伤是人体触电事故中危害较轻的一种。

（2）电流对人体的伤害　电流对人体的伤害程度与电流的强弱、流经的途径、电流的频率、触电的持续时间、触电者健康状况及人体的电阻等因素有关，见表1-1。

表1-1　电流对人体的伤害

项目	成年男性	成年女性
感知电流/mA	1. 1	0. 7
摆脱电流/mA	9 ~ 16	6 ~ 10
致命电流/mA	直流30 ~ 300,交流30 左右	直流30 ~ 200,交流 < 30
危及生命的触电持续时间/s	1	0. 7
电流流经路径	流经人体胸腔,则心脏机能紊乱;流经中枢神经,则神经中枢严重失调而造成死亡	
人体健康状况	女性比男性对电流的敏感性高,承受能力为男性的2/3;小孩比成年人受电击的伤害程度严重;过度疲劳,心情差的人比有思想准备的人受伤程度高;病人受害程度比健康人严重	
电流频率	40 ~ 60Hz 的交流电对人体伤害最严重,直流电与较高频率的交流电的危害性则小一些	
人体电阻	皮肤在干燥、洁净、无破损的情况下电阻可达数十千欧,潮湿破损的皮肤可降至800Ω 以下,通常为 1 ~ 2kΩ	

2. 人体触电的方式

（1）直接触电　人体任何部位直接触及处于正常运行条件下的电气设备的带电部分（包括中性导体）而形成的触电，称为直接接触触电。它又分为单相触电和两相触电两种情况。

1）单相触电。如图1-1 所示。当人体站在大地或其他接地体上不绝缘的情况下，身体的某一部分直接接触到带电体的一相而形成的触电，称单相触电。单相触电的危险程度与电压的高低、电网中性点的接地情况及每相对地绝缘阻抗的大小等因素有关。在高电压系统中，人体虽然未直接接触带电体，但因安全距离不够，高压系统经电弧对人体放电，也会形成单相触电。在图1-1a所示的中性点接地系统中，通过人体的电流达到$220V/(1 \times 10^3 \Omega)$ $=220mA$，远远超过人体的摆脱电流。人体若发生单相触电，将产生严重后果。在图1-1b所示的中性点不接地系统中，若线路绝缘不良，则绝缘阻抗降低，触电时流过人体的电流相应增大，增加了人体触电的危险性。

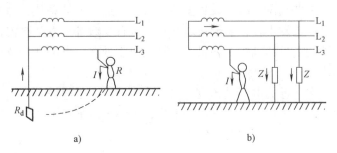

图1-1　单相触电

a）中性点接地系统的单相触电　b）中性点不接地系统的单相触电

2）两相触电。人体同时触及带电设备或线路不同电位的两个带电体所形成的触电，称为两相触电，如图1-2所示。当发生两相触电时，人体承受电网的线电压为相电压的$\sqrt{3}$倍，故两相触电为单相触电时流过人体电流的$\sqrt{3}$倍，比单相触电有更大的危险性。

（2）间接触电　电气设备在故障情况下，使正常工作时本来不带电的金属外壳处于带电状态，当人体任何部位触及带电的设备外壳时所造成的触电，称为间接触电。

1）跨步电压触电。当电气设备绝缘损坏而发生接地故障或线路一相带电导线断落于地面时，地面各点会出现如图1-3所示的电位分布，当人体进入到上述具有电位分布的区域时，两脚间（人的跨步距离按0.8m考虑）就会因为地面电位不同而承受电压作用，这一电压称为跨步电压。由跨步电压引起的触电，称为跨步电压触电。

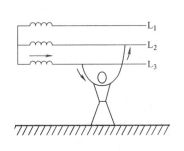

图1-2　两相触电

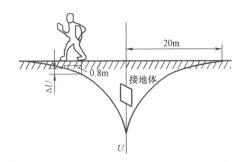

图1-3　跨步电压触电

2）接触电压触电。用电设备因一相电源线绝缘损坏碰触设备外壳时，接地电流自设备金属外壳通过接地体向四周大地形成半球状流散。其电位分布以接地体为中心向周围扩散，距接地体20m左右处的电位为零。此时，当人体触及漏电设备外壳时，因人体与脚处于不同的电位点，就会承受电压，此电压称为接触电压。人体因接触电压而引起的触电，称为接触电压触电。

接触电压和跨步电压与接地电流、土壤电阻率、设备接地电阻及人体位置有关。接地电流较大时，就会产生较大的接触电压和跨步电压，发生触电事故。

（3）其他类型触电 静电电击：当物体在空气中运动时，因摩擦而使物体带有一定数量的静止电荷，静止电荷的堆积会形成电压很高的静电场，当人体接触此类物体时，静电场通过人体放电，使人体受到电击。

残余电荷电击：由于电气设备电容效应，在刚断开电源的一段时间里，还可能残留一些电荷，当人体接触这类电气设备时，设备上的残余电荷通过人体释放，使人体受到电击。

雷电电击：雷电多数发生在雷云云块之间，但也有少数部分发生在雷云与大地或与建筑物之间。在这种剧烈的雷电活动中，如果人体靠近或正处在雷电的活动范围内，将会受到雷电的电击。

感应电压电击：在邻近的电气设备或金属导体上，由于带电设备的电磁感应或静电感应而感应出一定的电压，人体受到此类电压的电击，称为感应电压电击。在超高压双回路及多回路线路中，感应电压产生的电击时有发生。

1.1.2 触电急救技术

人体触电后，由于痉挛或失去知觉等原因而本能抓紧带电体，不能自行拜托电源，使触电者成为一个带电体。触电事故瞬间发生，情况危急，必须实行紧急救护。统计资料表明，触电急救心脏复苏成功率与开始急救的时间有关，两者关系见表1-2。因此，发现有人触电，务必争分夺秒地进行紧急抢救。

表 1-2 触电急救心脏复苏成功率与开始急救的时间表

施救开始时间/min	<1	1~2	2~4	6	>6
心脏复苏成功率(%)	60~90	45	27	10~20	<10

1. 急救处理的基本原则

1）发现有人触电，尽快断开与触电人接触的导体，使触电人脱离电源，这是减轻电伤害和实施救护的关键和首要工作。

2）当触电者脱离电源后，应根据其临床表现，实行人工呼吸或在胸腔处施行心脏按压法急救，按照动作要领操作，以获得救治效果。同时迅速拨打120，联系专业医护人员来现场抢救。

3）抢救生命垂危者，一定要在现场或附近就地进行，切忌长途护送到医院，以免延误抢救时间。

4）紧急抢救要有信心和耐心，不要因一时抢救无效而轻易放弃抢救。

5）抢救人员在救护触电者时，必须注意自身和周围的安全，当触电者尚未脱离触电电源，救护者也未采取必要的安全措施前，严禁直接接触触电者。

6）当触电者所处位置较高时，应采取相应措施，以防触电者脱离电源时从高处落下摔伤。

7）当触电事故发生在夜间时，应该考虑好临时照明，以方便切断电源时保持临时照明，便于救护。

2. 触电者脱离低压电源的方法

（1）切断电源 若电源开关或插座就在触电者附近，救护人员应尽快拉下开关或拔掉插头。

（2）割断电源线 若电源线为明线，且电源开关或插座离触电者较远时，则可用带绝缘柄的电工钳剪断电线或用带有干燥木柄的斧头，锄头等利器砍断电线。注意割断的电线位置，不能造成其他人触电。

（3）挑、拉开电源线　如电线断落在触电者身上，且电源开关又远离触电地点，救护人员可用干燥的木棒、竹竿等将掉下的电源线挑开。

（4）拉开触电者　发生触电时，若身边没有上述工具，救护者可用干燥衣服、帽子、围巾等把手包扎好，或戴上绝缘手套，去拉触电者干燥的衣服，使其脱离电源。若附近有干燥的木板或木板凳等，救护人员可将其垫在脚下，去拉触电者则更加安全。注意救护时只用一只手拉，切勿触及触电者的身躯或金属物体。

（5）设法使触电者与大地隔离　若触电者紧握电源线，救护者身边又无合适的工具，则可以用干燥的木板塞至触电者身体下方，使其与大地隔离，然后再设法将电源线断开。在救护过程中，救护者应尽可能站在干燥的木板上进行操作。

3. 使触电者脱离高压电源的方法

1）当发现有人在高压带电设备上触电时，救护人员应戴上绝缘手套，穿上绝缘靴，拉开电源开关，或用相应电压等级的绝缘工具拉开高压跌落熔断器，以切断电源。在操作过程中，救护人员必须保持自身与周围带电体的安全距离。

2）当有人在架空线路上触电时，救护人员应尽快用电话通知当地电力部门迅速停电，以利抢救。若不能迅速与变电站联系，可采用应急措施，即抛掷具有足够截面、适当长度的金属软导线，使电源线短路，迫使保护装置动作，断开电源开关。抛掷导线前，应先将导线一端牢牢固定在铁塔或接地引线上，另一端系上重物。抛掷时，应防止电弧伤人或断线危及他人安全。抛掷点应距离触电现场尽可能远一点。

3）若触电者触及落在地面的高压导线，当尚未确认断落导线无电时，在未采取安全措施前，救护人员不得接近断线点 8~10m 的范围内，以防跨步电压伤人。此时，救护人员必须戴好手套，穿好绝缘靴后，用与触电电压相符的绝缘杆挑开电线。

1.1.3　电器灭火常识

电气设备发生火灾有两大特点：一是当电气设备着火或引起火灾后没有与电源断开，设备仍然带点；二是电气设备本身充油（例如电力变压器、油断路器等）发生火灾时，可能喷油甚至爆炸，引起火势蔓延，有扩大火灾范围的危险。因此，电气灭火必须根据实际情况，采取对应的措施。

1. 切断电源

当发生火灾时，若现场尚未停电，首先应想办法切断电源，这是防止火灾范围扩大和避免触电事故的重要措施，切断电源要注意五个方面。

1）若线路带有负荷，应先断开负荷，再切断火场电源。

2）切断电源的地点要选择合适，防止切断电源后，影响灭火工作。

3）切断电源时，必须应用可靠的绝缘工具，防止操作发生触电事故。

4）剪断导线时，非同相导线应在不同部位剪断，以免造成人为短路。

5）剪断电源线时，剪断位置应选择在电源方向的绝缘瓷瓶附近，以免造成断线头下落时发生接地断路或触电伤人的事故。

2. 带电灭火注意事项

1）人员与带电体应保持一定的安全距离。

2）带电导线断电时，为防止跨步电压伤人，要画出一定的警戒区。

3）对架空线路等高空设备灭火时，人体位置与带电体间的仰角不得超过 45°，以防止导线断落时危及灭火人员的安全。

4）当用水枪灭火时，以采用喷雾水枪，因为这种水枪通过水柱的泄漏电流比较小，带电灭火比较安全。用水枪灭火时，水枪嘴与带电体间的距离是：电压为 110kV 以下者，应大于 3m；220kV 以上者，应大于 5m。用 1211 灭火器等不导电灭火器灭火时，应大于 2m 的距离。

5）泡沫灭火器的泡沫既可能损害电气设备绝缘，又具有一定的导电性，故不能用于带电灭火。

3. 充油电气设备的灭火

1）充油设备外部着火时，可用 CO_2、1211（二氟一氯溴甲烷）、干粉等灭火器灭火；若火势较大，务必立即切断电源，用水灭火。

2）若充油设备内部着火，除应立即切断电源外，有事故储油坑的应设法放入储油坑，灭火可用喷雾水枪，也可用沙子、泥土等。地上流出的油可用泡沫灭火器灭火。

3）电动机、发电机等旋转设备着火时，可让其慢慢转动，以防止轴和轴承变形，用喷雾水枪灭火，并帮助其冷却，也可以用 CO_2、$CC14$、1211 和蒸气等灭火，但不宜用于干粉、沙子、泥土等灭火，以免损坏电机内绝缘。

1.1.4 电工安全操作规程

1. 工作之前

1）电气操作人员应思想集中；电器线路在未经测电笔确定无电前，应一律视为"有电"，不可用手触摸，不可绝对相信绝缘体，应认为有电操作。

2）应详细了解工作地点、工作内容、周围环境，再选安全位置进行工作。

3）工作前应详细检查自己所用工具是否安全可靠，穿戴好必需的安全防护用品，以防工作时发生意外。

4）维修线路要采取必要的措施，在开关手柄上或线路上悬挂"有人工作切勿合闸"的警告牌，防止他人中途送电。

5）使用测电笔时，要注意测试电压范围，禁止超出范围使用，电工人员一般使用试电笔只许测试五百伏及以下的电压。

6）在线路进行检修时，事先可通知用电单位停电时间，再到配电室填好停电表后然后进行，并要注意安全操作。

7）在架空线路进行检修前，应首先停电、试电，并挂好临时接地线，以防发生意外。

2. 工作之中

1）凡 400V 至 1000V 内的线路上，禁止带电操作，如必须带电作业时，要有可靠的安全操作措施，经主管领导同意后，在有人监护下方可进行。

2）电工人员工作时，必须头脑清醒、思想集中、不得酒醉、打闹、神志不清。身体不适者禁止工作。

3）工作中所拆除的电线要整理好，带电的线头应包好，以防发生触电。

4）安装灯头时，开关必须控制相线，灯口处必须接在"0"线。

5）所用之导线及熔丝，其容量大小必须合乎规定标准，选择开关时必须大于所控制之设备的总容量。

6）如工作中途因停止，当重新工作时，必须详细检查各项设备之变化，待充分了解后方可进行工作。

7）严格遵守劳动纪律，服从工作地带班者指挥，不得任意离开工作岗位。

8）在一切金属器件外壳上，都必须施行接地；接地电阻不得大于4Ω，地线截面要大于相线截面1/3。

9）设备安装时，要进行详细检查，电器的绝缘电阻不得小于$0.5M\Omega$，并按机床说明书的各项要求，进行调整、试验。

3. 工作结束后

1）工作结束后必须使全部工作人员撤离操作地段，拆除警告牌，所有材料、工具、仪表等随之撤离，原有的防护装置，随时安装好。

2）操作地段清理后，操作人员要亲自检查，如要送电试验，一定要和有关人员联系好，以免发生意外。

4. 登高操作

1）登高使用的工具（梯子、铁鞋、安全带、绳子、紧线工具等），必须经常检查，切实保护好，如发现损坏，不合安全规定应立即停止使用。

2）使用梯子进行工作时，梯子角度以$60°$为宜，禁止两人同时上、下梯子，操作时需有人在地面监护。

3）登杆工作一定要使用安全带和安全帽。安全带不准拴束在横担上。

4）使用的工具及材料必须装入工具袋内吊送，不准随便乱抛，以免砸伤人；有人在电杆上工作时，任何人不可站在电杆下。

5）数人同登一杆工作时，必须戴安全帽，先登者不得先作业，待各人选择好自己的位置后，才能开始工作。

6）登杆之后，必须检查无电时才可开始工作。为了防止中途送电，线路上需挂临时地线。

7）如遇雷雨及大风天气时，严禁在架空线路上进行工作。

8）工作完毕后必须拆除临时地线，并检查是否有工具等物漏忘在电杆上。

9）新建线路或检修完工后，送电前必须认真检查，看是否合乎要求，并和有关工作人员联系好，方能送电。

5. 其他方面

1）弯管时注意安全，防止烧伤烫伤。

2）电气安装打墙眼时，要思想集中，互相注意防止锤头伤人。

3）发生事故或重大设备、人身事故和发现严重事故因素时，应立即向上级报告，迅速排除。

4）发生触电时，不要慌乱，应先立即拉开电源，如急切找不到电源时，可用木杆或干净棉布使触电者脱离电源；脱离电源后，立即施行人工呼吸，并通知医院。

5）发生火警时，应立即切断电源，用四氯化碳粉质灭火器或黄砂扑救，严禁用水扑救。

6）在电气安装、调试或检修等相关作业，请在合适位置悬挂相应安全牌（如图1-4所示）。

禁止开动　　　　禁止通行　　　　禁止烟火

当心触电　　注意头上吊装　　注意下落物　　注意安全

图1-4　电工作业安全牌

1.2　电工测量与仪表

1.2.1　电工测量的意义

一个完整的测量过程，通常包含如下两个方面：

1. 测量对象

电工测量的对象主要是反映电和磁特征的物理量，如电流（I）、电压（V）、电功率（P）、电能（W）以及磁感应强度（B）等；反映电路特征的物理量，如电阻（R）、电容（C）、电感（L）等；反映电和磁变化规律的非电量，如频率（f）、相位（ϕ）、功率因数（$\cos\varphi$）等。

根据测量的目的和被测量的性质，可选择不同的测量方式和不同的测量方法。

2. 测量设备

对被测量与标准量进行比较的测量设备，包括测量仪器和作为测量单位参与测量的度量器。进行电量或磁量测量所需的仪器仪表，统称电工仪表。电工仪表是根据被测电量或磁量的性质，按照一定原理构成的。电工测量中使用的标准电量或磁量是电量或磁量测量单位的复制体，称为电学度量器。电学度量器是电气测量设备的重要组成部分，它不仅作为标准量参与测量过程，而且是维持电磁学单位统一、保证量值准确传递的器具。电工测量中常用的电学度量器有标准电池、标准电阻、标准电容和标准电感等。

除以上主要方面外，测量过程中还必须建立测量设备所必需的工作条件；慎重地进行操作，认真记录测量数据；并考虑测量条件的实际情况进行数据处理，以确定测量结果和测量误差。

1.2.2　测量方式和测量方法的分类

1. 测量方式的分类

主要测量方式如下：

（1）直接测量 在测量过程中，能够直接将被测量与同类标准量进行比较，或能够直接用事先刻度好的测量仪器对被测量进行测量，从而直接获得被测量数值的测量方式称为直接测量。例如，用电压表测量电压、用电度表测量电能以及用直流电桥测量电阻等都是直接测量。直接测量方式广泛应用于工程测量中。

（2）间接测量 当被测量由于某种原因不能直接测量时，可以通过直接测量与被测量有一定函数关系的物理量，然后按函数关系计算出被测量的数值，这种间接获得测量结果的方式称为间接测量。例如，用伏安法测量电阻，是利用电压表和电流表分别测出电阻两端的电压和通过该电阻的电流，然后根据欧姆定律 $R = U/I$ 计算出被测电阻 R 的大小。间接测量方式广泛应用于科研、实验室及工程测量中。

2. 测量方法的分类

在测量过程中，作为测量单位的度量器可以直接参与也可以间接参与。根据度量器参与测量过程的方式，可以把测量方法分为直读法和比较法。

（1）直读法 用直接指示被测量大小的指示仪表进行测量，能够直接从仪表刻度盘上读取被测量数值的测量方法，称为直读法。直读法测量时，度量器不直接参与测量过程，而是间接地参与测量过程。例如，用欧姆表测量电阻时，从指针在刻度尺上指示的刻度可以直接读出被测电阻的数值。这一读数被认为是可信的，因为欧姆表刻度尺的刻度事先用标准电阻进行了校验，标准电阻已将它的量值和单位传递给欧姆表，间接地参与了测量过程。直读法测量的过程简单，操作容易，读数迅速，但其测量的准确度不高。

（2）比较法 将被测量与度量器在比较仪器中直接比较，从而获得被测量数值的方法称为比较法。例如，用天平测量物体质量时，作为质量度量器的砝码始终都直接参与了测量过程。在电工测量中，比较法具有很高的测量准确度，可以达到 ±0.001%，但测量时操作比较麻烦，相应的测量设备也比较昂贵。

根据被测量与度量器进行比较时的不同特点又可将比较法分为零值法、较差法和替代法三种。

1）零值法又称平衡法，它是利用被测量对仪器的作用，与标准量对仪器的作用相互抵消，由指零仪表做出判断的方法。即当指零仪表指示为零时，表示两者的作用相等，仪器达到平衡状态；此时按一定的关系可计算出被测量的数值。显然，零值法测量的准确度主要取决于度量器的准确度和指零仪表的灵敏度。例如，用天平测量物体质量，用电位差计测量电势都是零值法测量方法。

2）较差法是通过测量被测量与标准量的差值，或正比于该差值的量，根据标准量来确定被测量的数值的方法。较差法可以达到较高的测量准确度。例如，用不平衡电桥测量电阻就是较差法测量。

3）替代法是分别把被测量和标准量接入同一测量仪器，在标准量替代被测量时，调节标准量，使仪器的工作状态在替代前后保持一致，然后根据标准量来确定被测量的数值。用替代法测量时，由于替代前后仪器的工作状态是一样的，因此仪器本身性能和外界因素对替代前后的影响几乎是相同的，有效地克服了所有外界因素对测量结果的影响。替代法测量的准确度主要取决于度量器的准确度和仪器的灵敏度。例如，用玻璃管水银温度计测量温度时，可直接由水银柱高度读取温度数值。

1.2.3 电工指示仪表的基本原理及组成

电工指示仪表的基本原理是把被测电量或非电量变换成仪表指针的偏转角。因此，它也称为机电式仪表，即用仪表指针的机械运动来反映被测电量的大小。电工指示仪表通常由测量线路和测量机构两部分组成。测量机构是实现电量转换为指针偏转角，并使两者保持一定关系的机构。它是电工指示仪表的核心部分。测量线路将被测电量或非电量转换为测量机构能直接测量的电量，测量线路的构成必须根据测量机构能够直接测量的电量与被测量的关系来确定；它一般由电阻、电容、电感或其他电子元件构成。

1. 电工指示仪表的分类

电工指示仪表可以根据原理、结构、测量对象、使用条件等进行分类。

根据测量机构的工作原理分类，可以把仪表分为磁电系、电磁系、电动系、感应系、静电系、整流系等。

根据测量对象分类，可以分为电流表（安培表、毫安表、微安表）、电压表（伏特表、毫伏表、微伏表以及千伏表）、功率表（又称瓦特表）、电度表、欧姆表、相位表等。

根据仪表工作电流的性质分类，可以分为直流仪表、交流仪表和交直流两用仪表。

按仪表使用方式分类，可以分为安装式仪表和可携式仪表等。

按仪表的使用条件分类，可以分为 A、A1、B、B1 和 C 五组。有关各组的规定可以查阅国家标准 GB/T 776—1976《电测量指示仪表通用技术条件》。

按仪表的准确度分类，有 0.1、0.2、0.5、1.0、1.5、2.5 和 5.0 共七个准确度等级。

2. 电工指示仪表的标志

电工指示仪表的表盘上有许多表示其技术特性的标志符号。根据国家标准的规定，每一个仪表必须有表示测量对象的单位、准确度等级、工作电流的种类、相数、测量机构的类别、使用条件级别、工作位置、绝缘强度试验电压的大小、仪表型号和各种额定值等标志符号。可参见表 1-3。

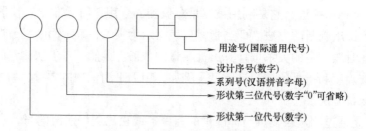

图 1-5　安装式仪表型号的编制规则

3. 电工指示仪表的型号

（1）安装式仪表型号的组成　如图 1-5 所示。其中第一位代号按仪表面板形状最大尺寸特征编制；系列代号按测量机构的系列编制，如磁电系代号为"C"，电磁系代号为"T"，电动系代号为"D"等。

（2）可携式仪表型号的组成　由于可携式仪表不存在安装问题，所以将安装式仪表型号中的形状代号可省略，即是它的产品型号。

表 1-3　常见电工指示仪表和附件的表面标志符号

A. 测量单位的符号

名称	符号	名称	符号	名称	符号	名称	符号
千安	kA	兆兆欧	TΩ	千瓦	kW	毫韦伯/米^2	mT
安培	A	兆欧	MΩ	瓦特	W	微法	μF
毫安	mA	千欧	kΩ	兆乏	Mvar	微微法、皮法	pF
微安	μA	欧姆	Ω	千乏	kvar	亨	H
千伏	kV	毫欧	mΩ	乏尔	var	毫亨	mH
毫伏	mV	微欧	μΩ	兆赫	MHz	微亨	μH
微伏	μV	库仑	C	千赫	kHz	摄氏度	℃
兆瓦	MW	毫韦伯	mWb	赫兹	Hz		

B. 仪表工作原理的图形符号

名　　　称	符　号	名　　　称	符　号
磁电系仪表		铁磁电动系仪表	
磁电系比率表		铁磁电动系比率表	
电磁系仪表		感应系仪表	
电磁系比率表		静电系仪表	
电动系仪表		整流系仪表 带半导体整流器和 继电系测量机构	
电动系比率表		热电系仪表 带接触式热变换器 和磁电系测量机构	

1.2.4　电工指示仪表的误差和准确度

1. 误差

电工指示仪表的误差有基本误差和附加误差。仪表的基本误差是指仪表在规定的使用条件下测量时,由于结构上和制作上不完善引起的误差。例如,仪表可动部分的摩擦、刻度尺刻度不均匀等原因引起的误差均属基本误差。

当仪表不能在规定的使用条件下工作时,除了基本误差外,由于温度、外磁场等因素的影响,还将产生附加误差。

2. 准确度

仪表的基本误差通常用准确度来表示,准确度越高,仪表的基本误差就越小。

对于同一只仪表，测量不同大小的被测量，其绝对误差变化不大，但相对误差却有很大变化，被测量越小，相对误差就越大，显然，通常的相对误差概念不能反映出仪表的准确性能，所以，一般用引用误差来表示仪表的准确度性能。

仪表测量的绝对误差与该表量程的百分比，称为仪表的引用误差。

仪表的准确度就是仪表的最大引用误差，即仪表量程范围内的最大绝对误差与仪表量程的百分比。显然，准确度等级表明了仪表基本误差最大允许的范围。表1-4是国标 GB/T 776—1976 中对仪表在规定的使用条件下测量时，各准确度等级的基本误差范围。

表1-4　准确度等级和基本误差表

准确度等级	0.1	0.2	0.5	1.0	1.5	2.5	5.0
基本误差	±0.1	±0.2	±0.5	±1.0	±1.5	±2.5	±5.0

1.2.5　电气测量指示仪表的选择

无论用怎样完善的测量仪表进行测量，都会产生误差。引起测量误差的原因，除了仪表的基本误差外，还因为仪表使用不当和选择不合理而造成。为减小仪表的测量误差，必须合理地选择仪表。

1. 技术特性比较

各种电气测量指示仪表的技术特性，见表1-5。

2. 仪表的选择原则

根据被测量的性质选择仪表类型：根据被测量是直流电还是交流电来选择直流仪表或交流仪表。测量交流时，应区别是正弦波还是非正弦波，还要考虑被测量的频率范围。

1）根据工程实际，合理地选择仪表的准确度等级：仪表的准确度越高，测量误差越小，但价格贵，维修也困难，因此在满足准确度要求的情况下，不选用高准确度仪表。

2）根据测量范围选用量限：测量结果的准确程度，不仅与仪表准确度等级有关，而且与它的量限也有关。一般应使测量范围在仪表满刻度的 1/2 ～2/3 以上区域。

3）根据工作环境和条件选择仪表：按仪表使用条件（温度、相对湿度），国家规定分为 A、B、C 三组，见表1-6。

表1-5　各种电气测量指示仪表的技术特性

物理量	磁电系	电磁系	电动系	感应系
测量基准量(不加说明时为电压、电流)	直流或交流的恒定分量	交流有效值或直流	交流有效值或直流(并可测交、直流功率、相位、频率)	交流电能及功率,也可测交流电压和电流
使用频率范围	振动式检流计使用工频为 45～55Hz	一般用于 50Hz/60Hz,频率变化误差增大	一般用于 50Hz/60Hz	同电动系
准确度	高的可达 0.05～0.1 级,一般为 0.5～1.0 级	一般为 0.5～2.5 级	高的同磁电系	低的一般为 1.0～3.0 级
电流	几微安～几十安	几毫安～100A	几十毫安～几十安	几十毫安～10A

（续）

物理量	磁电系	电磁系	电动系	感应系
电压	几毫伏 ~ 1kV	10V ~ 1kV	10V ~ 几百伏	几十伏 ~ 几百伏
防御外磁场能力	强	弱	弱	强
分度特性	均匀	不均匀	不均匀（用作功率表均匀）	数字指示（用作功率表均匀）
价格（对同一准确度等级）	贵	便宜	最贵	便宜
主要应用范围	用作直流电表	用作板式电表及一般用途的交流电表	用作交、直流标准表	用作电度表

表 1-6　仪表使用条件

工作环境		A 组	B 组	C 组
工作条件	温度℃	0 ~ 40	− 20 ~ 50	− 40 ~ 60
	相对湿度（当时温度℃）	95%（+25）	95%（+25）	95%（+35）
最恶劣条件	温度℃	− 40 ~ 60	− 40 ~ 60	− 50 ~ 65
	相对湿度（当时温度℃）	95%（+35）	95%（+35）	95%（+60）

1.2.6　万用表

万用表主要用来测量交、直流电压、电流、直流电阻及晶体管电流放大倍数等。现在常见的主要有数字式万用表和机械式万用表两种。

（1）数字式万用表　（图1-6a）在万用表上可见到转换旋钮及测量的挡位：

Ṵ：交流电压挡

U：直流电压挡

mA：直流电流挡

Ω（R）：电阻挡

HFE：晶体管电流放大位数

万用表的红笔表示接外电路正极，黑笔表示接外电路负极。优点：防磁、读数方便、准确（数字显示）。

（2）机械式万用表　（图1-6b）机械式万用表的外观和数字表有一定区别，但它们俩的转挡旋钮是差不多的，挡位也基本相同。在机械表上会见到有一个表盘，表盘上有八条刻度尺：

标有"Ω"标记的是测电阻时用的刻度尺

标有"～"标记的是测交直流电压、直流电流时用的刻度尺

a)　　　　　　　　b)

图 1-6　万用表
a）数字式万用表　b）机械式万用表

标有"HFE"标记的是测晶体管时用的刻度尺

标有"LI"标记的是测量负载的电流、电压的刻度尺

标有"DB"标记的是测量电平的刻度尺

（3）万用表的使用　数字式万用表：测量前先打到测量的挡位，要注意的是挡位上所标的是量程，即最大值；

机械式万用表：测量电流、电压的方法与数学式相同，但测电阻时，读数要乘以挡位上的数值才是测量值。例如：现在打的挡位是"×100"，读数是200，测量结果是200×100Ω=20000Ω=20kΩ，表盘上"Ω"尺是从左到右，从大到小，而其他物理量是从左到右，从小到大。

（4）注意事项

调"零点"（机械表才有）。在使用表前，先要看指针应指在左端"零位"上，如果不是，则应慢慢旋转表壳中央的"起点零位"校正螺钉，使指针指在零位上。

使用万用表时应水平放置（机械才有），测试前要确定测量内容，将量程旋钮旋到所要测量的相应挡位上，以免烧毁表头，如果不知道被测物理量的大小，要先从大量程开始试测。表笔要正确地插在相应的插口中，测试过程中，不要任意旋转挡位变换旋钮。

使用完毕后，一定要将挡位变换旋钮调到交流电压的最大量程挡位上。测直流电压、电流时，要注意电压的正、负极、电流的流向，表笔相接要正确，千万不能用电流档测电压。在不明白的情况下测交流电压时，最好先是从高挡位测起，以防万一。

1.2.7　示波器

示波器是显示被测电压信号波形的仪器，是电工测量领域最为常见的仪器之一。利用示波器，不仅可以直观地看到被测电压信号的波形形态，而且可以用示波管上的刻度，测量被测信号的周期、幅度、上升时间、下降时间、变化速率，电源电压中的纹波，信号中的噪声，以及两个信号之间的幅度差、相位差等。由于示波器具有较高的输入电阻，在大多数情况下，示波器探头接在被测电路中，不会影响被测电路的正常工作。

图1-7是一个示波器实物照片。

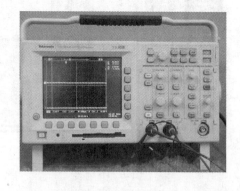

图1-7　示波器外观

1. 示波器种类和应用场合

示波器被分为模拟示波器和数字存储示波器两大类。没有存储设备，仅能依赖被测信号

的周期性，完成信号的稳定显示的，都是模拟示波器；将被测电压信号转变成数字量存储在内存中，然后转换到示波管显示，或者直接利用显示器显示的，都属于数字存储示波器。

模拟示波器的优点是价格低、易操作，广泛应用于教学和一般要求的科研、维修等领域。在甚高频领域，模拟示波器仍占据着主导地位。

数字示波器的优点是功能全，使用灵活：

1）可以稳定显示低频信号和瞬态的非周期性信号。

2）可以将被测信号记录转存到计算机中，甚至直接驱动打印机将波形打印出来。

3）有些数字示波器自带 FFT 功能，可以在屏幕上显示频谱。

4）有些数字示波器具备便携式功能，可在野外工作。

随着数字示波器价格的降低，在很多场合，模拟示波器正被数字示波器所取代，这类似于数码相机逐渐取代传统的胶片相机。但是，由于使用习惯、价格、特殊领域要求等因素，传统的模拟示波器仍然存在较大的应用领域。

2. 示波器应用中的注意事项

示波器使用前需要了解的注意事项如下：

1）示波器内部存在高压。当示波器出现故障时，不得擅自打开机壳，应该通知实验员或者专门的维修人员。

2）不得随意改变示波器的交流电压选择，否则可能引起示波器烧毁，也可能引起触电等事故。

3）不得自行更换示波器的保险管，否则容易引起保险失灵，导致内部电路损坏。

4）示波器的输入端都存在输入电压上限，当输入电压超过其规定的上限，有可能发生击穿等故障或者引起更大的危险。

5）示波管类似于电视机的显像管，属于易老化部件。长期不使用的示波器，不应该处于开机状态。

6）一般情况下，示波器探头接入被测电路，不会影响被测电路原先的工作状态。但是，在高频或者被测电路具有较高输出电阻时，示波器的引入可能引起被测电路状态变化，这需要引起使用者的注意。

7）示波器的所有旋钮和转动式开关，都难以承受过大的扭动力。特别是内选开关，要求右旋到底时，极易发生用力过大，导致旋钮或者开关断裂的情况。当右旋受到较大阻力时，不能用力右旋，而应该通过左旋试探来保证右旋到底。

8）关闭示波器后，不要随意改变示波器旋钮、开关状态。这样有利于下次使用。

9）有些示波器的探头，是与主机配套的，具有补偿作用，因此，不要轻易将探头与示波器分离。

1.2.8　绝缘电阻表

在用电过程中就存在着用电安全问题，在电器设备中，例如电动机、电缆、家用电器等。它们的正常运行之一就是其绝缘材料的绝缘程度即绝缘电阻的数值。当受热和受潮时，绝缘材料便老化。其绝缘电阻便降低。从而造成电器设备漏电或短路事故的发生。为了避免事故发生，就要求经常测量各种电器设备的绝缘电阻，判断其绝缘程度是否满足设备需要。普通电阻的测量通常有低电压下测量和高电压下测量两种方式。而由于绝缘电阻一般数值较高（一般为兆欧级），在低电压下的测量值不能反映在高电压条件下工作的真正绝缘电阻值。绝缘电阻表习称兆欧表，它是测量绝缘电阻最常用的仪表。它在测量绝缘电阻时本身就有高电压电源，这就是它与测电阻仪表的不同之处。绝缘电阻表用于测量绝缘电阻既方便又可靠。但是如果使用不当，它将给测量带来不必要的误差，我们必须正确使用绝缘电阻表进行测量。

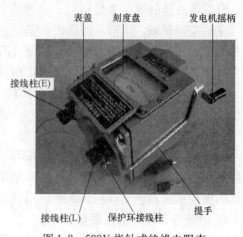

图 1-8   500V 指针式绝缘电阻表

总之，绝缘材料电阻可用绝缘电阻表来测量，绝缘电阻表又称摇表，用于测量电气设备或配电设备的绝缘电阻，其单位为兆欧（MΩ）。绝缘电阻表的额定电压应根据被测电气设备的额定电压来选择。测量 500V 以下的设备，选用 500V 或 1000V 的绝缘电阻表；额定电压在 500V 以上的设备，应选用 1000V 或 2500V 的绝缘电阻表；对于绝缘子、母线等材料要选用 2500V 或 3000V 绝缘电阻表。本次训练为低压 380V 异步电动机的测试，采用 500V 指针式绝缘电阻表（见图 1-8）。

1.3   思考与练习

1. 选择题（将正确答案的序号填入括号内）

（1）洗衣机、电冰箱等家用电器的金属外壳应连接（   ）。

A. 地线   B. 零线   C. 相线   D. 其他连接方法

（2）对人体危害最大的交流电频率是（   ）。

A. 2   B. 20   C. 30 ~ 100   D. 200

（3）触电时人体所受威胁最大的器官是（   ）。

A. 心脏   B. 大脑   C. 皮肤   D. 四肢

（4）机床上的低压照明灯，其电压不应超过（   ）伏。

A. 110   B. 36   C. 12   D. 6

（5）某安全色的含义是禁止、停止、防火，其颜色为（   ）。

A. 红色   B. 黄色   C. 绿色   D. 黑色

（6）电工常用工具的绝缘手柄是（   ）绝缘。

A. 气体   B. 液体   C. 固体

（7）避雷针和避雷线是（   ）。

A. 工作接地   B. 保护接地   C. 无作用

（8）线路或设备未发生预期的触电或漏电时漏电保护装置产生的动作是漏电保护装置的（   ）。

A. 正常动作   B. 拒动作   C. 误动作

（9）大气过电压主要是由于（   ）对地放电引的。

A. 高压电源　　　　B. 雷云　　　　　　C. 电磁感应

（10）使用时要将筒身颠倒过来，使其中的碳酸氢钠与硫酸两种溶液混合后发生化学反应，产生二氧化碳气体泡沫，并由喷嘴喷出，此类灭火器是（　　）。

A. 干粉灭火器　　　B. 二氧化碳灭火器　　C. 泡沫灭火器

2. 判断题（正确打勾，错误打叉）

（1）使用湿布擦灯具、开关等电器用具时应断电。（　　）

（2）电工作业人员应经过专业培训，持证上岗。（　　）

（3）各种触电事故中，最危险的一种是电灼伤。（　　）

（4）有经验的电工，停电后不需要再用验电笔测试便可进行检修。（　　）

（5）同杆架设时，电力线路应位于弱电线路的上方，高压线路应位于低压线路的上方。（　　）

（6）穿戴绝缘靴、绝缘手套、防护帽和安全帽都是为了防止触电的绝缘防护措施。（　　）

（7）正常情况下工作接地没有电流通过。（　　）

（8）自然接地体的接地支线至少要有一根引出线与接地干线相连。（　　）

（9）漏电保护器的主要作用是防止电气火灾，在某些情况下能起到防止人身触电的作用。（　　）

（10）移动式电气设备及手持式电动工具不需要安装漏电保护器。（　　）

（11）有雷电时，禁止在室外变电所进户线上进行检修作业或试验。（　　）

（12）在有爆炸危险的场所应选用防爆电气设备。（　　）

3. 问答题

（1）当发现有人触电时，你应采取什么措施对触电者进行救治？

（2）带电灭火应注意哪些安全事项？

（3）电工测量的意义是什么？

（4）除了课本中列举的几种测量仪表，你还能从网络中搜索到哪些电工仪表？其作用是什么？

第2讲　直流电路的分析与实践

【导读】

　　实际电路是由一些电工设备、电路元件连接器件和所组成的。为便于分析与计算，往往把这些器件和元件理想化并用统一的标准符号来表示。直流电路在不同的工作条件下，会处于不同的工作状态，也有不同的特点，充分了解直流电路不同的工作状态与特点对安全用电和正确使用各种电气设备都是十分有益的。本讲主要介绍了采用基尔霍夫定律、叠加定律和戴维南定律来解决多种直流电路的方法。

应知

※了解电路的作用与组成部分
※熟悉理解三种元件的伏安关系
※掌握电阻串联、并联电路的特点及分压分流公式
※了解电压源、电流源的连接方法，等效变换法

☆会判断电源和负载
☆能用支路电流法求解简单电路
☆能求解一些简单的混联电路
☆会用戴维南定理求解复杂电路中的电量

应会

2.1 电路的组成及主要物理量

2.1.1 实际电路及其作用

在日常的生产生活中，广泛应用着各种各样的电路，它们都是实际器件按一定方式连接起来，以形成电流的通路。实际电路的种类很多，不同电路的形式和结构也各不相同。但简单电路一般都是由电源、负载、连接导线、控制和保护装置等四个部分按照一定方式连接起来的闭合回路。实际应用中的电路是多种多样的，但就其功能来说可概括为两个方面。其一，是进行能量的传输、分配与转换，如电力系统中的输电电路。其二，是实现信息的传递与处理，如收音机、电视机电路。图 2-1 所示为日常生活中用的手电筒电路，它也由四部分组成。

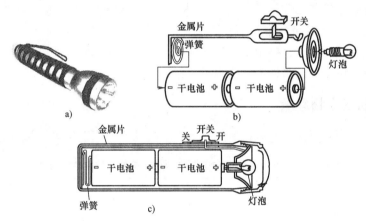

图 2-1 手电筒外形与实际电路

a) 手电筒实物 b) 手电筒内部电路 c) 手电筒结构

1. 电源（干电池）

电源是电路中电能的提供者，是将其他形式的能量转化为电能的装置，图 2-1 中干电池是将化学能转化为电能。含有交流电源的电路叫交流电路，含有直流电源的电路叫直流电路。常见的直流电源有干电池、蓄电池、直流发电机等。

2. 负载（灯泡）

负载即用电装置，它将电源供给的电能转换为其他形式的能量，图 2-1 中灯泡将电能转换为光能和热能。

3. 控制和保护装置（开关）

控制和保护装置是用来控制电路的通断，保证电路正常工作。

4. 连接导体或导线（金属外壳）

连接导体是连接电路、输送和分配电能的。

2.1.2 电路模型

根据电路的作用可分为两类：一类是用于实现电能的传输和转换；另一类是用于进行电信号的传递和处理。

根据电源提供的电流，不同电路还可以分为直流电路和交流电路两种。

综上所述，电路主要由电源、负载和传输环节等三部分组成，图 2-2a 所示手电筒电路即为一简单的电路组成；电源是提供电能或信号的设备，负载是消耗电能或输出信号的设备；电源与负载之间通过传输环节相连接，为了保证电路按不同的需要完成工作，在电路中还需加入适当的控制元件，如开关、主令控制器等。

某一种实际元件中在一定条件下，常忽略其他现象，只考虑起主要作用的电磁现象，也就是用理想元件来替代实际元件的模型，这种模型称之为电路元件，又称理想电路元件。

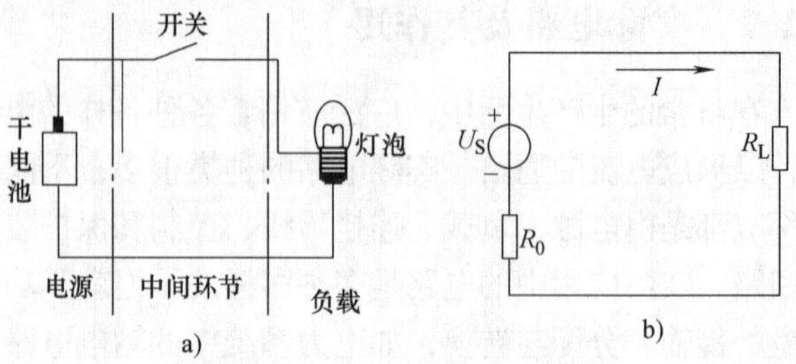

用一个或几个理想电路元件构成

图 2-2　手电筒电路与模型
a）手电筒电路　b）手电筒电路模型

的模型去模拟一个实际电路，模型中出现的电磁现象与实际电路中的电磁现象十分接近，这个由理想电路元件组成的电路称为电路模型。如图 2-2b 所示电路为手电筒电路模型。

2.1.3　电路的基本物理量

电路中的物理量主要包括电流、电压、电位、电功率和电能量等，具体见表 2-1。

表 2-1　电路中主要物理量的符号及单位

量的名称	符　号	单位名称	符　号
电流	I	安【培】	A
电压	U	伏【特】	V
电位	φ	伏【特】	V
电功率	P	瓦【特】	W
电能量	W	焦【耳】或千瓦时	J 或 kW·h

1. 电流及其参考方向

带电质点的定向移动形成电流。

电流的大小等于单位时间内通过导体横截面的电荷量。电流的实际方向习惯上是指正电荷移动的方向。

电流分为两类：一是大小和方向均不随时间变化，称为恒定电流，简称直流，用 I 表示。二是大小和方向均随时间变化，称为交变电流，简称交流，用 i 表示。

对于直流电流，单位时间内通过导体截面的电荷量是恒定不变的，其大小为

$$I = \frac{Q}{T} \tag{2-1}$$

对于交流，若在一个无限小的时间间隔 $\mathrm{d}t$ 内，通过导体横截面的电荷量为 $\mathrm{d}q$，则该瞬间的电流为

$$i = \frac{\mathrm{d}q}{\mathrm{d}t} \tag{2-2}$$

在国际单位制（SI）中，电流的单位是安培（A）。

在复杂电路中，电流的实际方向有时难以确定。为了便于分析计算，便引入电流参考方向的概念。

所谓电流的参考方向，就是在分析计算电路时，先任意选定某一方向，作为待求电流的方向，并根据此方向进行分析计算。若计算结果为正，说明电流的参考方向与实际方向相同；若计算结果为负，说明电流的参考方向与实际方向相反。图 2-3 表示了电流的参考方向（图中实线所示）与实际方向（图中虚线所示）之间的关系。

图 2-3　电流参考方向与实际方向

a) $i>0$　b) $i<0$

【例 2.1】　如图 2-4 所示，电流的参考方向已标出，并已知 $I_1 = -1A$，$I_2 = 1A$，试指出电流的实际方向。

解： $I_1 = -1A < 0$，则 I_1 的实际方向与参考方向相反，应由点 B 流向点 A。

$I_2 = 1A > 0$，则 I_2 的实际方向与参考方向相同，由点 B 流向点 A。

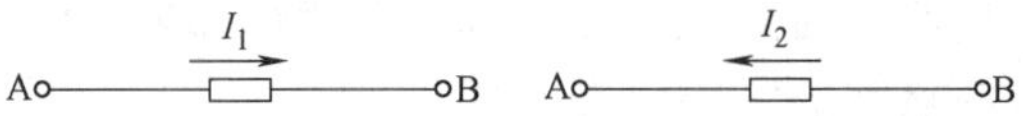

图 2-4　例 2.1 图

2. 电压及其参考方向

在电路中，电场力把单位正电荷（q）从 a 点移到 b 点所做的功（w）就称为 a、b 两点间的电压，也称电位差，记

$$u_{ab} = \frac{\mathrm{d}w}{\mathrm{d}q} \tag{2-3}$$

对于直流，则为

$$U_{AB} = \frac{W}{Q} \tag{2-4}$$

电压的单位为伏特（V）。

电压的实际方向规定从高电位指向低电位，其方向可用箭头表示，也可用 "+""-"极性表示，如图 2-5 所示。若用双下标表示，如 U_{ab} 表示 a 指向 b。显然 $U_{ab} = -U_{ba}$。值得注意的是电压总是针对两点而言。

图 2-5　电压参考方向的设定

和电流的参考方向一样，也需设定电压的参考方向。电压的参考方向也是任意选定的，当参考方向与实际方向相同时，电压值为正；反之，电压值则为负。

【例 2.2】　如图 2-6 所示，电压的参考方向已标出，并已知 $U_1 = 1V$，$U_2 = -1V$，试指出电压的实际方向。

解：$U_1 = 1V > 0$，则 U_1 的实际方向与参考方向相同，应由 A 指向 B。

$U_2 = -1V < 0$，则 U_2 的实际方向与参考方向相反，应由 A 指向 B。

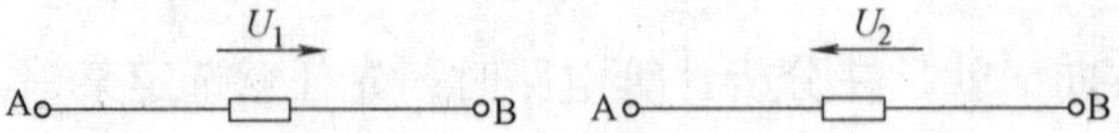

图 2-6　例 2.2 图

3. 电位

在电路中任选一点作为参考点，则电路中某一点与参考点之间的电压称为该点的电位。

电位用符号 V 或 v 表示。例如 A 点的电位记为 V_A 或 v_A。显然，$V_A = V_{AO}$，$v_A = v_{AO}$。

电位的单位是伏特（V）。

电路中的参考点可任意选定。当电路中有接地点时，则以地为参考点。若没有接地点时，则选择较多导线的汇集点为参考点。在电子线路中，通常以设备外壳为参考点。参考点用符号"⊥"表示。

有了电位的概念后，电压也可用电位来表示，即

$$\left.\begin{array}{l} U_{AB} = V_A - V_B \\ u_{AB} = v_A - v_B \end{array}\right\} \tag{2-5}$$

因此，电压也称为电位差。

还需指出，电路中任意两点间的电压与参考点的选择无关。即对于不同的参考点，虽然各点的电位不同，但任意两点间的电压始终不变。

【例 2.3】 如图 2-7 所示的电路中，已知各元件的电压为：$U_1 = 10V$，$U_2 = 5V$，$U_3 = 8V$，$U_4 = -23V$。若分别选 B 点与 C 点为参考点，试求电路中各点的电位。

解：选 B 点为参考点，

则：$V_B = 0$

$$V_A = U_{AB} = -U_1 = -10V$$

$$V_C = U_{CB} = U_2 = 5V$$

$$V_D = U_{DB} = U_3 + U_2 = (8+5)V = 13V$$

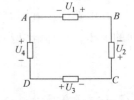

图 2-7　例 2.3 图

选 C 点为参考点，

则：$$V_C = 0$$

$$V_A = U_{AC} = -U_1 - U_2 = (-10-5)V = -15V$$

$$V_A = U_{AC} = U_4 + U_3 = (-23+8)V = -15V$$

或：$$V_B = U_{BC} = -U_2 = -5V$$

$$V_D = U_{DC} = U_3 = 8V$$

4. 电动势

电源力把单位正电荷由低电位点 B 经电源内部移到高电位点 A 克服电场力所做的功，称为电源的电动势。电动势用 E 或 e 表示，即

$$\left.\begin{array}{l} E = \dfrac{W}{Q} \\ e = \dfrac{dw}{dq} \end{array}\right\} \tag{2-6}$$

电动势的单位也是伏特（V）。

电动势与电压的实际方向不同，电动势的方向是从低电位指向高电位，即由"－"极指向"＋"极，而电压的方向则从高电位指向低电位，即由"＋"极指向"－"极。此外，电动势只存在于电源的内部。

5. 功率

单位时间内电场力或电源力所做的功，称为功率，用 P 或 p 表示。即

$$\left.\begin{array}{l} P = \dfrac{W}{T} \\[3mm] p = \dfrac{\mathrm{d}w}{\mathrm{d}t} \end{array}\right\} \tag{2-7}$$

若已知元件的电压和电流，功率的表达式则为

$$\left.\begin{array}{l} P = UI \\[2mm] p = ui \end{array}\right\} \tag{2-8}$$

功率的单位是瓦特（W）。

当电流、电压为关联参考方向时，式（2-8）表示元件消耗能量。若计算结果为正，说明电路确实消耗功率，为耗能元件。若计算结果为负，说明电路实际产生功率，为供能元件。

当电流、电压为非关联参考方向时，则式（2-8）表示元件产生能量。若计算结果为正，说明电路确实产生功率，为供能元件。若计算结果为负，说明电路实际消耗功率，为耗能元件。

【例 2.4】（1）在图 2-8a 中，若电流均为 2A，$U_1 = 1\mathrm{V}$，$U_2 = -1\mathrm{V}$，求该两元件消耗或产生的功率。

（2）在图 2-8b 中，若元件产生的功率为 4W，求电流 I。

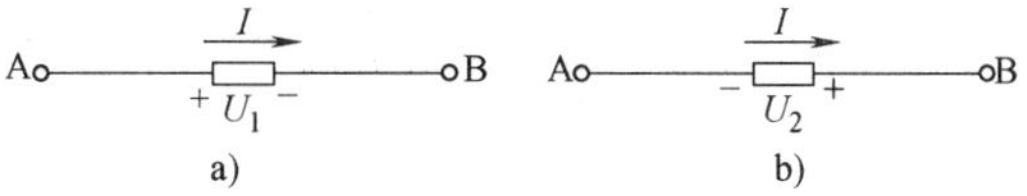

图 2-8　例 2.4 图

解：（1）对图 2-8a，电流、电压为关联参考方向，元件消耗的功率为

$$P = U_1 I = 1 \times 2\mathrm{W} = 2\mathrm{W} > 0$$

表明元件消耗功率，为负载。

对图 2-8b，电流、电压为非关联参考方向，元件产生的功率为

$$P = U_2 I = (-1) \times 2\mathrm{W} = -2\mathrm{W} < 0$$

表明元件消耗功率，为负载。

（2）因图 2-8b 中电流、电压为非关联参考方向，且是产生功率，故

$$P = U_2 I = 4\mathrm{W}$$

$$I = \frac{4}{U_2} = \frac{4}{-1}\mathrm{A} = -4\mathrm{A}$$

负号表示电流的实际方向与参考方向相反。

2.2 电路的工作状态

电路在不同的工作条件下，会处于不同的状态，并具有不同的特点。电路的工作状态有三种：开路状态、短路状态和负载状态。

2.2.1 开路状态（空载状态）

在图 2-9 所示电路中，当开关 S 断开时，电源则处于开路状态。开路时，电路中电流为零，电源不输出能量，电源两端的电压称为开路电压，用 U_{OC} 表示，其值等于电源电动势 E 即

$$U_{OC} = E$$

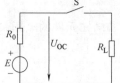

图 2-9　开路状态

2.2.2 短路状态

在图 2-10 所示电路中，当电源两端由于某种原因短接在一起时，电源则被短路。短路电流 $I_{SC} = \dfrac{E}{R_0}$ 很大，此时电源所产生的电能全被内阻 R_0 所消耗。

短路通常是严重的事故，应尽量避免发生，为了防止短路事故，通常在电路中接入熔断器或断路器，以便在发生短路时能迅速切断故障电路。

2.2.3 负载状态（通路状态）

电源与一定大小的负载接通，称为负载状态。这时电路中流过的电流称为负载电流。如图 2-10 所示。

负载的大小是以消耗功率的大小来衡量的。当电压一定时，负载的电流越大，则消耗的功率亦越大，则负载也越大（见图 2-11）。

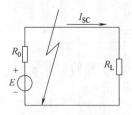

图 2-10　短路状态

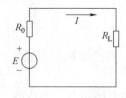

图 2-11　负载状态

为使电气设备正常运行，在电气设备上都标有额定值，额定值是生产厂为了使产品能在给定的工作条件下，正常运行时规定的允许值。一般常用的额定值有：额定电压、额定电流、额定功率，用 U_N、I_N、P_N 表示。

需要指出，电气设备实际消耗的功率不一定等于额定功率。当实际消耗的功率 P 等于额定功率 P_N 时，称为满载运行；若 $P < P_N$，称为轻载运行；而当 $P > P_N$ 时，称为过载运行。电气设备应尽量在接近额定的状态下运行。

2.3　电压源与电流源及其等效变换

电源是将其他形式的能量（如化学能、机械能、太阳能、风能等）转换成电能后提供给电路中的设备。

2.3.1　电压源和电流源

这里所讲的电压源和电流源都是理想化的电压源和电流源。

1. 电压源

电压源是指理想电压源，即内阻为零，且电源两端的端电压值恒定不变（直流电压），如图 2-12 所示。

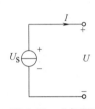

图 2-12　电压源

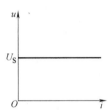

图 2-13　直流电压源的伏安特性曲线

它的特点是电压的大小取决于电压源本身的特性，与流过的电流无关。流过电压源的电流大小与电压源外部电路有关，由外部负载电阻决定。因此，它称之为独立电压源。

电压为 U_S 的直流电压源的伏安特性曲线，是一条平行于横坐标的直线，如图 2-13 所示，特性方程

$$U = U_S \tag{2-9}$$

如果电压源的电压 $U_S = 0$，则此时电压源的伏安特性曲线，就是横坐标，也就是电压源相当于短路。

2. 电流源

电流源是指理想电流源，即内阻为无限大、输出恒定电流 I_S 的电源。如图 2-14 所示。它的特点是电流的大小取决于电流源本身的特性，与电源的端电压无关。端电压的大小与电流源外部电路有关，由外部负载电阻决定。因此，也称之为独立电流源。

电流为 I_S 的直流电流源的伏安特性曲线，是一条垂直于横坐标的直线，如图 2-15 所示，特性方程：

$$I = I_S \tag{2-10}$$

如果电流源短路，流过短路线路的电流就是 I_S，而电流源的端电压为零。

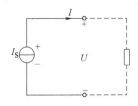

图 2-14　电流源

图 2-15　直流电流源的伏安特性曲线

2.3.2 实际电源的模型

1. 实际电压源

实际电压源可以用一个理想电压源 U_S 与一个理想电阻 r 串联组合成一个电路来表示，如图2-16a所示。特征方程：

$$U = U_S - I \cdot r \tag{2-11}$$

实际电压源的伏安特性曲线如图2-16b所示，可见电源输出的电压随负载电流的增加而下降。

2. 实际电流源

实际电流源可以用一个理想电流源 I_S 与一个理想电导 G 并联组合成一个电路来表示，如图2-17a所示，特征方程

$$I = I_S - UG \tag{2-12}$$

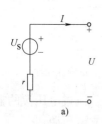 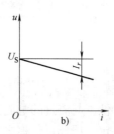 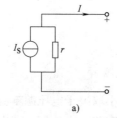 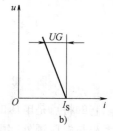

图2-16　实际电压源模型　　　　　　　图2-17　实际电流源模型

a）实际电压源　b）实际电压源的伏安特性曲线　　　a）实际电流源　b）实际电流源的伏安特性曲线

实际电流源的伏安特性曲线如图2-17b所示，可见电源输出的电流随负载电压的增加而减少。

【例2.5】 在图2-16中，设 $U_S = 20V$，$r = 1\Omega$，外接电阻 $R = 4\Omega$，求电阻 R 上的电流 I。

解： 根据式（2-11） $U = U_S - I \cdot r = IR$

则有

$$I = \frac{U_S}{R + r} = \frac{20V}{4 + 1\Omega} = 4A$$

【例2.6】 在图2-17中，设 $I_S = 5A$，$r = 1\Omega$，外接电阻 $R = 9\Omega$，求电阻 R 上的电压 U。

解： 根据式（2-12）

$$I = I_S - \frac{U}{r} = \frac{U}{R}$$

则有

$$U = \frac{R \cdot r}{R + r} I_S = \frac{1\Omega \times 9\Omega}{1\Omega + 9\Omega} \times 5A = 4.5V$$

2.4 基尔霍夫定律

基尔霍夫电流定律与电压定律分别反映了电路中各个支路的电流以及各个部分电压之间的关系。

2.4.1 几个相关的电路名词

1）支路。电路中通过同一个电流的每一个分支。如图 2-18 中有三条支路，分别是 BAF、BCD 和 BE。支路 BAF、BCD 中含有电源，称为含源支路。支路 BE 中不含电源，称为无源支路。

2）节点。电路中三条或三条以上支路的连接点。如图 2-18 中 B、E（F、D）为两个节点。

3）回路。电路中的任一闭合路径。如图 2-18 中有三个回路，分别是 ABEFA、BCDEB、ABCDEFA。

4）网孔。内部不含支路的回路。如图 2-18 中 ABEFA 和 BCDEB 都是网孔，而 ABCDEFA 则不是网孔。

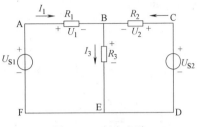

图 2-18　复杂电路

2.4.2 基尔霍夫电流定律

基尔霍夫电流定律（KCL）指出：任一时刻，流入电路中任一节点的电流之和等于流出该节点的电流之和。基尔霍夫电流定律简称 KCL，反映了节点处各支路电流之间的关系。

在图 2-18 所示电路中，对于节点 B 可以写出

$$I_1 + I_2 = I_3$$

或改写为

$$I_1 + I_2 - I_3 = 0$$

即

$$\sum I = 0 \tag{2-13}$$

由此，基尔霍夫电流定律也可表述为：任一时刻，流入电路中任一节点电流的代数和恒等于零。

基尔霍夫电流定律不仅适用于节点，也可推广应用到包围几个节点的闭合面（也称广义节点）。如图 2-19 所示的电路中，可以把三角形 ABC 看作广义的节点，用 KCL 可列出

$$I_A + I_B + I_C = 0$$

即

$$\sum I = 0 \tag{2-14}$$

可见，在任一时刻，流过任一闭合面电流的代数和恒等于零。

【例 2.7】 如图 2-20 所示电路，电流的参考方向已标明。若已知 $I_1 = 2A$，$I_2 = -4A$，$I_3 = -8A$，试求 I_4。

解：根据 KCL 可得

$$I_1 - I_2 + I_3 - I_4 = 0$$

$$I_4 = I_1 - I_2 + I_3 = [2 - (-4) + (-8)]A = -2A$$

2.4.3 基尔霍夫电压定律

基尔霍夫电压定律（KVL）指出：在任何时刻，沿电路中任一闭合回路，各段电压的

代数和恒等于零。基尔霍夫电压定律简称 KVL，其一般表达式为

$$\Sigma U = 0 \tag{2-15}$$

应用上式列电压方程时，首先假定回路的绕行方向，然后选择各部分电压的参考方向，凡参考方向与回路绕行方向一致者，该电压前取正号；凡参考方向与回路绕行方向相反者，该电压前取负号。

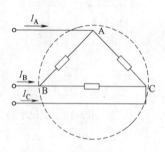

图 2-19　KCL 的推广

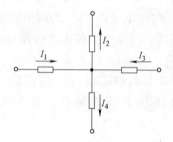

图 2-20　例 2.7 图

在图 2-18 中，对于回路 ABCDEFA，若按顺时针绕行方向，根据 KVL 可得

$$U_1 - U_2 + U_{S2} - U_{S1} = 0 \tag{2-16}$$

根据欧姆定律，上式还可表示为

$$I_1 R_1 - I_2 R_2 - U_{S2} + U_{S1} = 0$$

即

$$\Sigma IR = \Sigma U_S \tag{2-17}$$

式（2-16）表示，沿回路绕行方向，各电阻电压降的代数和等于各电源电动势升的代数和。

基尔霍夫电压定律不仅应用于回路，也可推广应用于一段不闭合电路。如图 2-21 所示电路中，A、B 两端未闭合，若设 A、B 两点之间的电压为 U_{AB}，按逆时针绕行方向可得

$$U_{AB} - U_S - U_R = 0$$

则

$$U_{AB} = U_S + RI$$

上式表明，开口电路两端的电压等于该两端点之间各段电压降之和。

【例 2.8】　求图 2-22 所示电路中 10Ω 电阻及电流源的端电压。

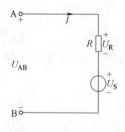

图 2-21　KVL 的推广

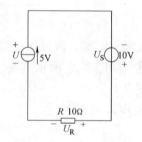

图 2-22　例 2.8 图

解： 按图示方向得

$$U_R = (5 \times 10) \text{V} = 50\text{V}$$

按顺时针绕行方向，根据 KVL 得

$$-U_{\text{S}} + U_{\text{R}} - U = 0$$
$$U = -U_{\text{S}} + U_{\text{R}} = (-10 + 50)\text{V} = 40\text{V}$$

【例 2.9】　在图 2-23 中，已知 $R_1 = 4\Omega$，$R_2 = 6\Omega$，$U_{\text{S1}} = 10\text{V}$，$U_{\text{S2}} = 20\text{V}$，试求 U_{AC}。

解：由 KVL 得

$$IR_1 + U_{\text{S2}} + IR_2 - U_{\text{S1}} = 0$$
$$I = \frac{U_{\text{S1}} - U_{\text{S2}}}{R_1 + R_2} = \frac{-10}{10}\text{A} = -1\text{A}$$

由 KVL 的推广形式得

$$U_{\text{AC}} = IR_1 + U_{\text{S2}} = (-4 + 20)\text{V} = 16\text{V}$$

或

$$U_{\text{AC}} = U_{\text{S1}} - IR_2 = 10\text{V} - (-6)\text{V} = 16\text{V}$$

由本例可见，电路中某段电压和路径无关。因此，计算时应尽量选择较短的路径。

【例 2.10】　求图 2-24 所示电路中的 U_2、I_2、R_1、R_2 及 U_{S}。

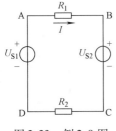

图 2-23　例 2.9 图

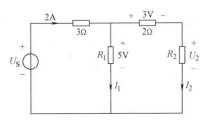

图 2-24　例 2.10 图

解：
$$I_2 = \frac{3}{2}\text{A} = 1.5\text{A}$$

由 KVL 可得
$$U_2 - 5 + 3 = 0$$
$$U_2 = 2\text{V}$$

$$R_2 = \frac{U_2}{I_2} = \frac{2}{1.5}\Omega = 1.33\Omega$$

由 KCL 可得
$$I_1 + I_2 = 2\text{A}$$
$$I_1 = (2 - 1.5)\text{A} = 0.5\text{A}$$

$$R_1 = \frac{5}{0.5}\Omega = 10\Omega$$

对于左边的网孔，由 KVL 可得　$3 \times 2 + 5 - U_{\text{S}} = 0$
$$U_{\text{S}} = 11\text{V}$$

2.5　支路电流法

支路电流法是以支路电流为求解对象，应用基尔霍夫电流定律和基尔霍夫电压定律分别对节点和回路列出所需要的方程组，然后再解出各未知的支路电流。

支路电流法求解电路的步骤为：

① 标出支路电流参考方向和回路绕行方向；

② 根据 KCL 列写节点的电流方程式；

③ 根据 KVL 列写回路的电压方程式；

④ 解联立方程组，求取未知量。

【例 2.11】 图 2-25 为两台发电机并联运行共同向负载 R_L 供电。已知 $E_1 = 130V$，$E_2 = 117V$，$R_1 = 1\Omega$，$R_2 = 0.6\Omega$，$R_L = 24\Omega$，求各支路的电流及发电机两端的电压。

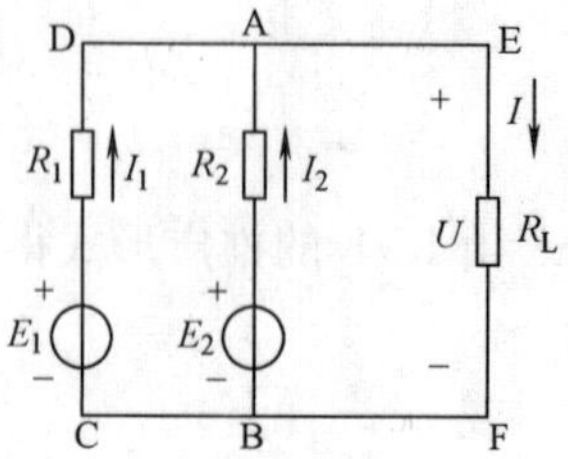

解： ① 选各支路电流参考方向如图所示，回路绕行方向均为顺时针方向。

② 列写 KCL 方程：

节点 A： $\qquad I_1 + I_2 = I$

③ 列写 KVL 方程：

ABCDA 回路： $E_1 - E_2 = R_1 I_1 - R_2 I_2$

AEFBA 回路： $\qquad\qquad E_2 = R_2 I_2 + R_L I$

其基尔霍夫定律方程组：

$$\begin{cases} I_1 + I_2 = I \\ E_1 - E_2 = R_1 I_1 - R_2 I_2 \\ E_2 = R_2 I_2 + R_L I \end{cases}$$

将数据代入各式后得

$$\begin{cases} I_1 + I_2 = I \\ 130 - 117 = I_1 - 0.6 I_2 \\ 117 = 0.6 I_2 + 24 I \end{cases}$$

④ 解此联立方程：

$$I_1 = 10A \qquad I_2 = -5A \qquad I = 5A$$

以电机两端电压 U 为

$$U = R_L I = 24\Omega \times 5A = 120V$$

图 2-25　例 2.11 图

2.6　叠加定理

叠加定理指出：在线性电路中，若有几个电源共同作用时，任何一条支路的电流（或电压）等于各个电源单独作用时在该支路中所产生的电流（或电压）的代数和。

使用叠加定理时应注意以下几点：

① 叠加定理只适用于线性电路。

② 所谓某个电源单独作用，其他电源不作用时是指：不作用的电压源用短路线代替，不作用的电流源用开路代替，但要保留其内阻。

③ 将各个电源单独作用所产生的电流（或电压）叠加时，必须注意参考方向。当分量的参考方向和总量的参考方向一致时，该分量取正，反之则取负。

④ 在线性电路中，叠加定理只能用来计算电路中的电压和电流，不能用来计算功率。这是因为功率与电压、电流之间不存在线性关系。

叠加定理可以直接用来计算复杂电路，其优点是可以把一个复杂电路分解为几个简单电路分别进行计算，避免了求解联立方程。然而，当电路中的电源数目较多时，计算量则太大。因此，叠加定理一般不直接用作解题方法。学习叠加定理的目的是为了掌握线性电路的基本性质和分析方法。例如，在对非正弦周期电路、线性电路的过渡过程、线性条件下的晶体管放大电路的分析以及集成运算放大器的应用中，都要用到叠加定理。

【例 2.12】 电路如图 2-26a 所示，已知 $U_{S1} = 24\text{V}$，$I_{S2} = 1.5\text{A}$，$R_1 = 200\Omega$，$R_2 = 100\Omega$。应用叠加定理计算各支路电流。

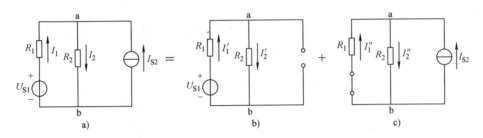

图 2-26　例 2.12 图

a）原电路图　b）电压源单独作用时的电路图　c）电流源单独作用时的电路图

解： 图示电路中只有两个电源，故采用叠加定理计算比较方便。

当电压源单独作用时，电流源不作用，以开路替代，电路如图 2-26b 所示。则

$$I_1' = I_2' = \frac{U_{S1}}{R_1 + R_2} = \frac{24\text{V}}{200\Omega + 100\Omega} = 0.08\text{A}$$

当电流源单独作用时，电压源不作用，以短路线替代，如图 2-26c 所示，则

$$I_1'' = -\frac{R_2}{R_1 + R_2}I_{S2} = -\frac{100}{200 + 100} \times 1.5\text{A} = -0.5\text{A}$$

$$I_2'' = \frac{R_1}{R_1 + R_2}I_{S2} = \frac{200}{200 + 100} \times 1.5\text{A} = 1\text{A}$$

各支路电流

$$I_1 = I_1' + I_1'' = (0.08 - 0.5)\text{A} = -0.42\text{A}$$

$$I_2 = I_2' + I_2'' = (0.08 + 1)\text{A} = 1.08\text{A}$$

2.7　戴维南定理

2.7.1　戴维南定理简述

戴维南定理指出：任何一个线性有源二端网络，对外电路来说，总可以用一个电压源与电阻的串联模型来替代。电压源的电压等于该有源二端网络的开路电压 U_{oc}，其电阻则等于该有源二端网络中所有电压源短路、电流源开路后的等效电阻 R_{eq}。

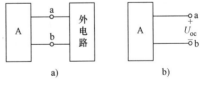

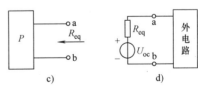

图 2-27　戴维南定理

戴维南定理可用图 2-27 所示框图表示。图中电压源串电阻支路称戴维南等效电路，所串电阻则称为戴维南等效内阻，也称输出电阻。

2.7.2 戴维南定理的应用

（1）应用一　将复杂的有源二端网络化为最简形式

【**例 2.13**】　用戴维南定理化简图 2-28a 所示电路。

解　1）求开路端电压 U_{oc}。在图 2-28a 所示电路中：

$$(3+6)I+9-18=0$$

$$I=1\text{A}$$

$$U_{oc}=U_{ab}=6I+9=(6\times1+9)\text{V}=15\text{V}$$

或
$$U_{oc}=U_{ab}=-3I+18=(-3\times1+18)\text{V}=15\text{V}$$

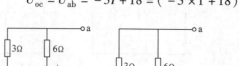

图 2-28　例 2.13 图

2）求等效电阻 R_{eq}。将电路中的电压源短路，得无源二端网络，如图 2-28b 所示。可得

$$R_{eq}=R_{ab}=\frac{3\times6}{3+6}\Omega=2\Omega$$

3）作等效电压源模型。作图时，应注意使等效电源电压的极性与原二端网络开路端电压的极性一致，电路如图 2-28c 所示。

（2）应用二　计算电路中某一支路的电压或电流

当计算复杂电路中某一支路的电压或电流时，采用戴维南定理比较方便。

【**例 2.14**】　用戴维南定理计算图 2-28a 所示电路中电阻 R_L 上的电流。

解：1）把电路分为待求支路和有源二端网络两个部分。移开待求支路，得有源二端网络，如图 2-29b 所示。

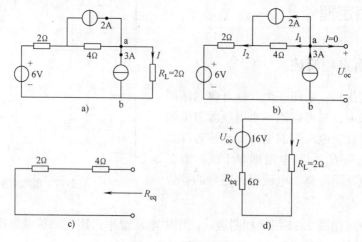

图 2-29　例 2.14 图

2）求有源二端网络的开路端电压 U_{oc} 因为此时 $I=0$，由图 2-29b 可得

$$I_1 = (3-2)A = 1A$$

$$I_2 = (2+1)A = 3A$$

$$U_{oc} = (1 \times 4 + 3 \times 2 + 6)V = 16V$$

3）求等效电阻 R_{eq} 将有源二端网络中的电压源短路、电流源开路，可得无源二端网络，如图 2-29c 所示，则

$$R_{eq} = 2 + 4 = 6\Omega$$

4）画出等效电压源模型 接上待求支路，电路如图 2-29d 所示。所求电流为

$$I = \frac{U_{oc}}{R_{eq} + R_L} = \left(\frac{16}{6+2}\right)A = 2A$$

（3）应用三 分析负载获得最大功率的条件

【例 2.15】 试求上题中负载电阻 R_L 的功率。若 R_L 为可调电阻，问 R_L 何值时获得的功率最大？其最大功率是多少？由此总结出负载获得最大功率的条件。

解：1）利用例 2.14 的计算结果可得：

$$P_L = I^2 R_L = 2^2 \times 2W = 8W$$

2）若负载 R_L 是可变电阻，由图 2-29d，可得

$$I = \frac{U_{oc}}{R_{eq} + R_L}$$

则 R_L 从网络中所获得的功率

$$P_L = \left(\frac{U_{oc}}{R_{eq} + R_L}\right)^2 R_L = \frac{U_{oc}^2 R_L}{(R_{eq} + R_L)^2}$$

$$= \frac{U_{oc}^2 R_L}{R_{eq}^2 - 2R_{eq}R_L + R_L^2 + 4R_{eq}R_L} = \frac{U_{oc}^2 R_L}{(R_{eq} - R_L)^2 + 4R_{eq}R_L} = \frac{U_{oc}^2}{\frac{(R_{eq} - R_L)^2}{R_L} + 4R_{eq}}$$

由上式可知，当 $R_L = R_{eq}$ 时，功率 P_1 达到最大值。

最大值为：

$$P_{LMAX} = \frac{U_{oc}^2}{4R_{eq}}$$

$$P_{LMAX} = \left(\frac{U_{oc}}{2R_{eq}}\right)^2 R_{eq} = \frac{U_{oc}^2}{4R_{eq}} = \frac{16^2}{4 \times 6}W = 10.7W$$

综上所述，负载获得最大功率的条件是负载电阻等于等效电源的内阻，即 $R_L = R_{eq}$。电路的这种工作状态称为电阻匹配。

2.8 直流电路的操作实践

2.8.1 万用表的使用

1. 实验目的
学会对万用表的使用，了解万用表的内部结构；

学会较熟练地使用万用表正确测量直流电和直流电流；
学会较熟练地使用万用表正确测量电阻。

2. 实验器材

（1）万用表　一块
（2）面板　一块
（3）恒压电压源　一台
（4）导线　若干根
（5）电阻　若干只

图 2-30　万用表实验电路

3. 实验内容及步骤

（1）电阻的测量　未接成电路前分别测量图 2-30 电路的各个电阻的电阻值，将数据记录在表 2-2 中；再按图 2-30 所示连成电路，并将图中各点间电阻的测量和计算数据记录在表 2-3 中，注意带上单位。

表 2-2　电阻测量

测量内容	R_1	R_2	R_3
电阻标称值			
万用表量程			
测量数据			

（2）直流电流、电压的测量　开启实训台电源总开关，开启直流电源单元开关，调节电压旋钮，对取得的直流电源进行测量，测量后将数据填入表 2-3 中。

表 2-3　直流电压、直流电流测量记录

测量项目	测量内容 / 测量数据 / 电路元件参数	$R_1 = $ _____ Ω　$R_2 = $ _____ Ω　$R_3 = $ _____ Ω		
直流电压 /V	测量对象	U_{R1}	U_{R2}	U_{R3}
	计算数据			
	万用表量程			
	测量数据			
直流电流 /A	测量对象	I_{R1}	I_{R2}	I_{R3}
	计算数据			
	万用表量程			
	测量数据			

2.8.2　叠加原理的验证

1. 实验目的

学习直流电压表、电流表的测量方法，加深对参考方向的理解；
通过实验来验证线性电路中的叠加原理以及适用范围；
熟悉电工学实验台的使用以及电路的接线方法。

2. 实验器材

（1）面板　一块

（2）直流稳压电源　两台

（3）万用表　一块

（4）电阻　三个

（5）导线　若干根

3. 实验内容及步骤

（1）实验电路连接及参数选择　实验电路如图 2-31 所示。电路由 R_1、R_2 和 R_3 组成的 T 型网络实验线路及直流电压源 U_{S1} 和 U_{S2} 构成线性电路。在面板上按图 2-31 所示电路选择电路参数并连接电路。参数数值及单位填入表 2-4。

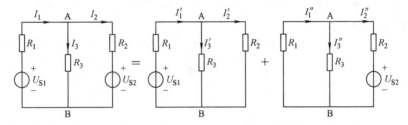

图 2-31　实验电路

表 2-4　实验线路元件参数

R_1	R_2	R_3	U_{S1}	U_{S2}

（2）叠加原理的验证　首先调节稳压电源输出电压 U_{S1}、U_{S2}。

然后在两个电压源单独作用以及共同作用下分别测试出各支路电流和电压值，填入表 2-5。最后根据实测数据验证叠加原理。

表 2-5　验证叠加原理（$U_{S1} =$　　V，$U_{S2} =$　　V）

电流电压 电源	I_1		I_2		I_3	
	U_1		U_2		U_3	
U_{S1}	I_1'		I_2'		I_3'	
单独作用	U_1'		U_2'		U_3'	
U_{S2}	I_1''		I_2''		I_3''	
单独作用	U_1''		U_2''		U_3''	
前两项叠加	$I_1' + I_1''$		$I_2' + I_2''$		$I_3' + I_3''$	
	$U_1' + U_1''$		$U_2' + U_2''$		$U_3' + U_3''$	
U_{S1}、U_{S2}	I_1		I_2		I_3	
共同作用	U_1		U_2		U_3	

2.8.3　戴维南定理的验证

1. 实验目的

加深对戴维南定理的理解；

学习有源二端网络等效电动势和等效内阻的测量方法；

熟悉稳压电源、数字万用表的使用。

2. 实验器材

（1）数字万用表　一块

（2）直流稳压电源　两台

（3）电阻　若干只

（4）导线　若干根

（5）面板　两块

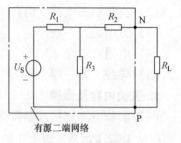

图 2-32　验证电路

3. 实验内容和步骤

（1）实验电路连接及参数选择　实验电路如图 2-32
所示。由 R_1、R_2 和 R_3 组成的 T 型网络及直流电源 U_S 构成线性有源二端网络。可调电阻箱
作为负载电阻 R_L。

在实验台上按图 2-32 所示电路选择电路各参数并连接电路。参数数值及单位填入表 2-6 中。

表 2-6　实验线路元件参数

R_1	R_2	R_3	U_S	R_L

（2）戴维南等效电路参数理论值的计算　根据图 2-32 给出的电路及实验步骤（1）所
选择参数计算有源二端网络的开路电压 U_{oc}、短路电流 I_{SC} 及等效电阻 R_O 并记入表2-6 中。

1）开路电压 U_{oc} 可以采用电压表直接测量，如图 2-33 所示。

直接用万用表的电压挡测量电路中有源二端网络端口（N-P）的开路电压 U_{oc}，如图
2-33，结果记入表 2-7 中。

2）等效电阻 R_O 的测量可以采用开路电压、短路电流法。

当二端网络内部有源时，测量二端网络的短路电流 I_{SC}，电路连接如图 2-34 所示，计算
等效电阻 $R_O = U_{oc}/I_{SC}$，结果记入表 2-7 中。

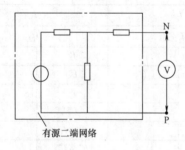

图 2-33　测开路电压 U_{oc}

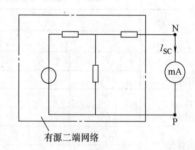

图 2-34　测短路电流 I_{SC}

表 2-7　开路电压 U_{oc}、短路电流 I_{SC} 及等效电阻 R_O 实验记录

被测量	理论计算值	实验测量值
开路电压 U_{oc}/V		
短路电流 I_{SC}/A		
等效电阻 R_O/Ω		

（3）验证戴维南定理、理解等效的概念

1）测量原有源二端网络外接负载时的电流、电压

将图 2-35a 的原有源二端网络外接负载 R_L，测量 R_L 上的电流 I_L 及端电压 U_L，结果记入表 2-8 中，并与前一步实验结果进行比较，验证戴维南定理。

2）测量戴维南等效电路外接同样负载时的电流、电压

① 组成戴维南等效电路。根据表 2-8 的实验数据，调节稳压电源输出电压值 E，使 $E = U_{oc}$，调节一个可调电阻箱，使其阻值为 R_O，查阅表 2-6 中作为负载 R_L 的阻值，用另一个可调电阻箱作为负载 R_L，组成如图 2-35b 所示戴维南等效电路。

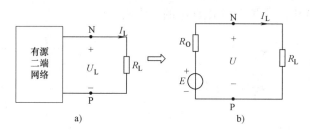

图 2-35　戴维南等效电路

a）原电路　b）戴维南等效电路

② 测量戴维南等效电路负载电阻 R_L 上的电流 I_L 及端电压 U_L，结果记入表 2-8 中。

表 2-8　验证戴维南定理

被　测　量	U_L/V	I_L/mA
戴维南等效电路		
有源二端网络		

2.9　思考与练习

1. 已知电路如图 2-36 所示，试计算 a、b 两端的电阻。

2. 根据基尔霍夫定律，求图 2-37 所示电路中的电流 I_1 和 I_2；

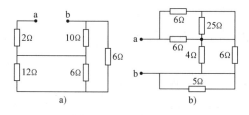

图 2-36　习题 2.1 图

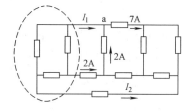

图 2-37　习题 2.2 图

3. 有一盏"220V 60W"的电灯接到电路中。（1）试求电灯的电阻；（2）当接到 220V 电压下工作时的电流；（3）如果每晚用三小时，问一个月（按 30 天计算）用多少电？

4. 根据基尔霍夫定律求图 2-38 所示电路中的电压 U_1、U_2 和 U_3。

5. 已知电路如图 2-39 所示，其中 $E_1 = 15V$，$E_2 = 65V$，$R_1 = 5\Omega$，$R_2 = R_3 = 10\Omega$。试用支路电流法求 R_1、R_2 和 R_3 三个电阻上的电压。

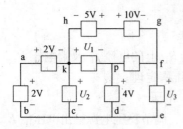

图 2-38 习题 2.4 图

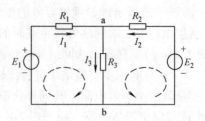

图 2-39 习题 2.5 图

6. 试用支路电流法，求图 2-40 所示电路中的电流 I_1、I_2、I_3、I_4 和 I_5。（只列方程不求解）

7. 试用支路电流法，求图 2-41 电路中的电流 I_3。

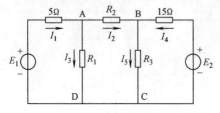

图 2-40 习题 2.6 图

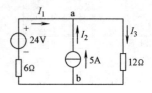

图 2-41 习题 2.7 图

8. 应用等效电源的变换，化简图 2-42 所示的各电路。

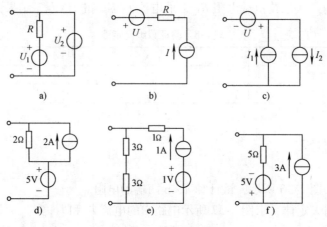

图 2-42 习题 2.8 图

9. 试用电源等效变换的方法，求图 2-43 所示电路中的电流 I。

10. 试计算图 2-44 中的电流 I。

11. 已知电路如图 2-45 所示。试应用叠加原理计算支路电流 I 和电流源的电压 U。

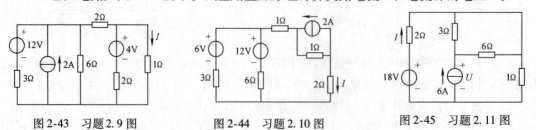

图 2-43 习题 2.9 图   图 2-44 习题 2.10 图   图 2-45 习题 2.11 图

第3讲 正弦交流电路的分析与实践

【导读】

正弦交流电路是我国电能生产、输送、分配和使用的主要形式。正弦交流电路的使用非常广泛，目前所使用的所有电能几乎都是以正弦交流电形式产生的，即使需要用直流电的场合，大多数也是将正弦交流电通过整流设备变换为直流电，因此学习、研究正弦交流电具有重要的现实意义。本讲主要介绍了正弦量的相量表达方法、RLC 三元件电路、功率及功率因数的提高等。

应知

※掌握正弦交流电路的基本概念
※掌握 R、L、C 三种元件的电压、电流的关系
※掌握正弦交流电路中的功率计算
※了解谐振现象的研究意义

☆能正确表示交流正弦量
☆能选择合适的电气元件来提高功率因数
☆能用相量分析法分析复杂电路
☆会正确测量交流电路的电量参数

应会

3.1 正弦交流电路的基本概念

3.1.1 正弦电流及其三要素

随时间按正弦规律变化的电流称为正弦电流，同样有正弦电压等。这些按正弦规律变化的物理量统称为正弦量。

设图3-1中通过元件的电流 i 是正弦电流，其参考方向如图所示。正弦电流的一般表达式为

$$i(t) = I_m \sin(\omega t + \varphi_i) \tag{3-1}$$

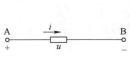

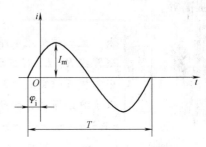

图3-1　电路元件　　　　　　　　　图3-2　正弦电流波形图

它表示电流 i 是时间 t 的正弦函数，不同的时间有不同的量值，称为瞬时值，用小写字母表示。电流 i 的时间函数曲线如图3-2所示，称为波形图。

在式（3-1）中，I_m 为正弦电流的最大值（幅值），即正弦量的振幅，用大写字母加下标 m 表示正弦量的最大值，例如 I_m、U_m、E_m 等，它反映了正弦量变化的幅度。$(\omega t + \varphi)$ 随时间变化，称为正弦量的相位，它描述了正弦量变化的进程或状态。φ 为 $t=0$ 时刻的相位，称为初相位（初相角），简称初相。习惯上取 $|\varphi| \leqslant 180°$。图3-3a、b 分别表示初相位为正和负值时正弦电流的波形图。

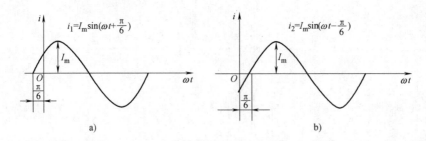

图3-3　正弦电流的初相位

正弦电流每重复变化一次所经历的时间间隔即为它的周期，用 T 表示，周期的单位为秒（s）。正弦电流每经过一个周期 T，对应的角度变化了 2π 弧度，所以

$$\omega T = 2\pi$$

$$\omega = \frac{2\pi}{T} = 2\pi f \tag{3-2}$$

式中 ω 为角频率，表示正弦量在单位时间内变化的角度，反映正弦量变化的快慢。用弧度/秒（rad/s）作为角频率的单位；$f = 1/T$ 是频率，表示单位时间内正弦量变化的循环次数，用 1/秒（1/s）作为频率的单位，称为赫兹（Hz）。我国电力系统用的交流电的频率（工频）为 50Hz。

最大值、角频率和初相位称为正弦量的三要素。

3.1.2　相位差

任意两个同频率的正弦电流 $i_1(t) = I_{m1}\sin(\omega t + \varphi_1)$ 和 $i_2(t) = I_{m2}\sin(\omega t + \varphi_2)$ 的相位差是：

$$\varphi_{12} = (\omega t + \varphi_1) - (\omega t + \varphi_2) = \varphi_1 - \varphi_2 \tag{3-3}$$

相位差在任何瞬间都是一个与时间无关的常量，等于它们初相位之差。习惯上取 $|\varphi_{12}| \leqslant 180°$。若两个同频率正弦电流的相位差为零，即 $\varphi_{12} = 0$，则称这两个正弦量为同相位。如图 3-4 中的 i_1 与 i_3，否则称为不同相位，如 i_1 与 i_2。如果 $\varphi_1 - \varphi_2 > 0$，则称 i_1 超前 i_2，意指 i_1 比 i_2 先到达正峰值，反过来也可以说 i_2 滞后 i_1。超前或滞后有时也需指明超前或滞后多少角度或时间，以角度表示时为 $\varphi_1 - \varphi_2$，若以时间表示，则为 $(\varphi_1 - \varphi_2)/\omega$。如果两个正弦电流的相位差

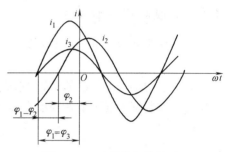

图 3-4　正弦量的相位关系

为 $\varphi_{12} = \pi$，则称这两个正弦量为反相。如果 $|\varphi_{12}| = \pi/2$，则称这两个正弦量为正交。

3.1.3　有效值

周期电流 i 流过电阻 R 在一个周期 T 所产生的能量与直流电流 I 流过电阻 R 在时间 T 内所产生的能量相等，则此直流电流的量值为此周期性电流的有效值。

周期性电流 i 流过电阻 R，在时间 T 内，电流 i 所产生的能量为

$$W_1 = \int_0^T i^2 R\,dt$$

直流电流 I 流过电阻 R 在时间 T 内所产生的能量为

$$W_2 = I^2 RT$$

当两个电流在一个周期 T 内所做的功相等时，有

$$I^2 RT = \int_0^T i^2 R\,dt$$

于是，得

$$I = \sqrt{\frac{1}{T}\int_0^T i^2\,dt} \tag{3-4}$$

对正弦电流则有

$$I = \sqrt{\frac{1}{T}\int_0^T i^2\,dt} = \sqrt{\frac{1}{T}\int_0^T I_m^2 \sin^2(\omega t + \varphi)\,dt}$$

$$= \frac{I_\mathrm{m}}{\sqrt{2}} \approx 0.707 I_\mathrm{m} \tag{3-5}$$

同理可得 $\qquad\qquad\qquad U = U_\mathrm{m}/\sqrt{2} \qquad E = E_\mathrm{m}/\sqrt{2}$

　　在工程上凡谈到周期性电流或电压、电动势等量值时，凡无特殊说明外总是指有效值，一般电气设备铭牌上所标明的额定电压和电流值都是指有效值。

3.2 正弦量的表示法

　　由于在正弦交流电路中，所有的电压、电流都是同频率的正弦量，所以要确定这些正弦量，只要确定它们的有效值和初相就可以了。相量法就是用复数来表示正弦量。

3.2.1 复数及其表示形式

　　设 A 是一个复数，并设 a 和 b 分别为它的实部和虚部，则有

$$A = a + jb \tag{3-6}$$

式（3-6）表示形式称为复数的代数形式。

　　复数可以用复平面上所对应的点表示（见图3-5）。

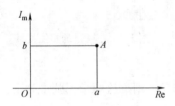

图 3-5　复数在复平面上的表示

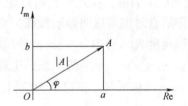

图 3-6　复数的矢量表示

$$|A| = \sqrt{a^2 + b^2}$$

复数 A 的矢量与实轴正向间的夹角 φ 称为 A 的辐角，记作

$$\varphi = \mathrm{arctg}\, \frac{b}{a}$$

从图 3-6 中可得如下关系：

$$\begin{cases} a = |A|\cos\varphi \\ b = |A|\sin\varphi \end{cases}$$

复数：$\qquad\qquad\qquad A = a + jb = |A|\,(\cos\varphi + j\sin\varphi)$

称为复数的三角形式。

再利用欧拉公式：$\qquad\qquad \mathrm{e}^{j\varphi} = \cos\varphi + j\sin\varphi$

又得 $\qquad\qquad\qquad\qquad A = |A|\,\mathrm{e}^{j\varphi} \tag{3-7}$

称为复数的指数形式。在工程上简写为 $A = |A|\,\underline{/\varphi}$。

3.2.2 复数运算

1. 复数的加减

　　设有两个复数：

$$A_1 = a_1 + jb_1$$

$$A_2 = a_2 + jb_2$$

$$A_1 \pm A_2 = (a_1 + jb_1) \pm (a_2 + jb_2)$$

$$= (a_1 \pm a_2) + j(b_1 \pm b_2)$$

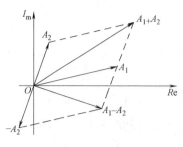

两个复数相加的运算在复平面上是符合平行四边形的求和法则的，如图 3-7 所示。

2. 复数的乘除

复数的乘除运算，一般采用指数形式。

图 3-7　复数的加减

设有两个复数：

$$A_1 = a_1 + jb_1 = |A_1| \underline{/\varphi_1}$$

$$A_2 = a_2 + jb_2 = |A_2| \underline{/\varphi_2}$$

$$A_1 A_2 = |A_1| \cdot |A_2| \underline{/\varphi_1 + \varphi_2}$$

$$\frac{A_1}{A_2} = \frac{A_1}{A_2} \underline{/\varphi_1 - \varphi_2}$$

即复数相乘时，将模和模相乘，辐角相加；复数相除时，将模相除，辐角相减。

3. 共轭复数

复数 $e^{j\varphi} = 1\underline{/\varphi}$ 是一个模等于 1，而辐角等于 φ 的复数。任意复数 $A = |A| e^{j\varphi_1}$ 乘以 $e^{j\varphi}$ 等于：

$$|A| e^{j\varphi_1} e^{j\varphi} = |A| e^{j(\varphi_1 + \varphi)} = |A| \underline{/\varphi_1 + \varphi}$$

即复数的模不变，辐角变化了 φ 角，此时复数矢量按逆时针方向旋转了 φ 角。所以 $e^{j\varphi}$ 称为旋转因子。使用最多的旋转因子是 $e^{j90°} = j$ 和 $e^{j(-90°)} = -j$。任何一个复数乘以 j（或除以 j），相当于将该复数矢量按逆时针旋转 90°；而乘以 $-j$ 则相当于将该复数矢量按顺时针旋转 90°。

3.2.3　正弦量的相量表示法

正弦量　　　　　　　　　　　$u = U_m \sin(\omega t + \varphi)$

可以写作：　　　　$u = U_m \sin(\omega t + \varphi) = I_m[\sqrt{2} U e^{j(\omega t + \varphi)}]$

$$= I_m[\sqrt{2} U e^{j\varphi} e^{j\omega t}] \qquad (3-8)$$

式（3-8）中，符号 I_m 是虚数的缩写。其中复常数部分 $U e^{j\varphi}$ 是包含了正弦量的有效值 U 和初相角 φ 的复数，我们把这复数称为正弦量的相量，并用符号 $\dot{U}$ 表示，上面的小圆点是用来表示相量。则

$$\dot{U} = U e^{j\varphi}$$

简写为　　　　　　　　　　　$\dot{U} = U\underline{/\varphi}$

相量和复数一样，可以在复平面上用矢量表示，这种表示相量的图，称为相量图。如图 3-8 所示。

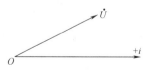

【例 3.1】　已知正弦电压 $u_1 = 100\sqrt{2}\sin(314t + 60°)$ V 和

图 3-8　电压相量图

$u_2 = 50\sqrt{2}\sin(314t - 60°)$ V 写出表示 u_1 和 u_2 的相量表示式，并画出相量图。

解：
$$\dot{U}_1 = 100\underline{/60°}\text{V}$$
$$U_2 = 50\underline{/-60°}\text{V}$$

相量图如图 3-9 所示。

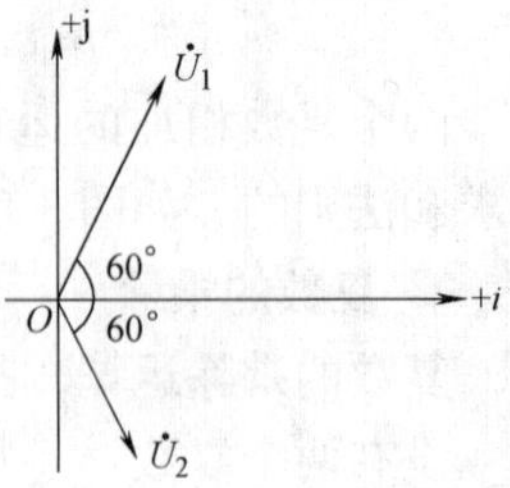

【例 3.2】 已知两频率均为 50Hz 的电压，表示它们的相量分别为 $\dot{U}_1 = 380\underline{/30°}$ V，$\dot{U}_2 = 220\underline{/-60°}$ V，试写出这两个电压的解析式。

解：
$$\omega = 2\pi f = 2\pi \times 50\text{rad/s} = 314\text{rad/s}$$
$$u_1 = 380\sqrt{2}\sin(314t + 30°)\text{V}$$
$$u_2 = 220\sqrt{2}\sin(314t - 60°)\text{V}$$

图 3-9　例 3.1 电压的相量图

【例 3.3】 已知 $i_1 = 100\sqrt{2}\sin\omega t$ A，$i_2 = 100\sqrt{2}\sin(\omega t - 120°)$ A，试用相量法求 $i_1 + i_2$。

解：
$$\dot{I}_1 = 100\underline{/0°}\text{A}$$
$$\dot{I}_2 = 100\underline{/-120°}\text{A}$$
$$\dot{I}_1 + \dot{I}_2 = 100\underline{/0°}\text{A} + 100\underline{/-120°}\text{A} = 100\underline{/-60°}\text{A}$$
$$i_1 + i_2 = 100\sqrt{2}\sin(\omega t - 60°)\text{A}$$

由此可见，正弦量用相量表示，可以使正弦量的运算简化。

3.3　电阻、电感、电容元件的正弦交流电路

电阻 R、电感 L、电容 C 是交流电路中的基本电路元件。本节着重研究三种元件上的电压与电流关系，能量的转换及功率问题。

3.3.1　电阻元件

1. 电阻元件上电压与电流的关系

当电阻两端加上正弦交流电压时，电阻中就有交流电流通过，电压与电流的瞬时值仍然遵循欧姆定律。在图 3-10 中，电压与电流为关联参考方向，则电阻上的电流为

$$i_R = \frac{u_R}{R} \qquad (3-9)$$

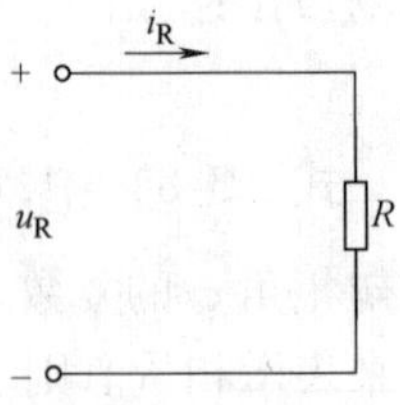

式（3-9）是交流电路中电阻元件的电压与电流的基本关系。

如加在电阻两端的是正弦交流电压：
$$u_R = U_{Rm}\sin(\omega t + \varphi_u)$$

图 3-10　电阻元件

则电路中的电流为
$$i_R = \frac{u_R}{R} = \frac{U_{Rm}\sin(\omega t + \varphi_u)}{R} = I_{Rm}\sin(\omega t + \varphi_i) \qquad (3-10)$$

式中
$$I_{Rm} = \frac{U_{Rm}}{R} \qquad \varphi_i = \varphi_u$$

写成有效值关系为

$$I_R = \frac{U_R}{R} \quad \text{或} \quad U_R = RI_R \tag{3-11}$$

从以上分析可知：

（1）电阻两端的电压与电流同频率、同相位；

（2）电阻两端的电压与电流的数值上成正比。

其波形图如 3-11 所示（设 $\varphi_i = 0$）。

电阻元件上电压与电流的相量关系为

$$\dot{U}_R = RI_R\underline{/\varphi_u} = RI_R\underline{/\varphi_i} \qquad \dot{I}_R = I_R\underline{/\varphi_i}$$

则

$$\dot{U}_R = R\dot{I}_R \tag{3-12}$$

式（3-12）就是电阻元件上电压与电流的相量关系，也就是相量形式的欧姆定律。

图 3-12 给出了电阻元件的相量模型及相量图。

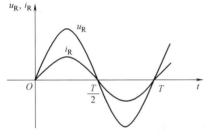

图 3-11　电阻元件的电压、电流波形图

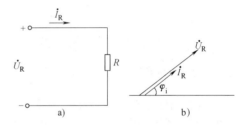

图 3-12　电阻元件的相量模型及相量图
a）相量模型　b）相量图

2. 电阻元件的功率

在交流电路中，任意电路元件上的电压瞬时值与电流瞬时值的乘积称作该元件的瞬时功率。用小写字母 p 表示。

当 u_R、i_R 为关联参考方向时，

$$p = u_R i_R \tag{3-13}$$

若电阻两端的电压、电流为（设初相角为 0°）

$$u_R = U_{Rm}\sin\omega t$$

$$i_R = I_{Rm}\sin\omega t$$

则正弦交流电路中电阻元件上的瞬时功率为

$$
\begin{aligned}
p &= u_R i_R = U_{Rm}\sin\omega t I_{Rm}\sin\omega t \\
&= U_{Rm} I_{Rm}\sin^2\omega t \\
&= U_R I_R(1 - \cos 2\omega t)
\end{aligned}
\tag{3-14}
$$

其电压、电流、功率的波形图如图 3-13 所示。

从图中可知：只要有电流流过电阻，电阻 R 上的瞬时功率 $p \geqslant 0$，即总是吸收功率（消耗功率）。其吸收功率的大小在工程上都用平均功率来表示。周期性交流电路中的平均功率就是瞬时功率在一个周期的平

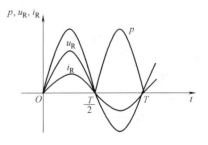

图 3-13　电阻元件的功率波形

均值。

平均功率：
$$P = \frac{1}{T}\int_0^T p\,\mathrm{d}t = \frac{1}{T}\int_0^T U_R I_R(1 - \cos2\omega t)\,\mathrm{d}t = U_R I_R$$

又因
$$U_R = R I_R$$

所以
$$P = U_R I_R = I_R^2 R = \frac{U_R^2}{R} \tag{3-15}$$

由于平均功率反映了元件实际消耗电能的情况，所以又称有功功率。习惯上常简称功率。

【例3.4】　额定电压为220V、功率为100W的电烙铁，误接在380V的交流电源上，问此时消耗的功率是多少？会出现什么现象。

解：已知额定电压和功率，可求出电烙铁的等效电阻

$$R = \frac{U_R^2}{P} = \frac{220^2}{100} = 484\Omega$$

当误接在380V电源上时，电烙铁实际消耗的功率为

$$P_1 = \frac{380^2}{484} = 300\mathrm{W}$$

此时，电烙铁内的电阻很可能被烧断。

3.3.2　电感元件

1. 电感元件上电压和电流的关系

设一电感 L 中通入正弦电流，其参考方向如图3-14所示。

设
$$i_L = I_{Lm}\sin(\omega t + \varphi_i)$$

则电感两端的电压为

$$u_L = L\frac{\mathrm{d}i_L}{\mathrm{d}t} = L\frac{\mathrm{d}I_{Lm}\sin(\omega t + \varphi_i)}{\mathrm{d}t} = I_{Lm}\omega L\cos(\omega t + \varphi_i)$$

$$= U_{Lm}\sin\left(\omega t + \varphi_i + \frac{\pi}{2}\right) = U_{Lm}\sin(\omega t + \varphi_u) \tag{3-16}$$

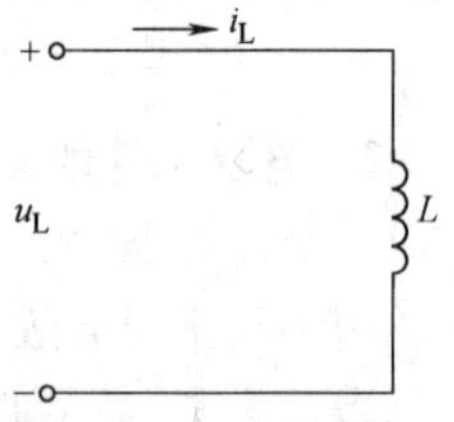

图3-14　电感元件

式（3-16）中　　　$U_{Lm} = \omega L I_{Lm}$　　　$\varphi_u = \varphi_i + \frac{\pi}{2}$

写成有效值为　　　　　　$U_L = \omega L I_L$　或　$\frac{U_L}{I_L} = \omega L$ $\tag{3-17}$

从以上分析可知：

（1）电感两端的电压与电流同频率；

（2）电感两端的电压在相位上超前电流90°；

（3）电感两端的电压与电流有效值（或最大值）之比为 ωL。

令：　　　　　　　　　　$X_L = \omega L = 2\pi f_L$ $\tag{3-18}$

X_L 称为感抗，它用来表示电感元件对电流阻碍作用的一个物理量。它与角频率成正比。单位是欧姆。

在直流电路中，$\omega = 0$，$X_L = 0$，所以电感在直流电路中视为短路。

将式（3-18）代入式（3-17）得

$$U_L = X_L I_L \tag{3-19}$$

电感元件的电压、电流波形如图 3-15 所示（设 $\varphi_i = 0$）。

电感元件上电压与电流的相量关系为

$$\dot{I}_L = I_L \underline{/\varphi_i}$$

$$\dot{U}_L = \omega L I_L \underline{/\varphi_i + 90°} = j\omega L \dot{I}_L = jX_L \dot{I}_L$$

即

$$\dot{U}_L = jX_L \dot{I}_L \tag{3-20}$$

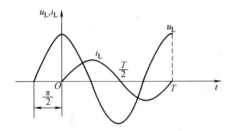

图 3-15　电感元件的电压、电流波形

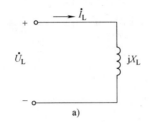 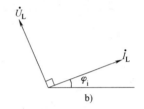

图 3-16　电感元件的相量模型及相量图

a）相量模型　b）相量图

图 3-16 给出了电感元件的相量模型及相量图。

2. 电感元件的功率

在电压与电流参考方向一致的情况下电感元件的瞬时功率为

$$p = u_L i_L$$

若电感两端的电流、电压为（设 $\varphi_i = 0$）：

$$i_L = I_{Lm} \sin\omega t$$

$$u_L = U_{Lm} \sin\left(\omega t + \frac{\pi}{2}\right)$$

则正弦交流电路中电感元件上的瞬时功率为

$$\begin{aligned}
p &= u_L i_L = U_{Lm} \sin\left(\omega t + \frac{\pi}{2}\right) \cdot I_{Lm} \sin\omega t \\
&= U_{Lm} I_{Lm} \sin\omega t \cos\omega t = U_L I_L \sin 2\omega t
\end{aligned} \tag{3-21}$$

其电压、电流、功率的波形如图 3-17 所示。由式 3-21 或波形图都可以看出，此功率是以两倍角频率作正弦变化的。

电感在通以正弦电流时，所吸收的平均功率为

$$P = \frac{1}{T}\int_0^T P\mathrm{d}t = \frac{1}{T}\int_0^T U_L I_L \sin 2\omega t\, \mathrm{d}t = 0 \tag{3-22}$$

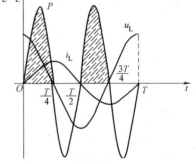

图 3-17　电感元件的功率波形

式（3-22）表明电感元件是不消耗能量的，它是储能元件。电感吸收的瞬时功率不为零，在第一和第三个 1/4 周期内，瞬时功率为正值，电感吸取电源的电能，并将其转换成磁场能量储存起来；在第二和第四个 1/4 周期内，瞬时功率为负值，将储存的磁场能量转换成电能返送给电源。

为了衡量电源与电感元件间的能量交换的大小，把电感元件瞬时功率的最大值称为无功

功率，用 Q_L 表示。

$$Q_L = U_L I_L = I_L^2 X_L = \frac{U_L^2}{X_L} \tag{3-23}$$

无功功率的单位为乏（var），工程中有时也用千乏（kvar）。

$$1\,\text{kvar} = 10^3\,\text{var}$$

【例3.5】 若将 $L = 20\text{mH}$ 的电感元件，接在 $U_L = 110\text{V}$ 的正弦交流电源上，则通过的电流是 1mA，求（1）电感元件的感抗及电源的频率。

（2）若把该元件接在直流 110V 电源上，会出现什么现象？

解：（1）
$$X_L = \frac{U_L}{I_L} = \frac{110}{1 \times 10^{-3}}\Omega = 110\text{k}\Omega$$

电源频率
$$f = \frac{X_L}{2\pi L} = \frac{110 \times 10^3}{2\pi \times 20 \times 10^{-3}}\text{Hz} = 8.76 \times 10^5\text{Hz}$$

（2）在直流电路中，$X_L = 0$，电流很大，电感元件可能被烧坏。

3.3.3 电容元件

1. 电容元件上电压和电流的关系

设一电容 C 中通入正弦交流电，其参考方向如图 3-18 所示。设外接正弦交流电压为

$$u_C = U_{Cm}\sin(\omega t + \varphi_u)$$

则电路中电流为

$$i_C = C\frac{\mathrm{d}u_C}{\mathrm{d}t} = C\frac{\mathrm{d}U_{Cm}\sin(\omega t + \varphi_u)}{\mathrm{d}t} = U_{Cm}\omega C\cos(\omega t + \varphi_u)$$

$$= I_{Cm}\sin\left(\omega t + \varphi_u + \frac{\pi}{2}\right) = I_{Cm}\sin(\omega t + \varphi_i) \tag{3-24}$$

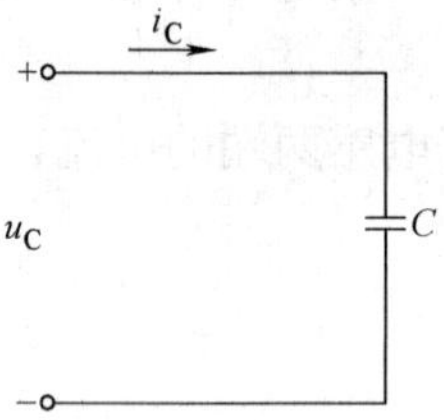

图 3-18　电容元件电路

式（3-24）中
$$i_{Cm} = U_{Cm}\omega C \qquad \varphi_i = \varphi_u + \frac{\pi}{2}$$

写成有效值为
$$I_C = \omega C U_C \quad \text{或} \quad \frac{U_C}{I_C} = \frac{1}{\omega C} \tag{3-25}$$

从以上分析可知：（1）电容两端的电压与电流同频率；

（2）电容两端的电压在相位上滞后电流 $90°$；

（3）电容两端的电压与电流有效值之比为 $\dfrac{1}{\omega C}$。

令
$$X_C = \frac{1}{\omega C} = \frac{1}{2\pi f C} \tag{3-26}$$

X_C 称为容抗，它用来表示电容元件对电流阻碍作用的一个物理量。它与角频率成反比，单位是欧姆。

将式（3-26）代入式（3-25），得

$$U_C = X_C I_C \tag{3-27}$$

电容元件的电压、电流波形如图 3-19 所示。

（设 $\varphi_u = 0$），电容元件上电压与电流的相量关系为

$$\dot{U}_C = U_C \underline{/\varphi_u}$$

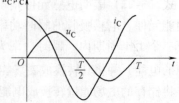

图 3-19　电容元件的电压、电流波形

$$\dot{I}_C = \omega C U_C \underline{/\varphi_u + 90°} = j\omega C \dot{U}_C = j\frac{\dot{U}_C}{X_C}$$

即
$$\dot{U}_C = -jX_C\dot{I}_C \qquad (3-28)$$

图 3-20 给出了电容元件的相量模型及相量图。

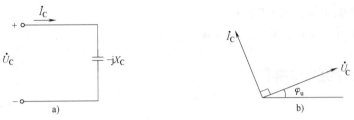

图 3-20　电容元件的相量模型及相量图

a) 相量模型　b) 相量图

2. 电容元件的功率

在电压与电流参考方向一致的情况下，设：$u_C = U_{Cm}\sin\omega t$

则电容元件的瞬时功率为

$$p = u_C i_C = U_{Cm}\sin\omega t \cdot I_{Cm}\sin\left(\omega t + \frac{\pi}{2}\right)$$
$$= U_{Cm}I_{Cm}\sin\omega t\cos\omega t = U_C I_C\sin2\omega t \qquad (3-29)$$

其电压、电流、功率的波形如图 3-21 所示。由式（3-29）或波形图都可以看出，此功率是以两倍角频率作正弦变化的。

电容在通以正弦交流电流时，所吸收的平均功率为

$$P = \frac{1}{T}\int_0^T P dt = \frac{1}{T}\int_0^T U_C I_C\sin2\omega t = 0 \quad (3-30)$$

与电感元件相同，电容元件也是不消耗能量的，它也是储能元件。在第一和第三个 1/4 周期内，电容吸收的瞬时功率不为零，瞬时功率为正值，电容吸取

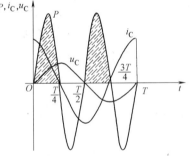

图 3-21　电容元件的功率波形图

电源的电能，并将其转换成电场能量储存起来；在第二和第四个 1/4 周期内，瞬时功率为负值，将储存的电场能量转换成电能返送给电源。

用无功功率 Q_C 表示电源与电容间的能量交换

$$Q_C = U_C I_C = I_C^2 X_C = \frac{U_C^2}{X_C} \qquad (3-31)$$

【例 3.6】　设加在一电容器上的电压 $u(t) = 6\sqrt{2}\sin(1000t - 60°)$ V，其电容 C 为 $10\mu F$，求：（1）流过电容的电流 $i(t)$ 并画出电压、电流的相量图。（2）若接在直流 6V 的电源上，则电流为多少？

解：（1）
$$\dot{U} = 6\underline{/-60°}\text{V}$$

$$X_C = \frac{1}{\omega C} = \frac{1}{1000 \times 10 \times 10^{-6}} \Omega = 100\Omega$$

$$\dot{I}_C = \frac{\dot{U}_C}{-jX_C} = \frac{6\underline{/-60°}}{-j100} = 0.06\underline{/-60°+90°}\,A = 0.06\underline{/30°}\,A$$

电容电流　　　　　　　$i(t) = 0.06\sqrt{2}\sin(1000t + 30°)\,V$

电容电压、电流的相量如图 3-22 所示。

（2）若接在直流 6V 电源上，$X_C = \infty$，$I = 0$。

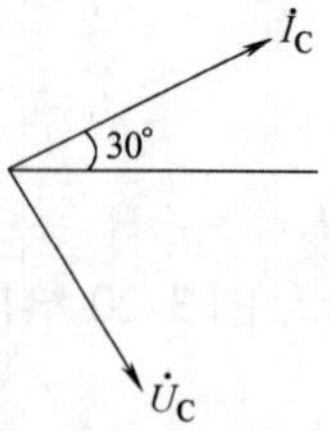

图 3-22　电压、
电流的相量图

3.4　阻抗的串联与并联

3.4.1　阻抗的串联

阻抗串联电路如图 3-23 所示，根据相量形式的 KVL（基尔霍夫电压定律）可得，

$$\dot{U} = \dot{U}_1 + \dot{U}_2 + \dot{U}_3 = (Z_1 + Z_2 + Z_3)\dot{I} = Z\dot{I} \qquad (3\text{-}32)$$

由上式得知：　　　　　$Z = Z_1 + Z_2 + Z_3$　　　　　　　$(3\text{-}33)$

Z 为全电路的等效阻抗，它等于各复阻抗之和。

如果把各阻抗用 R 与 X 串联来表示，

即　　　　　$Z_1 = R_1 + jX_1$，$Z_2 = R_2 + jX_2$，$Z_3 = R_3 + jX_3$

则　　　　　$Z = (R_1 + R_2 + R_3) + j(X_1 + X_2 + X_3) = R + jX$

式中　　　　　$R = R_1 + R_2 + R_3$，　　　$X = X_1 + X_2 + X_3$

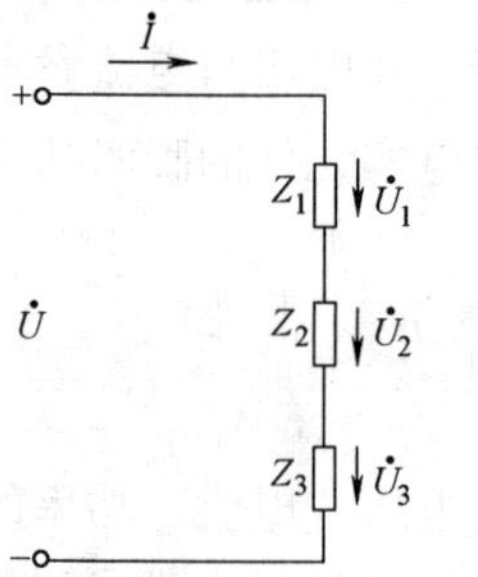

因此，串联阻抗的等效电阻等于各电阻之和，等效电抗等于各电抗的代数和。故等效阻抗的模为

图 3-23　阻抗串联电路

$$|Z| = \sqrt{(R_1 + R_2 + R_3)^2 + (X_1 + X_2 + X_3)^2}$$

阻抗角为　　　　　　　$\varphi = \arctan\dfrac{X_1 + X_2 + X_3}{R_1 + R_2 + R_3}$

阻抗串联时的分压公式：$\dot{U}_1 = \dfrac{Z_1}{Z}\dot{U}$

其公式与直流电路相似，所不同的是电压、电流均为相量，Z 为复数。

【例 3.7】　设三个复阻抗串联电路如图 3-23 所示。已知 $Z_1 = 5 + j10\,\Omega$，$Z_2 = 10 - j15\,\Omega$，$Z_3 = -j9\,\Omega$，电源电压 $\dot{U} = 40\underline{/30°}\,V$，试求等效复阻抗 Z，电流 $\dot{I}$ 和电压 $\dot{U}_1$、$\dot{U}_2$、$\dot{U}_3$，并画出相量图。

解：复阻抗　　　　　$Z = Z_1 + Z_2 + Z_3 = (5 + j10 + 10 - j15 - j9)\,\Omega$

$$= (15 - j14)\,\Omega = 20.5\underline{/-43°}\,\Omega$$

$$\dot{I} = \frac{\dot{U}}{Z} = \frac{40\underline{/30°}}{20.5\underline{/-43°}}\,A = 1.95\underline{/73°}\,A$$

$$\dot{U}_1 = Z_1\dot{I} = (5 + j10) \times 1.95\underline{/73°}\,V = 21.8\underline{/136.4°}\,V$$

$$\dot{U}_2 = Z_2 \dot{I} = (10 - \text{j}15) \times 1.95\underline{/73^\circ}\text{V} = 35.2\underline{/16.7^\circ}\text{V}$$

$$\dot{U}_3 = Z_3 \dot{I} = -\text{j}9 \times 1.95\underline{/73^\circ}\text{V} = 17.6\underline{/-17^\circ}\text{V}$$

相量图如图 3-24 所示。

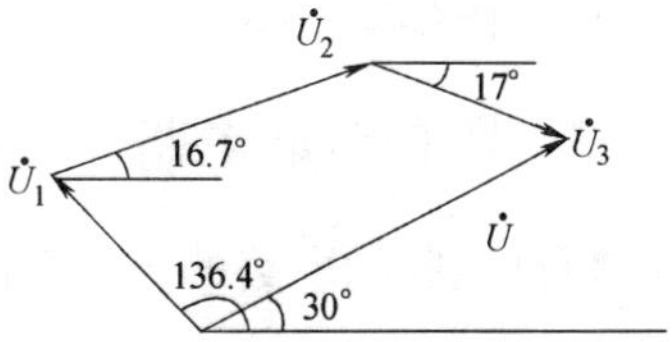

图 3-24   相量图

3.4.2   阻抗的并联

阻抗并联电路如图 3-25 所示，根据相量形式的 KCL（基尔霍夫电流定律）得

$$\dot{I} = \dot{I}_1 + \dot{I}_2 + \dot{I}_3 = \left(\frac{1}{Z_1} + \frac{1}{Z_2} + \frac{1}{Z_3}\right)\dot{U} = \frac{\dot{U}}{Z}$$

由上式得知：
$$\frac{1}{Z} = \frac{1}{Z_1} + \frac{1}{Z_2} + \frac{1}{Z_3} \tag{3-34}$$

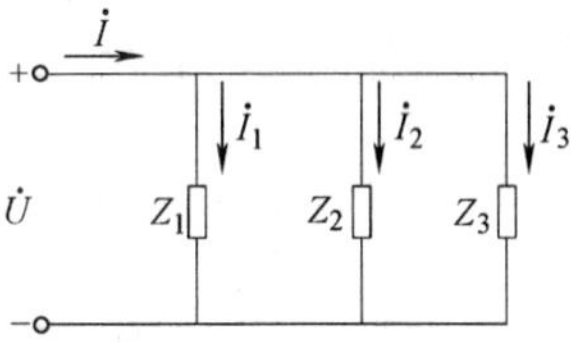

几个复阻抗并联时，全电路的等效复阻抗的倒数等于各复阻抗的倒数之和。

若用导纳表示，则为

$$Y = Y_1 + Y_2 + Y_3 \tag{3-35}$$

图 3-25   阻抗并联电路

也就是说，几个复导纳并联时，等效复导纳等于各复导纳之和。

当两个复阻抗并联时，其等效阻抗也可用下式计算：

$$Z = \frac{Z_1 \cdot Z_2}{Z_1 + Z_2}$$

【**例 3.8**】 电路如图 3-26a 所示。已知 $R_1 = 3\Omega$，$X_L = 4\Omega$，$X_C = 2\Omega$，$R_3 = 10\Omega$，$\dot{U} = 20\underline{/0^\circ}\text{V}$，试求电路的等效复阻抗，总电流 $\dot{I}$ 和支路电流 $\dot{I}_1$、$\dot{I}_2$、$\dot{I}_3$，并画出相量图。

解：

$$Y = Y_1 + Y_2 + Y_3 = \frac{1}{Z_1} + \frac{1}{Z_2} + \frac{1}{Z_3} = \left(\frac{1}{3+\text{j}4} + \frac{1}{-\text{j}2} + \frac{1}{10}\right)\text{S}$$

$$= \frac{3}{25} - \text{j}\frac{4}{25} + \text{j}\frac{1}{2} + \frac{1}{10} = \frac{11}{50} + \text{j}\frac{17}{50}\text{S} = 0.22 + \text{j}0.34\text{S}$$

$$Z = \frac{1}{Y} = \frac{1}{0.22 + \text{j}0.14}\Omega = (1.34 - \text{j}2.17)\Omega = 2.46\underline{/-57.1^\circ}\Omega$$

$$\dot{I} = \frac{\dot{U}}{Z} = \frac{20\underline{/0^\circ}}{2.46\underline{/-57.1^\circ}}\text{A} = 8.1\underline{/57.1^\circ}\text{A}, \quad \dot{I}_1 = \frac{\dot{U}}{Z_1} = \frac{20\underline{/0^\circ}}{3+\text{j}4}\text{A} = 4\underline{/-53.1^\circ}\text{A}$$

$$\dot{I}_2 = \frac{\dot{U}}{Z_2} = \frac{20\underline{/0^\circ}}{-\text{j}2}\text{A} = 10\underline{/90^\circ}\text{A}, \quad \dot{I}_3 = \frac{\dot{U}}{Z_3} = \frac{20\underline{/0^\circ}}{10}\text{A} = 2\underline{/0^\circ}\text{A}$$

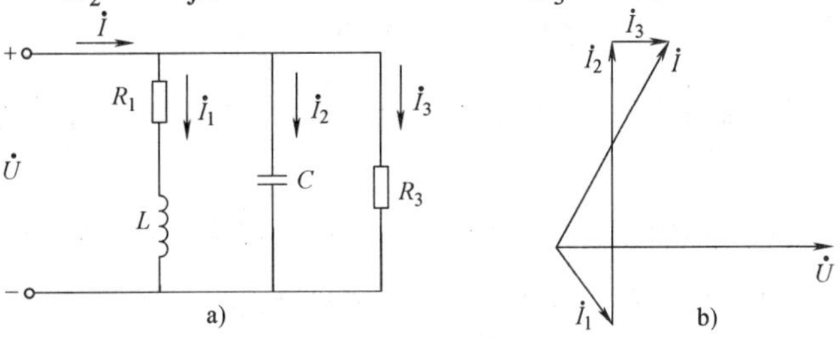

图 3-26   电路相量图

a）电路 b）相量图

相量图如图 3-26b 所示。

3.4.3 阻抗混联电路

阻抗混联的电路的分析方法可按照直流电路的方法进行。

【例 3.9】 在图 3-27 中, 已知 $R = 10\Omega$, $L = 40\text{mH}$, $C = 10\mu\text{f}$, $R_1 = 50\Omega$, $\dot{U} = 100\underline{/0°}\text{V}$, $\omega = 1000\text{rad/s}$, 试求各支路电流。

解: (1) 首先计算全电路的等效阻抗 Z

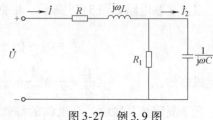

图 3-27   例 3.9 图

$$X_L = \omega L = 1000 \times 40 \times 10^{-3}\Omega = 40\Omega$$

$$X_C = \frac{1}{\omega C} = \frac{1}{1000 \times 10 \times 10^{-6}}\Omega = 100\Omega$$

$$Z = R + jX_L + \frac{R_1(-jX_C)}{R_1 - jX_C}$$

$$= \left(10 + j40 + \frac{50 \times (-j100)}{50 - j100}\right)\Omega$$

$$= (10 + j40 + 40 - j20)\Omega = (50 + j20)\Omega = 53.9\underline{/21.8°}\Omega$$

(2) 计算电路总电流

$$\dot{I} = \frac{\dot{U}}{Z} = \frac{100\underline{/0°}}{53.9\underline{/21.8°}} = 1.86\underline{/-21.8°}\text{A}$$

(3) 利用分流公式计算各支路电流

$$\dot{I}_1 = \frac{-jX_C}{R_1 - jX_C}\dot{I} = \frac{-j100}{50 - j100} \times 1.86\underline{/-21.8°}\text{A} = 1.66\underline{/-48.4°}\text{A}$$

$$\dot{I}_2 = \frac{R_1}{R_1 - jX_C}\dot{I} = \frac{50}{50 - j100} \times 1.86\underline{/-21.8°}\text{A} = 0.83\underline{/41.6°}\text{A}$$

或 $$\dot{I}_2 = \dot{I} - \dot{I}_1 = (1.86\underline{/-21.8°} - 1.66\underline{/-48.4°})\text{A} = 0.83\underline{/41.6°}\text{A}$$

从上例可以看出, 阻抗串、并联交流电路的计算与直流电路的电阻串、并联方法相同, 所不同的是电阻用复阻抗来代替, 电压、电流用相量代替, 且计算比较复杂。可借助于函数计算器中的复数计算 (CPLX) 功能来进行。

3.5 正弦交流电路中的功率及功率因数的提高

3.5.1 有功功率、无功功率、视在功率和功率因数

设有一个二端网络, 取电压、电流参考方向如图 3-28 所示, 网络在任一瞬间时吸收的功率即瞬时功率为 $p(t) = u(t)i(t)$

设: $u(t) = \sqrt{2}U\sin(\omega t + \varphi)$ 和 $i(t) = \sqrt{2}I\sin\omega t$, 其中 φ 为电压与电流的相位差。

$$p(t) = u(t) \cdot i(t) = \sqrt{2}U\sin(\omega t + \varphi) \cdot \sqrt{2}I\sin\omega t$$

$$= UI\cos\varphi - UI\cos(2\omega t + \varphi) \tag{3-36}$$

其波形图如图 3-29 所示。

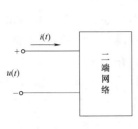

图 3-28　二端网络

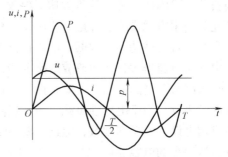

图 3-29　瞬时功率波形图

瞬时功率有时为正值，有时为负值，表示网络有时从外部接受能量，有时向外部发出能量。如果所考虑的二端网络内不含有独立源，这种能量交换的现象就是网络内储能元件所引起的。二端网络所吸收的平均功率 P 为瞬时功率 $p(t)$ 在一个周期内的平均值，

$$P = \frac{1}{T}\int_0^T p\,\mathrm{d}t$$

将式（3-36）代入上式得：

$$P = \frac{1}{T}\int_0^T \left[UI\cos\varphi - UI\cos(\omega t + \varphi) \right]\mathrm{d}t = UI\cos\varphi \tag{3-37}$$

可见，正弦交流电路的有功功率等于电压、电流的有效值和电压、电流相位差角余弦的乘积。

$\cos\varphi$ 称为二端网络的功率因数，用 λ 表示，即 $\lambda = \cos\varphi$，φ 称为功率因数角。在二端网络为纯电阻情况下，$\varphi = 0°$，功率因数 $\cos\varphi = 1$，网络吸收的有功功率 $P_R = UI$；当二端网络为纯电抗情况下，$\varphi = \pm 90°$，功率因数 $\cos\varphi = 0$，则网络吸收的有功功率 $P_X = 0$，这与前面 3.3 节的结果完全一致。

在一般情况下，二端网络的 $Z = R + jX$，$\varphi = \mathrm{arctg}\dfrac{X}{R}$，$\cos\varphi \neq 0$，即 $P = UI\cos\varphi$。

二端网络两端的电压 U 和电流 I 的乘积 UI 也是功率的量纲，因此把乘积 UI 称为该网络的视在功率，用符号 S 来表示。

即 $\hspace{6cm} S = UI \tag{3-38}$

为与有功功率区别，视在功率的单位用伏安（VA）。视在功率也称容量，例如一台变压器的容量为 4000kVA，而此变压器能输出多少有功功率，要视负载的功率因数而定。

在正弦交流电路中，除了有功功率和视在功率外，无功功率也是一个重要的量。

即 $\hspace{6cm} Q = U_X I$

而 $\hspace{6cm} U_X = U\sin\varphi$

所以无功功率为 $\hspace{4cm} Q = UI\sin\varphi \tag{3-39}$

当 $\varphi = 0°$ 时，二端网络为一等效电阻，电阻总是从电源获得能量，没有能量的交换；

当 $\varphi \neq 0°$ 时，说明二端网络中必有储能元件，因此二端网络与电源间有能量的交换。对于感性负载，电压超前电流，$\varphi > 0°$，$Q > 0$；对于容性负载，电压滞后电流，$\varphi < 0°$，$Q < 0$。

3.5.2　功率因数的提高

电源的额定输出功率为 $P_N = S_N\cos\varphi$，它除了决定于本身容量（即额定视在功率）外，

还与负载功率因数有关。若负载功率因数低，电源输出功率将减小，这显然是不利的。因此为了充分利用电源设备的容量，应该设法提高负载网络的功率因数。

另外，若负载功率因数低，电源在供给有功功率的同时，还要提供足够的无功功率，致使供电线路电流增大，从而造成线路上能耗增大。可见，提高功率因数有很大的经济意义。

功率因数不高的原因，主要是由于大量电感性负载的存在。工厂生产中广泛使用的三相异步电动机就相当于电感性负载。为了提高功率因数，可以从两个基本方面来着手：一方面是改进用电设备的功率因数，但这主要涉及更换或改进设备；另一方面是在感性负载的两端并联适当大小的电容器。

下面分析利用并联电容器来提高功率因数的方法。

原负载为感性负载，其功率因数为 $\cos\varphi$，电流为 $\dot{I}_1$，在其两端并联电容器为 C，电路如图 3-30 所示。并联电容以后，并不影响原负载的工作状态。从相量图可知，由于电容电流补偿了负载中的无功电流。使总电流减小，电路的总功率因数提高了。

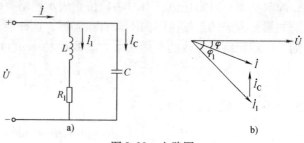

图 3-30 电路图

a）电路图 b）相量图

设有一感性负载的端电压为 U，功率为 P，功率因数 $\cos\varphi_1$，为了使功率因数提高到 $\cos\varphi$，可推导所需并联电容 C 的计算公式为

$$\dot{I}_1\cos\varphi_1 = \dot{I}\cos\varphi = \frac{P}{U}$$

流过电容的电流为

$$\dot{I}_C = \dot{I}_1\sin\varphi_1 - \dot{I}\sin\varphi = \frac{P}{U}(\operatorname{tg}\varphi_1 - \operatorname{tg}\varphi)$$

又因

$$\dot{I}_C = U\omega C$$

所以

$$C = \frac{P}{\omega U^2}(\operatorname{tg}\varphi_1 - \operatorname{tg}\varphi) \tag{3-40}$$

【例 3.10】 两个负载并联，接到 220V、50Hz 的电源上。一个负载的功率 $P_1 = 2.8\text{kW}$，功率因数 $\cos\varphi_1 = 0.8$（感性），另一个负载的功率 $P_2 = 2.42\text{kW}$，功率因数 $\cos\varphi_2 = 0.5$（感性）。试求：

（1）电路的总电流和总功率因数；（2）电路消耗的总功率；（3）要使电路的功率因数提高到 0.92，需并联多大的电容？此时，电路的总电流为多少？（4）再把电路的功率因数从 0.92 提高到 1，需并联多大的电容？

解：（1）

$$I_1 = \frac{P_1}{U\cos\varphi_1} = \frac{2800}{220 \times 0.8}\text{A} = 15.9\text{A}$$

$$\cos\varphi_1 = 0.8 \qquad \varphi_1 = 36.9°$$

（2）

$$I_2 = \frac{P_2}{U\cos\varphi_2} = \frac{2420}{220 \times 0.5}\text{A} = 22\text{A}$$

$$\cos\varphi_2 = 0.5 \qquad \varphi_2 = 60°$$

设电源电压为

$$\dot{U} = 220\underline{/0°}\text{V},$$

则
$$\dot{I}_1 = 15.9 \underline{/-36.9°}\,\mathrm{A}$$
$$\dot{I}_2 = 22 \underline{/-60°}\,\mathrm{A}$$
$$\dot{I} = \dot{I}_1 + \dot{I}_2 = (15.9 \underline{/-36.9°} + 22 \underline{/-60°})\,\mathrm{A} = 37.1 \underline{/-50.3°}\,\mathrm{A}$$
$$I = 37.1\mathrm{A}$$
$$\varphi' = 50.3° \qquad \cos\varphi' = 0.64$$
$$P = P_1 + P_2 = 2.8\mathrm{kW} + 2.42\mathrm{kW} = 5.22\mathrm{kW}$$

(3)
$$\cos\varphi = 0.92 \qquad \varphi = 23.1°$$
$$\cos\varphi' = 0.64 \qquad \varphi' = 50.3°$$
$$C = \frac{P}{\omega U^2}(\mathrm{tg}50.3° - \mathrm{tg}23.1°)$$
$$= 0.00034 \times (1.2 - 0.426)\mathrm{F} = 263\mathrm{\mu F}$$
$$I = \frac{P}{U\cos\varphi} = \frac{5220}{220 \times 0.92}\mathrm{A} = 25.8\mathrm{A}$$

(4)
$$\cos\varphi' = 0.92 \qquad \varphi' = 23.1° \qquad \cos\varphi = 1 \qquad \varphi = 0°$$
$$C' = \frac{P}{\omega U^2}(\mathrm{tg}23.1° - \mathrm{tg}0°)$$
$$= 0.00034 \times (0.426 - 0)\mathrm{F} = 144.8\mathrm{\mu F}$$

由上例计算可以看出，将功率因数从 0.92 提高到 1，仅提高了 0.08，补偿电容需要 144.8μF，将增大设备的投资。

在实际生产中并不要把功率因数提高到 1，因为这样做需要并联的电容较大，功率因数提高到什么程度为宜，只能在作具体的技术经济比较之后才能决定。通常只将功率因数提高到 0.9~0.95 即可。

3.5.3　正弦交流电路负载获得最大功率的条件

在图 3-31 所示电路中，U_S 为信号源的电压相量，$Z_i = R_i + jX_i$ 为信号源的内阻抗，$Z = R + jX$ 为负载阻抗。
负载中的电流为
$$\dot{I} = \frac{U_S}{Z_i + Z} = \frac{U_S}{(R_i + R) + j(X_i + X)}$$

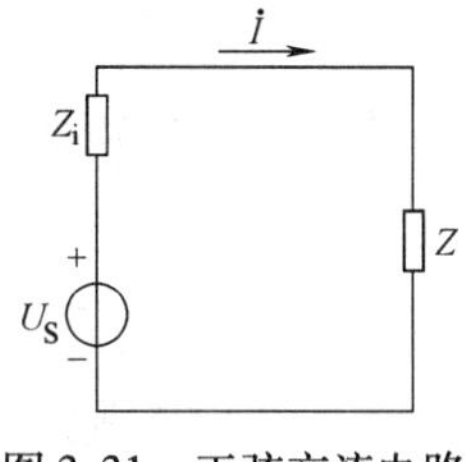

于是，电流的有效值
$$I = \frac{U_S}{\sqrt{(R_i + R)^2 + (X_i + X)^2}}$$

图 3-31　正弦交流电路

负载吸取的平均功率为
$$P = I^2 R = \frac{U_S^2 R}{(R_i + R)^2 + (X_i + X)^2} \tag{3-41}$$

如果负载的电抗 X 和电阻 R 均可调，则首先选择负载电抗 $X = -X_i$

使功率
$$P = \frac{U_S^2 R}{(R_i + R)^2}$$

其次是确定 R 值，将 P 对 R 求导数为

$$\frac{dP}{dR} = U_S^2 \left[\frac{1}{(R_i + R)^2} - \frac{2R}{(R_i + R)^3} \right]$$

令

$$\frac{dP}{dR} = 0$$

解得：

$$R = R_i$$

因而负载能获得最大功率的条件为

$$X = -X_i \qquad R = R_i$$

即

$$Z = Z_i \tag{3-42}$$

当上式成立时，我们也称负载阻抗与电源阻抗匹配。

负载所得最大功率为

$$P_{max} = \frac{U_S^2}{4R_i} \tag{3-43}$$

在阻抗匹配电路中，负载得到的最大功率仅是电源输出功率的一半。即阻抗匹配电路的传输效率为 50%，所以阻抗匹配电路只能用于一些小功率电路，而对于电力系统来说，首要的问题是效率，则不能考虑匹配。

3.6 谐振电路

谐振是正弦交流电路中可能发生的一种特殊现象。研究电路的谐振，对于强电类专业来讲，主要是为了避免过电压与过电流现象的出现，因此不需研究过细。但对弱电类（电子、自动化控制类）专业而言，谐振现象广泛应用于实际工程技术中，例如收音机中的中频放大器，电视机或收音机输入回路的调谐电路，各类仪器仪表中的滤波电路、LC 振荡回路，利用谐振特性制成的 Q 表等。因此，需要对谐振电路有一套相应的分析方法。

3.6.1 串联谐振

1. 谐振条件

串联谐振的条件：$\omega_0 L = \dfrac{1}{\omega_0 C}$，即串联电路的电抗为零。由谐振条件导出了谐振时的电路频率 $f_0 = \dfrac{1}{2\pi \sqrt{LC}}$。

使 RLC 串联电路发生谐振的方法有：

（1）调整信号源的频率，使之等于电路的固有频率；

（2）信号源的频率不变时，可以改变电路中的 L 值或 C 值的大小，使电路的固有频率等于信号源的频率。

2. 串联谐振特征

串联电路的谐振特征有：

（1）电路发生串联谐振时，电路中阻抗最小，为电阻特性，且等于谐振电路中线圈的电阻 R；

（2）若串联谐振电路中的电压一定，由于阻抗最小，因此电流达到最大，且与外加电压同相位；

（3）电感和电容元件两端的电压大小相等、相位相反，且数值等于输入电压的 Q 倍（其中 Q 是串联谐振电路的品质因数）

3. 串联谐振电路的品质因数 Q 与电路的频率特性曲线的关系

串联谐振电路的品质因数 $Q = \dfrac{1}{R}\sqrt{\dfrac{L}{C}}$ 是分析谐振电路时常用到的一个重要的性能指标。

根据 $\dfrac{I}{I_0} = \dfrac{1}{\sqrt{1 + Q^2\left(\dfrac{f}{f_0} - \dfrac{f_0}{f}\right)^2}}$ 可知，电流相对值 $\dfrac{I}{I_0}$ 随频率相对值变化的关系仅仅取决于电路的品质因数 Q。

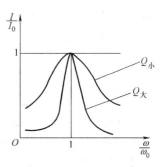

由图 3-32 也可看出，Q 值对谐振曲线尖锐程度的影响很大：当频率偏离谐振频率不多时，电流值也偏离谐振电流，Q 值越高，谐振曲线的顶部越尖锐，即电流衰减得越厉害，说明 Q 值大的电路对不是谐振频率的其他频率的信号抑制能力很强，即信号的选频性能好；而 Q 值越小，谐振曲线的顶部越圆钝，即电流偏离谐振电流时衰减不多，说明电路对不是谐振频率的其他频率的信号抑制能力较差，电路的选频性能差。

图 3-32　I-ω 谐振曲线

而通频带则是指以电流衰减到谐振电流 I_0 的 0.707 倍为界限时的一段频率范围。显然 Q 值越高，谐振曲线越尖锐，电路的选择性越好，但电路的通频带会因此变窄，从而容易造成传输信号的失真；而 Q 值越低，谐振曲线越平滑，电路的选择性能将因此而变差，但通频带越宽，传输的信号越不容易失真。

【例 3.11】 已知 RLC 串联电路的品质因数 $Q = 200$，当电路发生谐振时，L 和 C 上的电压值均大于回路的电源电压，这是否与基尔霍夫定律有矛盾？

解： 由于品质因数高的缘故而使储能元件两端在串谐发生时出现过电压现象是谐振电路的特征之一，与基尔霍夫定律并无矛盾。因为根据基尔霍夫定律，L 和 C 两端的电压虽然很大，但它们大小相等、相位相反，达到完全补偿而不需要电源电压再对它们提供能量，电源电压全部供给电路中的电阻 R，这个电压绕串联谐振电路一周，其代数和仍然为零，显然符合基尔霍夫定律。

3.6.2　并联谐振

1. 并联谐振的条件
在小损耗条件下，并联谐振电路的谐振频率与串联谐振电路的谐振频率计算公式相同。

2. 并联谐振电路的基本特征
并联谐振电路的谐振特征有：

（1）电路呈高阻抗特性；

（2）由于电路呈高阻抗，因此电路端电压一定时，电路总电流最小；

（3）在 L 和 C 两支路中出现过电流现象，即 $I_{L0} = I_{C0} = QI$。

3. 能量交换平衡

当电路发生谐振时，说明具有 L 和 C 的电路中出现了电压、电流同相的特殊现象，电源和谐振电路之间没有电磁能量的交换，电路中的无功功率 $Q=0$。但储能元件 L 和 C 之间的能量交换始终在进行，而且任一时刻，两元件上的电能与磁能之和恒等于电能（或磁能）的最大值，这种情况我们称元件之间的能量交换得到平衡。

4. 品质因数

讨论谐振电路的问题，单纯从 L 和 C 上的电压（或电流）有效值大小不足以说明谐振电路的性能好坏，因为当电路参数确定之后，谐振时的电感电压（或电感支路的电流）、电容电压（或电容支路的电流）有效值与外加信号源电压（或电路总电流）的大小有关。外加信号源的电压（或供给电路的总电流）有效值越大，谐振时储能元件两端的电压（或支路电流）有效值相应增大，用谐振时储能元件两端电压（或支路电流）有效值与信号源电压（或总电流）有效值之比，可以表征一个谐振电路的性能，我们把这一比值称为谐振电路的品质因数，用 Q 表示。即

$$Q = \frac{U_{L0}}{U} = \frac{\omega_0 L}{R} = \frac{\rho}{R}$$

串联回路中的品质因数 Q 值等于谐振时感抗 $\omega_0 L$ 与回路总电阻 R 的比值，注意和线圈上的品质因数 Q_L 值的区别，线圈的品质因数 Q_L 值是线圈的感抗 ωL 与线圈的铜耗电阻 R 之比值，其感抗 ωL 中的角频率 ω 理论上可以是任意频率下的值。谐振电路的品质因数 Q，可以用来反映谐振电路选择性能的好坏，Q 值越大，电路的选择性越好，反之则差。

5. 通频带

谐振电路的性能不仅可以由品质因数 Q 值来反映，还可以用通频带来反映。当实际信号作用在谐振电路时，要保持信号不产生幅度失真，需要求谐振电路对信号频带内的各频率分量的响应是一样的。电子技术中通常把电路电流 $I \geq 0.707 I_0$ 的一段频率范围称为谐振电路的通频带。电路通频带与回路参数间的关系为

$$B = \frac{f_0}{Q}$$

显然品质因数高的电路通频带窄，工程实际中如何兼顾两者之间的关系，应具体情况具体分析。

【例 3.12】 RLC 并联谐振电路的两端并联一个负载电阻 R_L 时，是否会改变电路的 Q 值？

解： RLC 并联谐振电路的两端并联一个负载电阻 R_L 时，将改变电路的 Q 值。因为并联谐振电路的品质因数 $Q = \frac{R}{\omega_0 L}$，由于并联了一个电阻 R_L 后而变为：$Q = \frac{R /\!/ R_L}{\omega_0 L}$，显然 Q 值变小，选择性变差，通频带相应变宽。

3.6.3 电压谐振和电流谐振

串联谐振电路适用于低内阻的信号源，因为信号源的内阻与谐振电路相串联，对电路的有载 Q 值影响很大；并联谐振电路适用于高内阻的信号源，其内阻与谐振电路相并联，内阻越大对电路的品质因数 Q 值影响越小。在小损耗条件下，并联谐振电路的条件基本上

与串联谐振电路相同，其中品质因数和通频带的概念也是相同的。所不同的是，串联谐振电路呈低电阻性质，并联谐振电路呈高阻抗特性；串谐电路中在储能元件两端有过电压现象，因此称为电压谐振，而并谐电路在储能元件支路中出现过电流现象，也称为电流谐振。

3.7　正弦交流电路的操作实践

3.7.1　单相交流并联电路

1. 实验目的

熟悉功率表的原理及单相功率的测量方法；

观察在单相感性交流电路中并接不同电容值的电容后，整个电路中电流和功率变化的情况。

2. 实验内容说明

本实验采用 40W 荧光灯电路做实验对象。因为荧光灯电路中串联了一个镇流器，所以是个感性电路。它的功率因数（$\cos\varphi$）较低，约为 0.6 左右。这样低的功率因数是不利于节约用电的，为此必须提高其功率因数。提高功率因数的方法一般是在线路上并联一个电容器。起先，当并联电容 C 值增加时，总电流减小，功率因数提高。当 C 达到某一数值后，功率因数为 1.0。以后若再增加 C 值，功率因数反而降低了，总电流将会增加。如用 $I=f(C)$ 曲线来表示，则如图 3-33 所示。

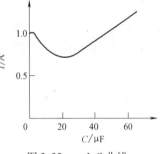

图 3-33　I-C 曲线

3. 实验步骤

（1）按图 3-34 实验电路进行接线。

（2）经检查无误后，合上电源开关 S，观察荧光灯是否工作正常，然后改变可变电容箱的电容值，从 0 增加到 6 微法。每当改变一次电容 C 值，应分别测量总电路、电容支路和荧光灯支路中的电流、电压及功率，并将测量数据填入表中。测量时应注意，当改变电容 C 时，总电路电流必有一个最小值，且此时的功率因数为最大（$\cos\varphi\approx1$）。这一数据必须填入表 3-1 中。

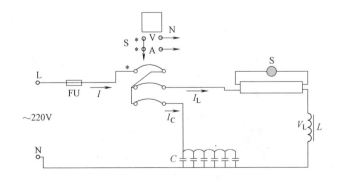

图 3-34　单相交流并联电路实验原理图

表 3-1 记录表

项目 C 值	总电路				日光灯支路			电容支路		
	V/V	I/mA	P/W	实测 $\cos\varphi$	V_L/V	I_L/mA	P_L/W	V_C/V	I_C/mA	P_C/W
开路										
2μF										
3μF										
4μF										
5μF										
6μF										

3.7.2 正弦稳态交流电路相量的研究

1. 实验目的

研究正弦稳态交流电路中电压、电流相量之间的关系；

掌握荧光灯线路的接线；

理解改善电路功率因数的意义并掌握其方法。

2. 原理说明

在单相正弦交流电路中，用交流电流表测得各支路的电流值，用交流电压表测得回路各元件两端的电压值，它们之间的关系满足相量形式的基尔霍夫定律，即 $\sum I = 0$ 和 $\sum U = 0$。

图 3-35 所示的 RC 串联电路，在正弦稳态信号 $\dot{U}$ 的励磁下，$\dot{U}_R$ 与 $\dot{U}_C$ 保持有 90° 的相位差，即当 R 阻值改变时，$\dot{U}_R$ 的相量轨迹是一个半圆。$\dot{U}$、$\dot{U}_C$ 与 $\dot{U}_R$ 三者形成一个直角形的电压三角形，如图 3-36 所示。R 值改变时，可改变 φ 角的大小，从而达到移相的目的。

荧光灯线路如图 3-37 所示，图中 A 是荧光灯管，L 镇流器，S 是辉光启动器，C 是补偿电容器，用以改善电路的功率因数（$\cos\varphi$ 值）。有关荧光灯的工作原理请自行翻阅有关资料。

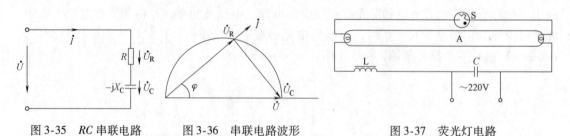

图 3-35 RC 串联电路　　图 3-36 串联电路波形　　图 3-37 荧光灯电路

3. 实验设备（表 3-2）

表 3-2 设备表

序号	名称	规格	数量
1	交流电压表	0 ~ 500V	1
2	交流电流表	0 ~ 5A	1
3	功率表		1

（续）

序号	名称	规格	数量
4	自耦调压器		1
5	镇流器、辉光启动器	与40W 灯管配用	各1
6	荧光灯灯管	40W	1
7	电容器	$1\mu F/500V$、$2.2\mu F/500V$、$4.7\mu F/500V$	各1
8	白炽灯及灯座	220V、15W	1~3
9	电流插座		3

4. 实验内容

（1）按图 3-35 接线　R 为 220V、15W 的白炽灯泡，电容器为 $4.7\mu F/500V$。经指导教师检查后，接通实验台电源，将自耦调压器输出（即 U）调至 220V。在表 3-3 中记录 U、U_R、U_C 值，验证电压三角形关系。其中，U、U_R、U_C 三个电压满足电压三角形关系。

表 3-3　记录表一

测量值			计算值		
U/V	U_R/V	U_C/V	U'（与 U_R，U_C 组成 $Rt\triangle$） （$U' = \sqrt{U_R^2 + U_C^2}$）	$\Delta U(\Delta U = U' - U)$ （V）	$\Delta U/U$ （%）

（2）荧光灯电路接线与测量　按图 3-38 接线，经检查后接通实验台电源，调节自耦调压器的输出，使其输出电压缓慢增大，直到荧光灯刚启辉点亮为止，记下三表的指示值（表 3-4）。然后，将电压调至 220V，测量功率 P、电流 I、电压 U、U_L、U_A 等值，验证电压、电流相量关系。

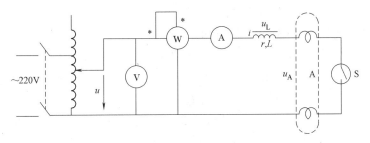

图 3-38　荧光灯电路

表 3-4　记录表二

参数	测量数值						计算值	
	P/W	$\cos\varphi$	I/mA	U/V	U_L/V	U_A/V	r/Ω	$\cos\varphi$
启辉值								
正常工作值								

（3）并联电路功率因数的改善　按图 3-39 组成实验线路。

经检查后，接通实验台电源，将自耦调压器的输出调至 220V，记录功率表、电压表读数。通过一只电流表和三个电流插座分别测得三条支路的电流，改变电容值，进行三次重复

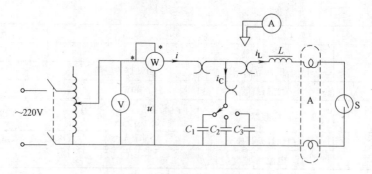

图 3-39　并联电路功率因数的改善

测量。数据记入表3-5中。

表 3-5　记录表三

电容值 /μF	测量数值					计算值
	P/W	U/V	I/mA	I_L/mA	I_C/mA	I'/mA
0						
1						
2.2						
4.7						

3.8　思考与练习

1. 把下列正弦量的时间函数用相量表示：

（1）$u = 10\sqrt{2}\sin 314t$（V）　　　（2）$i = -5\sin(314t - 60°)$（A）

2. 已知工频正弦电压 u_{ab} 的最大值为 311V，初相位为 $-60°$，其有效值为多少？写出其瞬时值表达式；当 $t = 0.0025$s 时，U_{ab} 的值为多少？

3. 用下列各式表示 RC 串联电路中的电压、电流，哪些是对的，哪些是错的？

（1）$i = \dfrac{u}{|Z|}$　　　（2）$I = \dfrac{U}{R + X_C}$　　　（3）$\dot{I} = \dfrac{\dot{U}}{R - j\omega C}$　　　（4）$I = \dfrac{U}{|Z|}$

（5）$U = U_R + U_C$　　（6）$\dot{U} = \dot{U}_R + \dot{U}_C$　　（7）$\dot{I} = -j\dfrac{\dot{U}}{\omega C}$　　（8）$\dot{I} = j\dfrac{\dot{U}}{\omega C}$

4. 图 3-40 中，$U_1 = 40$V，$U_2 = 30$V，$i = 10\sin 314t$（A），问 U 为多少？并写出其瞬时值表达式。

5. 图 3-41 所示电路中，已知 $u = 100\sin(314t + 30°)$（V），$i = 22.36\sin(314t + 19.7°)$（A），$i_2 = 10\sin(314t + 83.13°)$（A），试求：$i_1$、$Z_1$、$Z_2$ 并说明 Z_1、Z_2 的性质，绘出相量图。

6. 图 3-42 所示电路中，$X_R = X_L = R$，并已知电流表 A_1 的读数为 3A，试问 A_2 和 A_3 的读数为多少？

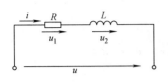
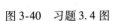

图 3-40　习题 3.4 图

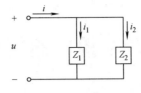

图 3-41　习题 3.5 图

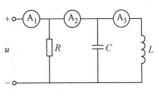

图 3-42　习题 3.6 图

7. 有一 R、L、C 串联的交流电路，已知 $R = X_L = X_C = 10\Omega$，$I = 1A$，试求电压 U、U_R、U_L、U_C 和电路总阻抗 $|Z|$。

8. 电路如图 3-43 所示，已知 $\omega = 2\mathrm{rad/s}$，求电路的总阻抗 Z_{ab}。

9. 电路如图 3-44 所示，已知 $R = 20\Omega$，$\dot{I}_R = 10\underline{/0°}\mathrm{A}$，$X_L = 10\Omega$，$\dot{U}_1$ 的有效值为 200V，求 X_C。

10. 图 3-45 所示电路中，$u_S = 10\sin 314t$（V），$R_1 = 2\Omega$，$R_2 = 1\Omega$，$L = 637\mathrm{mH}$，$C = 637\mu\mathrm{F}$，求电流 i_1，i_2 和电压 u_C。

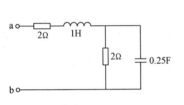

图 3-43　习题 3.8 图

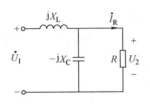

图 3-44　习题 3.9 图

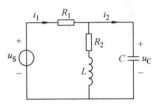

图 3-45　习题 3.10 图

11. 图 3-46 所示电路中，已知电源电压 $U = 12\mathrm{V}$，$\omega = 2000\mathrm{rad/s}$，求电流 I、I_1。

12. 图 3-47 所示电路中，已知 $R_1 = 40\Omega$，$X_L = 30\Omega$，$R_2 = 60\Omega$，$X_C = 60\Omega$，接至 220V 的电源上。试求各支路电流及总的有功功率、无功功率和功率因数。

13. 图 3-48 所示电路中，求：（1）AB 间的等效阻抗 Z_{AB}；（2）电压相量 $\dot{U}_{AF}$ 和 $\dot{U}_{DF}$；（3）整个电路的有功功率和无功功率。

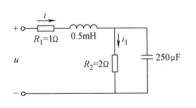

图 3-46　习题 3.11 图

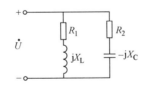

图 3-47　习题 3.12 图

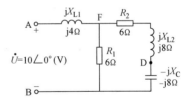

图 3-48　习题 3.13 图

14. 今有一个 40W 的荧光灯，使用时灯管与镇流器（可近似把镇流器看作纯电感）串联在电压为 220V、频率为 50Hz 的电源上。已知灯管工作时属于纯电阻负载，灯管两端的电压等于 110V，试求镇流器上的感抗和电感。这时电路的功率因数等于多少？若将功率因数提高到 0.8，问应并联多大的电容？

15. 一个负载的工频电压为 220V，功率为 10kW，功率因数为 0.6，欲将功率因数提高到 0.9，试求所需并联的电容？

第4讲 三相交流电路的分析与实践

【导读】

三相交流电动势是由三相交流发电机产生的，发电机是利用电磁感应原理将机械能转变为电能的装置。三相电源有三角形联结和星形联结两种。类似的，三相负载也有两种，究竟采用哪种接法，要根据电源电压、负载的额定电压和负载的特点而定。在三相电路中，无论负载的连接方式是哪一种，负载是对称还是不对称，三相电路总的有功功率等于各相负载的有功功率之和。

应知

※掌握三相四线制电路中电源的连接方式

※掌握三相负载的连接方式

※理解中性线的作用

※了解不对称三相负载电路的计算

☆能正确连接三相负载

☆能正确测量三相电路的电量参数

☆能正确安装三相电路功率表

☆会辨别三相对称与不对称电路

应会

4.1　三相电源

三相电源是具有三个频率相同、幅值相等但相位不同的电动势的电源，用三相电源供电的电路就称为三相电路。

1. 对称三相电源

在电力工业中，三相电路中的电源通常是三相发电机，由它可以获得三个频率相同、幅值相等、相位互差 120° 的电动势，这样的发电机称为对称三相电源。图 4-1 是三相同步发电机的原理图。

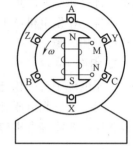

图 4-1　三相同步发电机原理图

三相发电机中转子上的励磁线圈 MN 内通有直流电流，使转子成为一个电磁铁。在定子内侧面空间相隔 120° 的槽内装有三个完全相同的线圈 A-X、B-Y、C-Z。转子与定子间磁场被设计成正弦分布。当转子以角速度 ω 转动时，三个线圈中便感应出频率相同、幅值相等、相位互差 120° 的三个电动势。有这样的三个电动势的发电机便构成一对称三相电源。

对称三相电源的瞬时值表达式（以 u_A 为参考正弦量）为

$$\left.\begin{aligned} u_\mathrm{A} &= \sqrt{2}U\sin(\omega t) \\ u_\mathrm{B} &= \sqrt{2}U\sin(\omega t - 120°) \\ u_\mathrm{C} &= \sqrt{2}U\sin(\omega t + 120°) \end{aligned}\right\} \tag{4-1}$$

三相发电机中三个线圈的首端分别用 A、B、C 表示；尾端分别用 X、Y、Z 表示。三相电压的参考方向为首端指向尾端。对称三相电源的电路符号如图 4-2 所示。

它们的相量形式为

$$\left.\begin{aligned} \dot{U}_\mathrm{A} &= U\underline{/0°} \\ \dot{U}_\mathrm{B} &= U\underline{/-120°} \\ \dot{U}_\mathrm{C} &= U\underline{/+120°} \end{aligned}\right\} \tag{4-2}$$

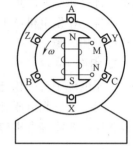

图 4-2　对称三相电源

对称三相电压的波形图和相量图如图 4-3 和图 4-4 所示。

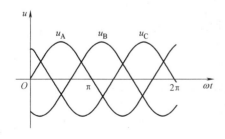

图 4-3　波形图

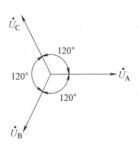

图 4-4　相量图

对称三相电压的瞬时值之和为零，即

$$u_A + u_B + u_C = 0 \tag{4-3}$$

三个电压的相量之和亦为零，即

$$\dot{U}_A + \dot{U}_B + \dot{U}_C = 0 \tag{4-4}$$

这是对称三相电源的重要特点。

通常三相发电机产生的都是对称三相电源。本书今后若无特殊说明，提到的三相电源均为对称三相电源。

2. 相序

三相电源中每一相电压经过同一值（如正的最大值）的先后次序称为相序。从图4-3可以看出，其三相电压到达最大值的次序依次为 u_A，u_B，u_C，其相序为 A-B-C-A，称为顺序或正序。若将发电机转子反转，则

$$u_A = \sqrt{2}U\sin\omega t$$

$$u_C = \sqrt{2}U\sin(\omega t - 120°)$$

$$u_B = \sqrt{2}U\sin(\omega t + 120°)$$

则相序为 A-C-B-A，称为逆序或负序。

工程上常用的相序是顺序，如果不加以说明，都是指顺序。工业上通常在交流发电机的三相引出线及配电装置的三相母线上，涂有黄、绿、红三种颜色，分别表示 A、B、C 三相。

4.2 三相电源的联结

将三相电源的三个绕组以一定的方式连接起来就构成三相电路的电源。通常的连接方式是星形（也称丫形）联结和三角形（也称△形）联结。对三相发电机来说，通常采用星形联结。

1. 三相电源的星形联结

将对称三相电源的尾端 X、Y、Z 连在一起，首端 A、B、C 引出作输出线，这种连接称为三相电源的星形联结，如图4-5所示。

连接在一起的 X、Y、Z 点称为三相电源的中性点，用 N 表示，从中点引出的线称为中性线。三个电源首端 A、B、C 引出的线称为端线（俗称相线）。

电源每相绕组两端的电压称为电源的相电压，电源相电压用符号 u_A、u_B、u_C 表示；而端线之间的电压称为线电压，用 u_{AB}、u_{BC}、u_{CA} 表示。规定线电压的方向是由 A 线指向 B 线，B 线指向 C 线，C 线指向 A 线。下面分析星形联结时对称三相电源线电压与相电压的关系。

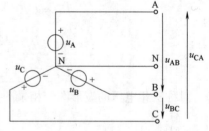

图4-5 三相电源的星形联结

根据图4-5，由 KVL 可得，三相电源的线电压与相电压有以下关系：

$$u_{AB} = u_A - u_B$$

$$u_{BC} = u_B - u_C \tag{4-5}$$

$$u_{CA} = u_C - u_A$$

假设 $\qquad \dot{U}_A = U\underline{/0°}, \ \dot{U}_B = U\underline{/-120°}, \ \dot{U}_C = U\underline{/120°}$

则相量形式为

$$\dot{U}_{AB} = \dot{U}_A - \dot{U}_B = \sqrt{3}U\underline{/30°} = \sqrt{3}\dot{U}_A\underline{/30°}$$

$$\dot{U}_{BC} = \dot{U}_B - \dot{U}_C = \sqrt{3}U\underline{/-90°} = \sqrt{3}\dot{U}_B\underline{/30°} \qquad (4\text{-}6)$$

$$\dot{U}_{CA} = \dot{U}_C - \dot{U}_A = \sqrt{3}U\underline{/150°} = \sqrt{3}\dot{U}_C\underline{/30°}$$

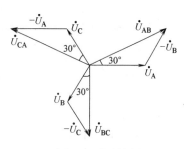

由上式看出，星形联结的对称三相电源的线电压也是对称的。线电压的有效值（U_l）是相电压有效值（U_p）的 $\sqrt{3}$ 倍，即 $U_l = \sqrt{3}U_p$。式中各线电压的相位超前于相应的相电压 30°。其相量图如图 4-6。

三相电源星形联结的供电方式有三种：一种是三相四线制（三条端线和一条中性线）；一种是三相五线制（三条端线，一条保护地线和一条中性线）；另一种是三相三线制，即无中性线。目前电力网的低压供电系统（又称民

图 4-6　相量图

用电）为三相四线制，此系统供电的线电压为 380V，相电压为 220V，通常写作电源电压 380/220V。

2. 三相电源的三角形联结

将对称三相电源中的三个单相电源首尾相接，由三个连接点引出三条端线就形成三角形联结的对称三相电源。如图 4-7 所示。

对称三相电源三角形联结时，只有三条端线，没有中性线，它一定是三相三线制。在图 4-7 中可以明显地看出，线电压就是相应的相电压，即

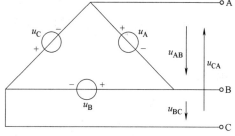

$$u_{AB} = u_A \qquad \text{或} \qquad \dot{U}_{AB} = \dot{U}_A$$

$$u_{BC} = u_B \qquad\qquad\qquad \dot{U}_{BC} = \dot{U}_B$$

$$u_{CA} = u_C \qquad\qquad\qquad \dot{U}_{CA} = \dot{U}_C$$

图 4-7　三角形联结的对称三相电源

上式说明三角形联结的对称三相电源，线电压等于相应的相电压。

三相电源三角形联结时，形成一个闭合回路。由于对称三相电源 $\dot{U}_A + \dot{U}_B + \dot{U}_C = 0$，所以回路中不会有电流。但若有一相电源极性接反，造成三相电源电压之和不为零，将会在回路中产生很大的电流。所以三相电源作为三角形联结时，连接前必须检查。

4.3　对称三相电路

组成三相交流电路的每一相电路是单相交流电路。整个三相交流电路则是由三个单相交流电路所组成的复杂电路，它的分析方法是以单相交流电路的分析方法为基础的。

对称三相电路是由对称三相电源和对称三相负载连接组成。一般电源均为对称电源，因此只要负载是对称三相负载，则该电路为对称三相电路。所谓对称三相负载是指三相负载的

三个复阻抗相同。三相负载一般也接成星形或三角形，如图4-8所示。

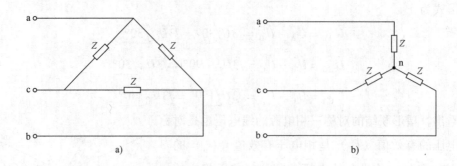

图4-8　对称三相负载的连接

a）负载的三角形联结　b）负载的星形联结

1. 负载丫联结的对称三相电路

图4-9中，三相电源作星形联结。三相负载也作星形联结，且有中性线。这种连接称丫—丫联结的三相四线制。

设每相负载阻抗均为 $Z = |Z| \underline{/\varphi}$。N 为电源中性点，n 为负载的中性点，N-n 为中性线。设中性线的阻抗为 Z_N。每相负载上的电压称为负载相电压，用 $\dot{U}_{an}$、$\dot{U}_{bn}$、$\dot{U}_{cn}$ 表示；负载端线之间的电压称为负载的线电压，用 $\dot{U}_{ab}$、$\dot{U}_{bc}$、$\dot{U}_{ca}$ 表示。各相负载中的电流称为相电流，用 $\dot{I}_a$、$\dot{I}_b$、$\dot{I}_c$ 表示；相线中的电流称为线电流，用 $\dot{I}_A$、

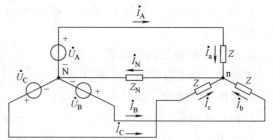

图4-9　三相四线制

$\dot{I}_B$、$\dot{I}_C$ 表示。线电流的参考方向从电源端指向负载端，中性线电流 $\dot{I}_N$ 的参考方向从负载端指向电源端。对于负载丫联结的电路，线电流 $\dot{I}_A$ 就是相电流 $\dot{I}_a$。

三相电路实际上是一个复杂正弦交流电路，采用节点法分析此电路可得

$$\dot{U}_{nN} = 0$$

结论是负载中性点与电源中性点等电位，它与中性线阻抗的大小无关。由此可得

$$\begin{cases} \dot{U}_{an} = \dot{U}_A \\ \dot{U}_{bn} = \dot{U}_B \\ \dot{U}_{cn} = \dot{U}_C \end{cases} \tag{4-7}$$

上式表明：负载相电压等于电源相电压（在忽略输电线阻抗时），即负载三相电压也为对称三相电压。若以 $\dot{U}_A$ 为参考相量，则线电流为

$$\dot{I}_A = \frac{\dot{U}_{an}}{Z} = \frac{\dot{U}_A}{Z} = \frac{U_p}{|Z|}\underline{/-\varphi}$$

$$\dot{I}_B = \frac{\dot{U}_{bn}}{Z} = \frac{\dot{U}_B}{Z} = \frac{U_p}{|Z|}\underline{/-\varphi - 120°} \tag{4-8}$$

$$\dot{I}_C = \frac{\dot{U}_{cn}}{Z} = \frac{\dot{U}_C}{Z} = \frac{U_p}{|Z|}\underline{/-\varphi + 120°}$$

由上式可见，三相电流也是对称的。因此，对称丫—丫联结电路有中性线时的计算步骤可归结为：

（1）先进行一个相的计算（如 A 相），首先根据电源找到该相的相电压，算出 $\dot{I}_A$；

（2）根据对称性，推知其他两相电流 $\dot{I}_B$、$\dot{I}_C$；

（3）根据三相电流对称，中性线电流 $\dot{I}_N = \dot{I}_A + \dot{I}_B + \dot{I}_C = 0$。

若对称丫—丫联结电路中无中性线，即 $Z_N = \infty$ 时，由节点法分析可知 $\dot{U}_{nN} = 0$，即负载中性点与电源中性点仍然等电位，此时相当于三相四线制。即每相电路看成是独立的，计算时采用如上的三相四线制的计算方法。可见，对称丫—丫联结的电路，不论有无中性线以及中性线阻抗的大小，都不会影响各相负载的电流和电压。

由于 $\dot{U}_{nN} = 0$，所以负载的线电压、相电压的关系与电源的线电压、相电压的关系相同

$$\left.\begin{array}{l}\dot{U}_{ab} = \sqrt{3}\dot{U}_{an}\underline{/30°}\\[4pt]\dot{U}_{bc} = \sqrt{3}\dot{U}_{bn}\underline{/30°}\\[4pt]\dot{U}_{ca} = \sqrt{3}\dot{U}_{cn}\underline{/30°}\end{array}\right\} \tag{4-9}$$

即

$$U_L' = \sqrt{3}U_p' \tag{4-10}$$

式中，U_L'、U_p' 为负载的线电压和相电压。

当忽略输电线阻抗时，$U_L' = U_L$，$U_p' = U_p$。

综上所述可知，负载星形联结的对称三相电路其负载电压、电流有以下特点：

（1）线电压、相电压，线电流、相电流都是对称的。

（2）线电流等于相电流。

（3）线电压等于 $\sqrt{3}$ 倍的相电压。

【**例 4.1**】　某对称三相电路，负载为丫形联结，三相三线制，其电源线电压为 380V，每相负载阻抗 $Z = 8 + j6\Omega$，忽略输电线路阻抗。求负载每相电流，画出负载电压和电流相量图。

解：已知 $U_L = 380$V，负载为丫形联结，其电源无论是丫形还是△形联结，都可用等效的丫形联结的三相电源进行分析。

电源相电压　　　　　　　　　　　　$$U_p = \frac{380}{\sqrt{3}}V = 220V$$

设　　　　　　　　　　　　　　　　$$\dot{U}_A = 220\underline{/0°}V$$

则
$$\dot{I}_A = \frac{\dot{U}_A}{Z} = \frac{220\underline{/0°}}{8+j6}A = 22\underline{/-36.9°}A$$

根据对称性可得
$$\dot{I}_B = 22\underline{/-36.9°-120°}A = 22\underline{/-156.9°}A$$
$$\dot{I}_C = 22\underline{/-36.9°+120°}A = 22\underline{/83.1°}A$$

相量图如图4-10。

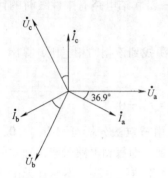

图4-10　相量图

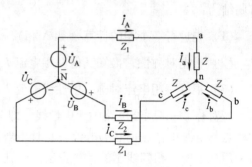

图4-11　电路图

【例4.2】　图4-11为一对称三相电路，三相电源的线电压为380V，每相负载的阻抗 $Z = 80\underline{/-30°}\Omega$，输电线阻抗 $Z_L = (1+j2)\Omega$，求三相负载的相电压、线电压、相电流。

解：电源相电压 $U_p = \frac{380}{\sqrt{3}}V = 220V$

设
$$\dot{U}_A = 220\underline{/0°}V$$

则
$$\dot{I}_A = \frac{\dot{U}_A}{Z+Z_L} = \frac{220\underline{/0°}}{80\underline{/30°}+1+j2}A = \frac{220\underline{/0°}}{81.9\underline{/30.9°}}A$$
$$= 2.69\underline{/-30.9°}A$$

由对称性得　　$\dot{I}_B = 2.69\underline{/-150.9°}A$　$\dot{I}_C = 2.69\underline{/89.1°}A$

三相负载的相电压
$$\dot{U}_{an} = Z\dot{I}_A = 80\underline{/30°}\times 2.69\underline{/-30.9°}V = 215.2\underline{/-0.9°}V$$
$$\dot{U}_{bn} = 215.2\underline{/-120.9°}V$$
$$\dot{U}_{cn} = 215.2\underline{/119.1°}V$$

三相负载的线电压　　$\dot{U}_{ab} = \sqrt{3}\dot{U}_{an}\underline{/30°} = 372.7\underline{/29.1°}V$
$$\dot{U}_{bc} = 372.7\underline{/-90.9°}V$$
$$\dot{U}_{ca} = 372.7\underline{/149.1°}V$$

由于输电线路阻抗的存在，负载的相电压、线电压与电源的相电压、线电压不相等，但仍是对称的。

2. 负载△联结的对称三相电路

负载作三角形联结，如图 4-12 所示。由图可以看出，与负载相连的三个电源一定是线电压，不管电源是星形联结还是三角形联结。

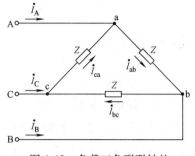

设 $Z = |Z| \underline{/\varphi}$，三相负载相同，其负载线电流为 $\dot{I}_A$、$\dot{I}_B$、$\dot{I}_C$，相电流为 $\dot{I}_{ab}$、$\dot{I}_{bc}$、$\dot{I}_{ca}$。

设 $\dot{U}_{AB} = U_l \underline{/0°}$，当忽略输电线阻抗时，负载线电压等于电源线电压。

图 4-12　负载三角形联结的对称三相电路

负载的相电流为

$$\dot{I}_{ab} = \frac{\dot{U}_{ab}}{Z} = \frac{\dot{U}_{AB}}{Z} = \frac{U_L}{|Z|} \underline{/-\varphi}$$

$$\dot{I}_{bc} = \frac{\dot{U}_{bc}}{Z} = \frac{\dot{U}_{BC}}{Z} = \frac{U_L}{|Z|} \underline{/-\varphi - 120°} \tag{4-11}$$

$$\dot{I}_{ca} = \frac{\dot{U}_{ca}}{Z} = \frac{\dot{U}_{CA}}{Z} = \frac{U_L}{|Z|} \underline{/-\varphi + 120°}$$

线电流为

$$\dot{I}_A = \dot{I}_{ab} - \dot{I}_{ca} = \sqrt{3}\dot{I}_{ab} \underline{/-30°}$$

$$\dot{I}_B = \dot{I}_{bc} - \dot{I}_{ab} = \sqrt{3}\dot{I}_{bc} \underline{/-30°} \tag{4-12}$$

$$\dot{I}_C = \dot{I}_{ca} - \dot{I}_{bc} = \sqrt{3}\dot{I}_{ca} \underline{/-30°}$$

综上所述可知：负载△形联结的对称三相电路，其负载电压、电流有以下特点：

（1）相电压、线电压，相电流、线电流均对称。

（2）每相负载上的线电压等于相电压。

（3）线电流大小的有效值等于相电流有效值的 $\sqrt{3}$ 倍。即 $I_l = \sqrt{3}I_p$，且线电流滞后相应的相电流 30°。电压、电流相量图如图 4-13 所示。

【例 4.3】　已知负载△联结的对称三相电路，电源为丫形联结，其相电压为 110V，负载每相阻抗 $Z = 4 + j3\Omega$。求负载的相电压和线电流。

解：电源线电压

$$U_L = \sqrt{3}U_p = \sqrt{3} \times 110\text{V} = 190\text{V}$$

设 $\qquad\qquad \dot{U}_{AB} = 190 \underline{/0°}\text{V}$

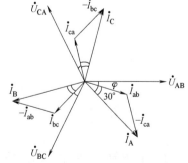

则相电流　$\qquad \dot{I}_{ab} = \frac{\dot{U}_{AB}}{Z} = \frac{190\underline{/0°}}{4 + j3}\text{A} = 38\underline{/-36.9°}\text{A}$

根据对称性得 $\qquad\qquad \dot{I}_{bc} = 38\underline{/-156.9°}\text{A}$

$$\dot{I}_{ca} = 38 \underline{/83.1°}\text{A}$$

图 4-13　电压、电流相量图

线电流 $\qquad \dot{I}_A = \sqrt{3}\dot{I}_{ab}\underline{/-30°} = \sqrt{3}\times 38\underline{/-36.9°-30°}\text{A} = 66\underline{/-66.9°}\text{A}$

$$\dot{I}_B = 66\underline{/-186.9°}\text{A} = 66\underline{/173.1°}\text{A}$$

$$\dot{I}_C = 66\underline{/53.1°}\text{A}$$

负载三角形联结的电路，还可以利用阻抗的Ⲩ-△等效变换，将负载变换为星形联结，再按Ⲩ-Ⲩ联结的电路进行计算。

【例4.4】 设有一对称三相电路如图 4-14a 所示，对称三相电源相电压 $\dot{U}_A = 220\underline{/0°}\text{V}$。每相负载阻抗 $Z = 90\underline{/30°}\Omega$，线路阻抗 $Z_L = (1+\text{j}2)\Omega$，求负载的相电压、相电流和线电流。

解：将△形联结的对称三相负载变换成Ⲩ形联结的对称三相负载。取经变换后的电路中的一相等效电路，如图 4-14b 所示。

线电流 $\qquad \dot{I}_A = \dfrac{\dot{U}_A}{Z_1 + Z/3} = \dfrac{220\underline{/0°}}{1+\text{j}2+30\underline{/30°}}\text{A} = \dfrac{220\underline{/0°}}{31.9\underline{/32.2°}} = 6.9\underline{/-32.2°}\text{A}$

负载相电流 $\qquad \dot{I}_{ab} = \dfrac{1}{\sqrt{3}}\dot{I}_A\underline{/30°} = \dfrac{1}{\sqrt{3}}\times 6.9\underline{/-32.2°}\text{A} = 3.89\underline{/-2.2°}\text{A}$

△联结负载的相电压等于负载线电压，根据图 4-14a 可知

$$\dot{U}_{ab} = Z\dot{I}_{ab} = 90\underline{/30°}\times 3.89\underline{/-2.2°} = 350.1\underline{/27.8°}\text{V}$$

根据对称性可得其他两相的相电压、相电流和线电流。

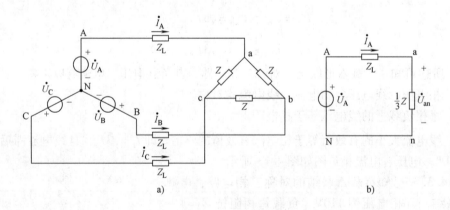

图 4-14　例 4.4 图

4.4　不对称三相电路

在三相电路中，电源和负载只要有一个不对称，则三相电路就不对称。一般来说，三相电源总可以认为是对称的。不对称主要是指负载不对称。日常照明电路就属于这种。

图 4-15 所示三相四线制电路中，负载不对称，假设中性线阻抗为零，则每相负载上的电压一定等于该相电源的相电压，而三相电流由于负载阻抗不同也不对称。

负载相电压对称时为

$$\dot{U}_{an} = \dot{U}_{A}, \dot{U}_{bn} = \dot{U}_{B}, \dot{U}_{cn} = \dot{U}_{C} \quad (4\text{-}13)$$

负载相电流不对称时为

$$\dot{I}_{A} = \frac{\dot{U}_{an}}{Z_{A}}, \dot{I}_{B} = \frac{\dot{U}_{bn}}{Z_{B}}, \dot{I}_{C} = \frac{\dot{U}_{cn}}{Z_{C}} \quad (4\text{-}14)$$

此时中性线电流

$$\dot{I}_{N} = \dot{I}_{A} + \dot{I}_{B} + \dot{I}_{C} \neq 0 \quad (4\text{-}15)$$

如将图 4-15 中的中性线去掉，形成三相三线制，如图 4-16 所示。

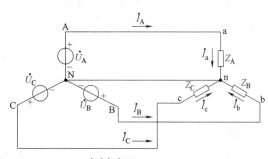

图 4-15　丫-丫联结的不对称三相电路

根据节点电压法可知，$\dot{U}_{nN}$ 一般不等于零，即负载中性点 n 的电位与电源中性点 N 的电位不相等，发生了中性点位移，相量图如图 4-17 所示。由相量图可以看出，中性点位移标志着负载电流为

$$\dot{I}_{A} = \frac{\dot{U}_{an}}{Z_{A}}, \quad \dot{I}_{B} = \frac{\dot{U}_{bn}}{Z_{B}}, \quad \dot{I}_{C} = \frac{\dot{U}_{cn}}{Z_{C}}$$

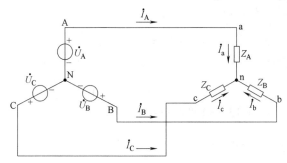

图 4-16　丫联结的三相三线制

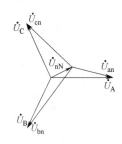

图 4-17　相量图

相电压 $\dot{U}_{an}$、$\dot{U}_{bn}$、$\dot{U}_{cn}$ 的不对称，使三相负载的电流也不对称。

综上所述，在不对称三相电路中，如果有中性线，且输电线阻抗 $Z \approx 0$，则中性线可迫使 $\dot{U}_{nN} = 0$，尽管电路不对称，但可使负载相电压对称，以保证负载正常工作；若无中性线，则中性点位移，造成负载相电压不对称，从而可能使负载不能正常工作。可见，中性线作用至关重要，且不能断开。实际接线中，中性线必须考虑有足够的机械强度，且不允许安装开关和熔丝。

【例 4.5】　电路如图 4-18 所示，每只灯泡的额定电压为 220V，额定功率为 100W，电源系 220/380V 电网，试求：

（1）有中性线时（即三相四线制），各灯泡的亮度是否一样；

（2）中性线断开时（即三相三线制），各灯泡能正常发光吗？

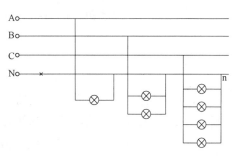

图 4-18　例 4.5 图

解：（1）有中线时，尽管此时三相负载不对称，但是有中性线，加在各相灯泡上的电

压均为220V，各灯泡正常发光，亮度一样。

（2）中性线断开时，由节点电压法得

$$\dot{U} = \frac{\dfrac{\dot{U}_A}{R_a} + \dfrac{\dot{U}_B}{R_b} + \dfrac{\dot{U}_C}{R_c}}{\dfrac{1}{R_a} + \dfrac{1}{R_b} + \dfrac{1}{R_c}}$$

每盏灯泡电阻

$$R = \frac{U_p^2}{P} = \frac{220^2}{100}\Omega = 484\Omega$$

各相负载电阻

$$R_a = \frac{R}{4} = \frac{484}{4}\Omega = 121\Omega$$

$$R_b = \frac{R}{2} = \frac{484}{2}\Omega = 242\Omega$$

$$R_c = R = 484\Omega$$

$$\dot{U} = \frac{\dfrac{220\underline{/0°}}{121} + \dfrac{220\underline{/-120°}}{242} + \dfrac{220\underline{/120°}}{484}}{\dfrac{1}{121} + \dfrac{1}{242} + \dfrac{1}{484}}V = 83.13\underline{/-19°}V$$

各负载相电压

$$\dot{U}_{an} = \dot{U}_A - \dot{U}_{nN} = 220\underline{/0°}V - 83.13\underline{/-19°}V = 144\underline{/10.9°}V$$

$$\dot{U}_{bn} = \dot{U}_B - \dot{U}_{nN} = 220\underline{/-120°}V - 83.13\underline{/-19°}V = 249\underline{/139°}V$$

$$\dot{U}_{cn} = \dot{U}_C - \dot{U}_{nN} = 220\underline{/120°}V - 83.13\underline{/-19°}V = 288\underline{/130.9°}V$$

计算看出，A相灯泡上的电压只有144V，发光不足，而C相灯泡上的电压远超过额定电压，很可能被烧坏。

4.5 三相电路的功率

在三相电路中，三相负载的有功功率、无功功率分别等于每相负载上的有功功率、无功功率之和，即

$$P = P_A + P_B + P_C$$
$$Q = Q_A + Q_B + Q_C$$

三相负载对称时，各相负载吸收的功率相同，根据负载星形及三角形接法时的线、相电压和线、相电流的关系，则三相负载的有功功率、无功功率分别为

$$P = 3P_A = 3U_pI_p\cos\varphi = \sqrt{3}U_1I_1\cos\varphi \tag{4-16}$$

$$Q = 3Q_A = 3U_pI_p\sin\varphi = \sqrt{3}U_1I_1\sin\varphi \tag{4-17}$$

式中，U_1、I_1是负载的线电压和线电流；U_p、I_p是负载的相电压和相电流；φ是每相负载的阻抗角。

对称三相电路的视在功率和功率因素分别定义如下：

$$S = \sqrt{P^2 + Q^2} \qquad\qquad (4\text{-}18)$$

$$\cos\varphi = \frac{P}{S} \qquad\qquad (4\text{-}19)$$

根据对称三相负载的功率表达式关系，则

$$S = \sqrt{3}\,U_1 I_1 \qquad\qquad (4\text{-}20)$$

对称三相正弦交流电路的瞬时功率经公式推导等于平均功率 P，是不随时间变化的常数。对三相电动机来说，瞬时功率恒定意味着电动机转动平稳，这是三相制的重要优点之一。

【例 4.6】　某三相异步电动机每相绕组的等效阻抗 $|Z| = 27.74\Omega$，功率因数 $\cos\varphi = 0.8$，正常运行时绕组作三角形联结，电源线电压为 380V。试求：

（1）正常运行时相电流、线电流和电动机的输入功率；

（2）为了减小起动电流，在起动时改接成星形联结，试求此时的相电流、线电流及电动机输入功率。

解：（1）正常运行时，电动机作三角形联结

$$I_p = \frac{U_1}{|Z|} = \frac{380}{27.74}\text{A} = 13.7\text{A}$$

$$I_1 = \sqrt{3}\,I_p = \sqrt{3} \times 13.7\text{A} = 23.7\text{A}$$

$$P = \sqrt{3}\,U_1 I_1 \cos\varphi = \sqrt{3} \times 380 \times 23.7 \times 0.8 = 12.51\text{kW}$$

（2）起动时，电动机星形联结

$$I_p = \frac{U_p}{|Z|} = \frac{380/\sqrt{3}}{27.74}\text{A} = 7.9\text{A}$$

$$I_1 = I_p = 7.9\text{A}$$

$$P = \sqrt{3}\,U_1 I_1 \cos\varphi = \sqrt{3} \times 380 \times 7.9 \times 0.8\text{W} = 4.17\text{kW}$$

从此例可以看出，同一个对称三相负载接于一个电路，当负载作△联结时的线电流是丫联结时线电流的 $\sqrt{3}$ 倍，作△联结时的功率也是作丫形联结时功率的 $\sqrt{3}$ 倍。即

$$P_\triangle = \sqrt{3}\,P_\curlyvee \qquad\qquad (4\text{-}21)$$

4.6　三相电路的操作实践

4.6.1　三相交流电路电压、电流的测量

1. 实验目的

掌握三相负载作星形联结、三角形联结的方法，验证这两种接法时线、相电压及线、相电流之间的关系。

充分理解三相四线制供电系统中中性线的作用。

2. 实验设备（表 4-1）

表 4-1　设备清单

序号	名　称	型号与规格	数量	备注

| 1 | 交流电压表 | 0 ~ 450V | 1 | |
| 2 | 交流电流表 | 0 ~ 5A | 1 | |

（续）

序号	名　称	型号与规格	数量	备注
3	万用表		1	自备
4	三相自耦调压器		1	
5	三相灯组负载	220V,15W 白炽灯	9	HE-17
6	插座		3	屏上

3. 实验内容

（1）三相负载星形联结（三相四线制供电）

按图4-19连接实验电路。即三相灯组负载经三相自耦调压器接通三相对称电源。将三相调压器的旋柄置于输出为0V的位置（即逆时针旋到底）。经检查合格后，方可接通实验台电源，然后调节调压器的输出，使输出的三相相电压为220V，并按下述内容完成各项实验，分别测量三相负载的线电压、相电压、线电流、相电流、中性线电流、电源与负载中性点间的电压。将所测得的数据记入表4-2中，并观察各相灯组亮暗的变化程度，特别要注意观察中性线的作用。

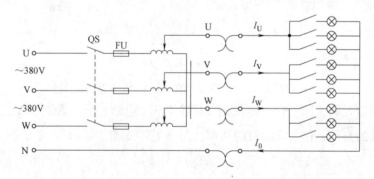

图 4-19　实验电路

表 4-2　测量数据一

负载情况	开灯盏数			线电流/A			线电压/V			相电压/V			中性线电流 I_0 /A	中性线电压 U_{N0} /V
	A相	B相	C相	I_A	I_B	I_C	U_{AB}	U_{BC}	U_{CA}	U_{A0}	U_{B0}	U_{C0}		
Y_0 接平衡负载	3	3	3											
Y 接平衡负载	3	3	3											
Y_0 接不平衡负载	1	2	3											
Y 接不平衡负载	1	2	3											

（2）三相负载三角形联结（三相三线制供电）

按图 4-20 改接线路，经检查合格后接通三相电源，并调节调压器，使其输出线电压为 220V，并按表 4-3 的内容进行测试。

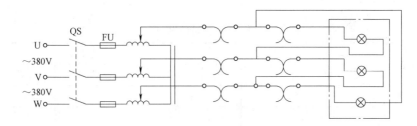

图 4-20　改造线路

表 4-3　测量数据二

负载情况	开灯盏数			线电压 = 相电压/V			线电流/A			相电流/A		
	A-B 相	B-C 相	C-A 相	U_{AB}	U_{BC}	U_{CA}	I_A	I_B	I_C	I_{AB}	I_{BC}	I_{CA}
三相平衡	3	3	3									
三相不平衡	1	2	3									

4.6.2　三相电路功率的测量

1. 实验目的

掌握用一瓦特表法、二瓦特表法测量三相电路有功功率与无功功率的方法；

进一步熟练掌握功率表的接线和使用方法。

2. 实验设备（表 4-4）

表 4-4　设备清单

序号	名　称	规格	数量	备注
1	交流电压表	$0 \sim 450V$	2	
2	交流电流表	$0 \sim 5A$	2	
3	单相功率表		2	
4	万用表		1	自备
5	三相自耦调压器		1	
6	三相灯组负载	220V,15W　白炽灯	9	HE-17
7	三相电容负载	$1\mu F/500V,2.2\mu F/500V,4.7\mu F/500V$	各 3	HE-20

3. 实验内容

（1）用一瓦特表法测定三相对称 $\curlyvee_0$ 接以及不对称 $\curlyvee_0$ 接负载的总功率 $\sum P$　实验按图 4-21 线路接线。线路中的电流表和电压表用以监视该相的电流和电压，不要超过功率表电压

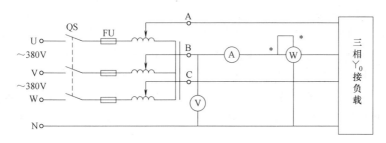

图 4-21　实验线路

和电流的量程。

经检查后，接通三相电源，调节调压器输出，使输出相电压为220V，按表4-5的要求进行测量及计算。

表4-5 测量数据一

负载情况	开灯盏数			测量数据			计算值
	A 相	B 相	C 相	P_A/W	P_B/W	P_C/W	$\sum P$/W
Y_0 接对称负载	3	3	3				
Y_0 接不对称负载	1	2	3				

首先将三只表按图4-21接入B相进行测量，然后分别将三只表换接到A相和C相，再进行测量。

（2）用二瓦特表法测定三相负载的总功率

首先按图4-22接线，将三相灯组负载接成丫形接法。

经检查后，接通三相电源，调节调压器的输出线电压为220V，按表4-6的内容进行测量。

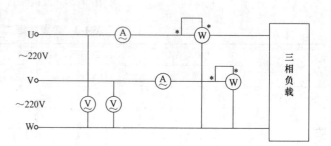

图4-22 二瓦特表法测定

（3）将三相灯组负载改成△形接法，重复（1）的测量步骤，数据记入表4-6中。

表4-6 测量数据二

负载情况	开灯盏数			测量数据		计算值
	A 相	B 相	C 相	P_1/W	P_2/W	$\sum P$/W
丫接平衡负载	3	3	3			
丫接不平衡负载	1	2	3			
△接不平衡负载	1	2	3			
△接平衡负载	3	3	3			

4.7 思考与练习

1. 星形联结的三相负载，每相的电阻 $R = 6\Omega$，感抗 $X_L = 8\Omega$，电源电压对称，$u_{uv} = \sqrt{2}U\cos(314t + 30°)$，试求三相电流。

2. 三相点连接情况如图4-23所示，电源电压对称，每相电压 $U_p = 220V$，负载为电灯组，在额定电压下其电阻分别为 $R = 8\Omega$，$R = 15\Omega$，$R_C = 30\Omega$，试求负载相电压、负载电流及中性线电流。电灯的额定电压为220V。

3. 在上例中，如下两种情况下：（1）U相短路时；（2）U相短路而中性线又断开时。试求各相负载上的电压。

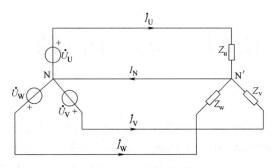

图 4-23   习题 4.2 图

4. 有一三相异步电动机，其绕组接线为三角形，电源线电压为 $U_1 = 380V$ 上，从电源取用的功率 $P = 11.43kW$，功率因数为 0.87，试求电动机的相电流和线电流。

5. 对称三相负载采用星形联结，已知每相负载 $Z = (30.8 + j23.1)\Omega$，电源的线电压为 380V。求三相功率 P、Q、S 和功率因数 $\cos\varphi$。

6. 负载为三角形连接的对称三相电路，已知线电流 $I_1 = 25.5A$，有功功率 $P = 7760W$。功率因数为 0.8。求电源的线电压、电路的视在功率和负载的每项阻抗。

7. 三相四线制电路，电源电压为 380V，不对称星形联结负载各相阻抗分别为 $Z_u = 40\Omega$，$Z_v = 10\Omega$，$Z_w = 20\Omega$。试计算：

1）中性线正常时，各项负载电压、电流和中线电流。

2）中性线断开时，各项负载电压、电流。

第5讲 交直流电动机

【导读】

在现代工业生产中，电动机的应用非常广泛。我国电动机总装机容量已达4亿kW，年耗电量达6000亿kWh，占工业耗电量的80%。各种生产机械、民用产品都广泛应用电动机来驱动，因此正确地选用与机械负载配套的电动机，就可以使电动机在最经济、最合理的方式下运行，从而达到降低能耗、提高效率的目的。电动机是实现电能和机械能互相转换的装置，但是直流电动机和交流电动机在基本结构和工作原理上不尽相同。

应知

※了解直流电动机的基本结构
※熟悉直流电动机的工作原理
※掌握交流异步电动机的构造与原理
※掌握交流异步电动机的特性

☆能对直流电动机进行简单接线
☆能对直流电动机进行拆装
☆能判断三相异步电动机的基本故障
☆能判别三相异步电动机定子绕组首尾端

应会

5.1　直流电动机

5.1.1　直流电动机的基本结构和工作原理

直流电动机就是实现直流电能和机械能互相转换的电动机。当它作电动机运行时是直流电动机，将电能转换为机械能；作发电动机运行时是直流发电动机，将机械能转换为电能。

（一）直流电动机的基本结构

直流电动机由两个主要部分组成：静止部分称为定子，转动部分称为转子或电枢，图 5-1 为直流电动机的剖面图，其构造的主要特点是具有一个带换向器的电枢。

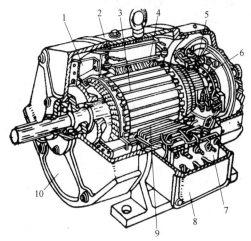

图 5-1　直流电动机的剖面图

1—风扇　2—机座　3—电枢　4—主磁极　5—刷架
6—换向器　7—接线板　8—出线盒　9—换向磁极
10—端盖

1. 定子部分

1）主磁极。是产生直流电动机气隙磁场的主要部件，由永磁体或带有直流励磁绕组的叠片铁心构成。

2）换向磁极（也称附加极）。它的作用是减小电刷与换向器之间的火花，它是由铁心和换向磁极绕组组成。

3）电刷装置。电刷与换向器滑动接触，为转子绕组提供电枢电流。

4）机座。电动机的固定支撑底座，用来固定主磁极、换向磁极和端盖的，一般是由铸铁或铸钢制成。

5）接线盒。一般电动机的绕组都有两个引出线头，一头叫做首端，而另一头叫做末端，接线盒就是电动机绕组和电气控制电路进行动力交换的地方。

2. 转子部分

1）电枢铁心。电枢由电枢铁心和电枢绕组两部分组成。电枢铁心由硅钢片叠成，在其外圆处均匀分布着齿槽。

2）电枢绕组。电枢绕组是嵌置于齿槽中的绕组。

3）换向器。是机械整流部件，由换向片叠成圆筒形后，以金属夹件或塑料成型为一个整体，各换向片间互相绝缘。换向器质量对运行可靠性有很大影响。

换向器的作用是与电刷配合，将直流电动机齿槽导体中感应出的交流电变成直流电输出；或者将直流电动机输入的直流电转变为电枢齿槽导体中的交变电流，以保证转子朝一个方向旋转。

（二）直流电动机的工作原理

直流发电动机的工作原理

电磁感应定律告诉我们：在磁场中当导体切割磁力线时，导体中就有感应电动势产生。感应电动势的大小为 $e = Blv$

图 5-2 中，N 和 S 为一对主磁极，我们来看转子槽中的一个线圈 abcd，线圈两端 a 和 b 分别与两个相互绝缘的换向片相连，换向片随线圈一起转动，许多换向片组成的换向器与固定不动的电刷 A、B 保持滑动接触。当原动机拖动转子逆时针恒速旋转时，线圈的 ab、cd 将切割磁力线产生感应电动势 e，其方向可由右手定则判断。若在电刷 A、B 之间接上负载，就会有电枢电流流过，电流的方向与电动势的方向相同。在线圈内部，电流方向是 d→c→b→a。

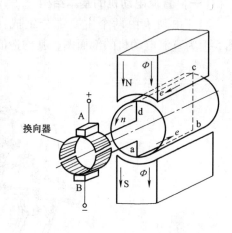

图 5-2　直流电动机的工作原理

当线圈转过 180°以后，ab 边从 N 极处转到 S 极处，cd 边从 S 极处转到 N 极处，如图5-2所示，转子旋转方向不变，由右手定则可知，ab 边的电动势方向由 a 指向 b，cd 边的电动势由 c 指向 d，感应电动势的方向改变，线圈内部电流的方向也变为 a→b→c→d。由于换向片随线圈一起转动，电刷 A 和 B 固定不动，所以电刷 A 通过换向片始终和 N 极处的导体相接，电刷 B 始终和 S 极处的导体相接，从而在电刷 A 和 B 之间得到一个方向不变的直流电动势。

上述直流电动机的工作原理表明，电枢绕组中感应的电动势方向是交变的，由于换向器与电刷的配合，将交流电动势变为直流电动势输出，起到了整流作用。

理论上一台直流电动机既可以作发电机运行，也可以作电动机运行。若给电枢通入直流电，电动机就可以将电能转变为机械能，作电动运行。若用原动机拖动电动机转子旋转，电动机就将输入的机械能转变为电能输出。这种运行状态的可逆性称作直流电动机的可逆原理。但在实际应用时直流电动机与发电机在结构上稍有不同。

5.1.2　直流电动机的功率与效率

直流电动机按照励磁方式可以分为他励直流电动机、并励直流电动机、串励直流电动机和复励直流电动机。

当供给定子励磁绕组的电流建立主磁场，并由原动机拖动电动机转子旋转时，转子槽导体切割磁力线产生电枢感应电动势

$$E_a = C_e \Phi_n$$

1. 直流发电机的功率关系

直流发电机功率流程：原动机输入机械功率 $P_1 = T_1 \Omega$，一部分供给空载损耗 P_0，包括铁心中的涡流和磁滞损耗以及机械摩擦损耗等不变损耗（$P_{fe} + P_m$），其他转变为电磁功率 P_m，电磁功率中的一部分供给电枢绕组的发热损耗，即电枢铜损耗 $P_{Cua} = I_a^2 R_a$，若为并励时还要供给励磁绕组的发热损耗即励磁铜损耗 $P_{Cuf} = I_f^2 R_f$。最后，输出电功率 $P_2 = U_a I_a$。

2. 直流电动机的功率关系

直流电动机功率流程：从电源输入电功率 $P_1 = U_a I_a$，一部分供给电枢铜损耗 $P_{Cua} = I_a^2 R_a$，若为并励时还要供给励磁铜损耗 $P_{Cuf} = I_f^2 R_f$，其余转变为电磁功率 P_M，其中的一部分供给空载损耗 $P_0 = P_{fe} + P_m$，在轴上输出机械功率 $P_2 = T_2 \Omega$

3. 电动机的效率

$$\eta = \frac{P_2}{P_1} = 1 - \frac{\sum P}{P_2 + \sum P}$$ 式中 $\sum P$ 包括励磁铜耗 P_{Cuf}、电枢铜耗 P_{Cua}、铁心损耗 P_{fe}、机械摩擦损耗 P_m 和杂散附加损耗 P_{ad}。杂散损耗 P_{ad} 按额定功率的 1% 选取。

4. 电力拖动系统运动方程式

原动机带动生产机械运转叫拖动，原动机采用电动机则称电力拖动。电力拖动系统是由电动机、生产机械的工作机构、传动机构、控制设备和电源五部分组成。

电动机发出的电磁转矩 T 和轴上的负载转矩 T_L，是一对作用力矩和反作用力矩，它们与转速变化之间的关系可以用电力拖动系统的运动方程式来描述

$$T - T_L = \frac{GD^2}{375} \frac{dn}{dt}$$

式中，GD^2 为旋转体的飞轮力矩，可以用实验的方法测出，单位为 $N \cdot m^2$；dn/dt 为旋转加速度。当 $T > T_L$ 时，拖动系统加速；当 $T < T_L$ 时，拖动系统减速；当 $T = T_L$ 时，系统将匀速稳定运行。

5.1.3　他励直流电动机的起动、调速

（一）直流电动机的起动

直流电动机起动时，必须满足以下要求：第一，起动电流不能太大，以免烧毁电刷或换向器，另外也可避免产生过大的冲击转矩，损坏机械设备；第二，起动转矩应足够大，应使 $T_{st} > T_L$，以保证电动机带动负载顺利起动，进入运转状态。为此，他励直流电动机的起动方法分为三种：直接起动、减压起动和电枢串电阻起动。

（二）他励直流电动机的调速

1. 调速方法

电力拖动系统经常要求可随意调节的转速，以满足生产机械的工作需要。根据直流电动机的转速公式：$n = \frac{U_a}{C_e \Phi} - \frac{R_a + R}{C_e \Phi} I_a$，可看出当负载不变时，他励直流电动机有调整电压 U_a、电枢电阻 R 和减弱主磁通 Φ 等三种调速方法。通过改变电动机的机械特性，可使电动机与负载两条机械特性的交点，即稳定工作点，随之变动，达到调节转速的目的。

根据他励直流电动机人为机械特性可知：电枢回路串电阻调速时，随电阻值增大，特性

变软，低速下运行不稳定，而且电阻上耗能也大，所以只在要求不高的场合才会采用；降压调速时特性平行下移，特性硬度不变，运行稳定性好，只要有连续可调的直流电源，就可实现无级调速；弱磁调速是在小功率的励磁回路里调节，所以易于实现，可进行无级调速。基速以下采用降压，基速以上采用弱磁，使电动机得到宽广的调速范围。工业上大量采用的直流发电动机-电动机系统，简称 F-D 系统，就是调压与弱磁并用的典型范例，它的使用可靠，维护方便，功率大，调速性能好。

2. 调速指标

为评价各种调速方法的优缺点，对调速方法提出技术和经济指标如下。

（1）调速范围　指拖动额定负载情况下，系统可能达到的最高转速与最低转速之比。用 D 表示。

$$D = \frac{n_{max}}{n_{min}}$$

直流电动机的最高转速受到机械强度、换向、电压等几方面的限制，而最低转速受到低速运行时的相对稳定限制。相对稳定性指负载转矩变化时，转速变化的程度，电动机的机械特性越软，它的相对稳定性越差，反之，特性越硬，相对稳定性越好。

（2）调速精度（静差率）　相对稳定性的程度用静差率 δ 来表示，指电动机在某条机械特性曲线上运行时，由理想空载增加到额定负载，电动机的转速降落 Δn_N 与理想空载转速 n_0 之比。$\delta = \frac{\Delta n_N}{n_0} \times 100\%$，由于调速范围内的最低转速取决于静差率的要求，因此调速范围必然受到静差率的制约，二者之间的关系：$D = \frac{n_{max}\delta}{\Delta n_N (1-\delta)}$

（3）调速的平滑性　在一定的调速范围内，调速的级数越多，调速就越平滑，相邻两级速度之比定义为平滑系数，用字母 k 表示：

$$k = \frac{n_i}{n_{i-1}}$$

k 值越接近于 1，调速的平滑性越好。当 $k = 1$ 时，称为无级调速，即转速连续可调。

（4）调速的经济性　经济性包含两方面的内容：一是调速设备所需的投资和调速过程的能量消耗大小。二是指电动机在调速过程中能否得到充分利用，即是否与负载最佳配合。如调压和电枢串电阻调速方式属于恒转矩的输出，若与恒转矩负载配合则为最佳；而弱磁调速方式属恒功率的输出，最好与恒功率负载相配合，才可使电动机得到充分利用。

5.2　交流异步电动机

5.2.1　交流异步电动机的基本结构

一台笼型三相异步电动机的结构主要是由定子和转子两大部分组成的，定、转子之间是空气隙。此外，还有端盖、轴承、机座、风扇等部件，如图 5-3 所示。

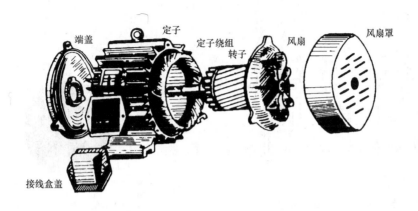

图 5-3　交流异步电动机的结构

1. 定子铁心

定子铁心是磁路的一部分，为了降低铁心损耗，采用 0.5mm 厚的硅钢片（图 5-4a）叠压而成，硅钢片间彼此绝缘。铁心内圆周上分布有若干均匀的平行槽，用来嵌放定子绕组，如图 5-4b 所示。

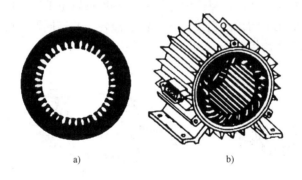

a)　　　　　　　　　　b)

图 5-4　定子铁心

2. 机壳

机壳包括端盖和机座，其作用是支撑定子铁心和固定整个电动机。中小型电动机机座一般采用铸铁铸造，大型电动机机座用钢板焊接而成。端盖多用铸铁铸成，用螺栓固定在机座两端。

3. 定子绕组

定子绕组是电动机定子的电路部分，应用绝缘铜线或铝线绕制而成。三相绕组对称地嵌放在定子槽内。三相异步电动机定子绕组的三个首端 U_1、V_1、W_1 和三个末端 U_2、V_2、W_2，都从机座上的接线盒中引出。图 5-5a 为定子绕组的星形接法；图 5-5b 为定子绕组的三角形接法。三相绕组具体应该采用何种接法，应视电力网的线电压和各相绕组的工作电压而定。目前我国生产的三相异步电动机，功率在 4kW 以下者一般采用星形接法；在 4kW 以上者采用三角形接法。

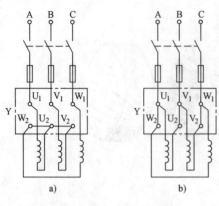

图 5-5　三相定子绕组的接法　　　　　　　图 5-6　转子的硅钢片

4. 转子

转子主要用来产生旋转力矩，拖动生产机械旋转。转子由转轴、转子铁心、转子绕组构成。转轴用来固定转子铁心和传递功率，一般用中碳钢制成。转子铁心也属于磁路的一部分，也用 0.5mm 的硅钢片叠压而成（图 5-6）。转子铁心固定在转轴上，其外圆均匀分布的槽是用来放置转子绕组的。

笼型转子是由安放在转子铁心槽内的裸导体和两端的短路环连接而成的。转子绕组就像一个笼子（图 5-7a），故称其为笼型转子。目前，100kW 以下的笼型电动机，一般采用铸铝绕组。这种转子是将融化了的铝液直接浇注在转子槽内，并连同两端的短路环和风扇浇注在一起，该笼型转子也称为铸铝转子，如图 5-7b 所示。

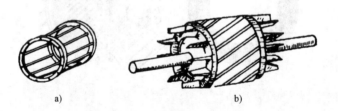

图 5-7　笼型转子

5.2.2　三相异步电动机的工作原理

三相异步电动机是根据磁场与载流导体相互作用产生电磁力的原理而制成的，三相定子绕组对称放置在定子槽中，即三相绕组首端 U_1、V_1、W_1（或末端 U_2、V_2、W_2）的空间位置互差 120°。若三相绕组连接成星形，末端 U_2、V_2、W_2 相连，首端 U_1、V_1、W_1 接到三相对称电源上，则在定子绕组中通过三相对称的电流 i_u、i_v、i_w（习惯规定电流参考方向由首端指向末端），其波形如图 5-8 所示。

$$i_u = I_m \sin\omega t$$

$$i_v = I_m \sin(\omega t - 120°)$$

$$i_w = I_m \sin(\omega t + 120°)$$

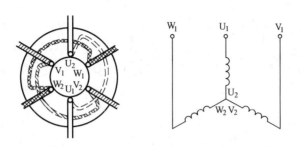

图 5-8 三相定子绕组作星形联结

当三相电流流入定子绕组时，各相电流的磁场为交变、脉动的磁场，而三相电流的合成磁场则是一旋转磁场。为了说明问题，在图 5-9 中选择几个不同瞬间，来分析旋转磁场的形成。

1）$t = 0$ 瞬间（$i_U = 0$；i_V 为负值；i_W 为正值）：此时，U 相绕组（$U_1 U_2$ 绕组）内没有电流；V 相绕组（$V_1 V_2$ 绕组）电流为负值，说明电流由 V_2 流进，由 V_1 流出；而 W 相绕组（$W_1 W_2$ 绕组）电流为正，说明电流由 W_1 流进，由 W_2 流出。运用右手螺旋定则，可以确定合成磁场，如图 5-10a 所示，为一对极（两极）磁场这一瞬间的合。

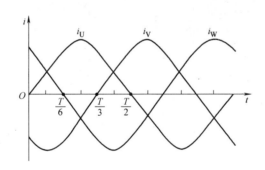

图 5-9 三相电流的波形

2）$t = T/6$ 瞬间（i_U 为正值；i_V 为负值；$i_W = 0$）：U 相绕组电流为正，电流由 U_1 流进，由 U_2 流出；V 相绕组电流未变；W 相绕组内没有电流。合成磁场如图 5-10b 所示，同 $t = 0$ 瞬间相比，合成磁场沿顺时针方向旋转了 60°。

3）$t = T/3$ 瞬间（i_U 为正值；$i_V = 0$；i_W 为负值）：合成磁场沿顺时针方向又旋转了 60°，如图 5-10c 所示。

4）$t = T/2$ 瞬间（$i_U = 0$；i_V 为正值；i_W 为负值）：与 $t = 0$ 瞬间相比，合成磁场共旋转了 180°。

由此可见，随着定子绕组中三相对称电流的不断变化，所产生的合成磁场也在空间不断地旋转。由上述两极旋转磁场可以看出，电流变化一周，合成磁场在空间旋转 360°（一转），且旋转方向与线圈中电流的相序一致。

以上分析的是每相绕组只有一个线圈的情况，产生的旋转磁场具有一对磁极。旋转磁场

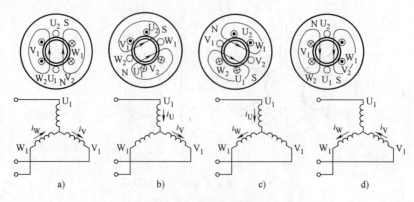

图 5-10 两极旋转磁场

的极数与定子绕组的排列有关。如果每相定子绕组分别由两个线圈串联而成，如图 5-11 所示，其中，U 相绕组由线圈 U_1U_2 和 $U_1'U_2'$ 串联组成，V 相绕组由 V_1V_2 和 $V_1'V_2'$ 串联组成，W 相绕组由 W_1W_2 和 $W_1'W_2'$ 串联组成，当三相对称电流通过这些线圈时，便能产生两对极旋转磁场（四极）。

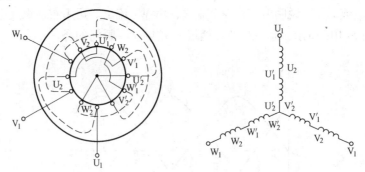

图 5-11 四极定子绕组

当 $t=0$ 时，$i_U=0$；i_V 为负值；i_W 为正值。即 U 相绕组内没有电流；V 相绕组电流由 V_2' 流进，由 V_1' 流出，再由 V_2 流进，由 V_1 流出；W 相绕组电流由 W_1 流进，由 W_2 流出，再由 W_1' 流进，由 W_2' 流出。此时，三相电流的合成磁场如图 5-11a 所示。图 5-10b、c、d 分别表示当 $t=T/6$、$t=T/3$、$t=T/2$ 时的合成磁场。

从图 5-12 不难看出，四极旋转磁场在电流变化一周时，旋转磁场在空间旋转 180°。

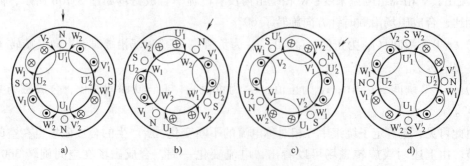

图 5-12 四极旋转磁场

　　三相异步电动机的三相对称绕组通入三相对称电流建立基波旋转磁场,其主要性质和特点如下:

　　1) 三相基波旋转磁场的幅值不变,即旋转磁场的轨迹为一个圆,故为圆形旋转磁场。其幅值为脉振磁场振幅的 3/2 倍。

　　2) 磁场旋转的速度称为同步速 $n_1 = \dfrac{60f_1}{p}$,与电源频率 f_1 成正比,与磁极对数 p 成反比。

　　3) 旋转磁场的瞬时位置。哪一相绕组通入的电流达正最大值时,旋转磁场的幅值刚好出现在这相绕组的轴线处。

5.3　电动机的拆装与维修

5.3.1　电动机故障判断及维修案例

　　电动机运行或故障时,可通过看、听、闻、摸四种方法来及时预防和排除故障,保证电动机的安全运行。

　　1. 看

　　观察电动机运行过程中有无异常,其主要表现为以下几种情况。

　　1) 定子绕组短路时,可能会看到电动机冒烟。

　　2) 电动机严重过载或缺相运行时,转速会变慢且有较沉重的"嗡嗡"声。

　　3) 电动机正常运行,但突然停止时,会看到接线松脱处冒火花、熔丝熔断或某部件被卡住等现象。

　　4) 若电动机剧烈振动,则可能是传动装置被卡住或电动机固定不良、底脚螺栓松动等。

　　5) 若电动机内接触点和连接处有变色、烧痕和烟迹等,则说明可能有局部过热、导体连接处接触不良或绕组烧毁等。

　　2. 听

　　电动机正常运行时应发出均匀且较轻的"嗡嗡"声,无杂音和特别的声音。若发出噪声太大,包括电磁噪声、轴承噪声、通风噪声、机械摩擦声等,均可能是故障先兆或故障现象。

　　(1) 对于电磁噪声,如果电动机发出忽高忽低且沉重的声音,则原因可能有以下几种

　　1) 定子与转子间气隙不均匀,此时声音忽高忽低且高低音间隔时间不变,这是轴承磨损从而使定子与转子不同心所致。

　　2) 三相电流不平衡。这是三相绕组存在误接地、短路或接触不良等原因,若声音很沉闷则说明电动机严重过载或缺相运行。

　　3) 铁心松动。电动机在运行中因振动而使铁心固定螺栓松动造成硅钢片松动,发出噪声。

　　(2) 对于轴承噪声,应在电动机运行中经常监听　监听方法是:将旋具一端顶住轴承安装部位,另一端贴近耳朵,便可听到轴承运转声。若轴承运转正常,其声音为连续而细小的"沙沙"声,不会有忽高忽低的变化及金属摩擦声。若出现以下几种声音则为不正常

现象。

1）轴承运转时有"吱吱"声，这是金属摩擦声，一般为轴承缺油所致，应拆开轴承加注适量润滑脂。

2）若出现"唧哩"声，这是滚珠转动时发出的声音，一般为润滑脂干涸或缺油引起，可加注适量油脂。

3）若出现"喀喀"声或"嘎吱"声，则为轴承内滚珠不规则运动而产生的声音，这是轴承内滚珠损坏，或电动机长期不用，润滑脂干涸所致。

（3）若传动机构和被传动机构发出连续而非忽高忽低的声音，可分以下几种情况处理

1）周期性"啪啪"声，为传送带接头不平滑引起。

2）周期性"咚咚"声，为联轴器或带轮与轴间松动以及键或键槽磨损引起。

3）不均匀的碰撞声，为风叶碰撞风扇罩引起。

3. 闻

通过闻电动机的气味也能判断及预防故障。若发现有特殊的油漆味，说明电动机内部温度过高；若发现有很重的糊味或焦臭味，则可能是绝缘层被击穿或绕组已烧毁。

4. 摸

摸电动机一些部位的温度也可判断故障原因。为确保安全，用手摸时应用手背去碰触电动机外壳、轴承周围部分，若发现温度异常，其原因可能有以下几种。

1）通风不良。如风扇脱落、通风道堵塞等。

2）过载。致使电流过大而使定子绕组过热。

3）定子绕组匝间短路或三相电流不平衡。

4）频繁起动或制动。

5）若轴承周围温度过高，则可能是轴承损坏或缺油所致。

5.3.2　直流电动机的拆装与维修

直流电动机的拆装目的有保养和修理两种。对电动机进行保养时的拆装工序一般有拆卸、清洗零件、更换易损件、装配和试验。直流电动机拆卸前应在刷架处、端盖与机座配合处等做好标记，便于装配（图5-13）。

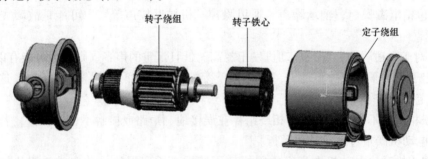

图5-13　直流电动机的拆装

直流电动机拆卸的工艺步骤：

（1）拆除电动机的所有接线　拆除换向器端的端盖螺栓和轴承盖螺栓，并取下轴承外盖；

（2）打开端盖的通风窗，从刷握中取出电刷，再拆下接到刷杆上的连接线

（3）拆卸换向器端的端盖，若有必要时再从端盖上取下刷架

1）用厚纸或布将换向器包扎好，以保持清洁及以免碰伤换向器；

2）拆除轴伸端的端盖螺栓，把连同端盖的电枢从定子内小心地抽出或吊出，不要擦伤电枢绕组端部；

3）拆除轴伸端的轴承盖螺栓，取下轴承外盖及端盖。若轴承已损坏需要更换时，还应拆卸轴承；

4）将电枢放在木架上，并用布包扎好。

直流电动机的装配可按拆卸相反顺序进行。但对需要进行修理的直流电动机，在拆卸前要先用仪表和观察法进行整机检查，然后在拆卸电动机后查明故障，并采用维护绕组等修理方法，来缩短修理周期。

5.3.3　三相异步电动机常见故障分析

三相异步电动机应用广泛，但通过长期运行后，会发生各种故障，及时判断故障原因，进行相应处理，是防止故障扩大，保证设备正常运行的一项重要的工作。

1. 通电后电动机不能转动，但无异响，也无异味和冒烟

（1）故障原因

1）电源未通（至少两相未通）；

2）熔丝熔断（至少两相熔断）；

3）过电流继电器调得过小；

4）控制设备接线错误。

（2）故障排除

1）检查电源回路开关，熔丝、接线盒处是否有断点，修复；

2）检查熔丝型号、熔断原因，换新熔丝；

3）调节继电器整定值与电动机配合；

4）改正接线。

2. 通电后电动机不转，然后熔丝烧断

（1）故障原因

1）缺一相电源，或定子线圈一相反接；

2）定子绕组相间短路；

3）定子绕组接地；

4）定子绕组接线错误；

5）熔丝截面过小；

6）电源线短路或接地。

（2）故障排除

1）检查刀开关是否有一相未合好，可能电源回路有一相断线；消除反接故障；

2）查出短路点，予以修复；

3）消除接地点；

4）查出误接，予以更正；

5）更换熔丝。

3. 通电后电动机不转且有嗡嗡声

（1）故障原因

1）定、转子绕组有断路（一相断线）或电源一相失电；

2）绕组引出线始末端接错或绕组内部接反；

3）电源回路接点松动，接触电阻大；

4）电动机负载过大或转子卡住；

5）电源电压过低；

6）小型电动机装配太紧或轴承内油脂过硬；

7）轴承卡住。

（2）故障排除

1）查明断点予以修复；

2）检查绕组极性；判断绕组末端是否正确；

3）紧固松动的接线螺钉，用万用表判断各接头是否假接，予以修复；

4）减载或查出并消除机械故障；

5）检查是还把规定的△接法误接为丫；是否由于电源导线过细使压降过大，予以纠正；

6）重新装配使之灵活；更换合格油脂；

7）修复轴承。

4. 电动机起动困难，额定负载时，电动机转速低于额定转速较多

（1）故障原因

1）电源电压过低；

2）面接法电动机误接为丫；

3）笼型转子开焊或断裂；

4）定转子局部线圈错接、接反；

5）修复电动机绕组时增加匝数过多；

6）电动机过载。

（2）故障排除

1）测量电源电压，设法改善；

2）纠正接法；

3）检查开焊和断点并修复；

4）查出误接处，予以改正；

5）恢复正确匝数；

6）减载。

5. 电动机空载电流不平衡，三相相差大

（1）故障原因

1）重绕时，定子三相绕组匝数不相等；

2）绕组首尾端接错；

3）电源电压不平衡；

4）绕组存在匝间短路、线圈反接等故障。

（2）故障排除

1）重新绕制定子绕组；

2）检查并纠正定子绕组；

3）测量电源电压，设法消除不平衡；

4）消除绕组故障。

5.3.4　三相异步电动机定子绕组首尾端的判别方法

当电动机接线板损坏，定子绕组的 6 个端头分不清楚时，不可盲目接线，以免引起电动机内部故障，因此必须分清 6 个端头的首尾端后才能接线。本次实训就是进行三相异步电动机定子绕组首尾端的判别。

1. 用 36V 交流电源和灯泡判别首尾端

判别时的接线方式如图 5-14 所示。

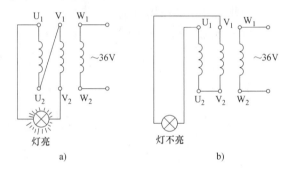

图 5-14　用 36V 交流电源和灯泡判别首尾端

判别步骤如下：

1）用绝缘电阻表或万用表的电阻挡，分别找出三相绕组的各相两个端头。

2）先任意给三相绕组的端头分别编号为 U_1 和 U_2、V_1 和 V_2、W_1 和 W_2。并把 V_1、U_2 连接起来，构成两相绕组串联。

3）U_1、V_2 端头上接一只灯泡。

4）W_1、W_2 两个端头上接通 36V 交流电源，如果灯泡发亮，说明端头 U_1、U_2 和 V_1、V_2 的编号正确。如果灯泡不亮，则把 U_1、U_2 或 V_1、V_2 中任意两个端头的编号对调一下即可。

5）再按上述方法对 W_1、W_2 两端头进行判别。

2. 用万用表或微安表判别首尾端

（1）方法一

1）先用绝缘电阻表或万用表的电阻挡，分别找出三相绕组的各相两个端头。

2）给各相绕组假设编号为 U_1 和 U_2、V_1 和 V_2、W_1 和 W_2。

3）按所示接线，用手转动电动机转子，如万用表（微安挡）指针不动，则证明假设的编号是正确的；若指针有偏转，说明其中有一相首尾端假设编号不对。应逐相对调重测，直至正确为止。

（2）方法二

1）先分清三相绕组各相的两个端头，并将各相绕组端子假设为 U_1 和 U_2、V_1 和 V_2、

W_1 和 W_2。

2）注视万用表（微安挡）指针摆动的方向，合上开关瞬间，若指针摆向大于零的一边，则接电池正极的端头与万用表负极所接的端头同为首端或尾端；如指针反向摆动，则接电池正极的端头与万用表正极所接的端头同为首端或尾端。

3）再将电池和开关接另一相两个端头，进行测试，就可正确判别各相的首尾端。

5.4　思考与练习

1. 在直流电机中，换向器-电刷的作用是什么？

2. 直流电枢绕组元件内的电动势和电流是直流还是交流？若是交流，那么为什么计算稳态电动势时不考虑元件的电感？

3. 直流电机电枢绕组为什么必须是闭合的？

4. 交流异步电动机包括哪些部分？其作用分别是什么？

5. 交流异步电动机在运行中出现"嗡嗡"的声音，且运转力矩不够，请问最大的可能是什么？

第6讲　低压电器及应用

【导读】

低压电器是一种能根据外界的信号和要求，手动或自动地接通、断开电路，以实现对电路元件或设备的切换、控制、保护、检测、变换和调节。它可以分为配电电器和控制电器两大类，是成套电气设备的基本组成元件。在工业、农业、交通、国防以及生活用电中，大多数采用低压供电。本讲主要介绍低压电器的外观、结构形式和工作原理，以及常见的电气控制电路。

应知
※了解常见低压电器的用途
※熟悉低压电器的分类及各自的工作原理
※掌握电气电路图的绘制原则
※掌握基本的电气控制电路

应会
☆能对各种低压电器进行选择与分类
☆能利用低压电器进行电气电路的装接
☆能调试基本电气控制电路
☆能绘制基本电气控制电路

6.1 常见低压电器

6.1.1 常用低压电器的用途

低压电器能够依据操作信号或外界现场信号的要求，自动或手动地改变电路的状态、参数，实现对电路或被控对象的控制、保护、测量、指示、调节。低压电器的作用有：

1）控制作用。如电梯的上下移动、快慢速自动切换与自动停层等。

2）保护作用能根据设备的特点，对设备、环境以及人身实行自动保护，如电动机的过热保护，电网的短路保护、漏电保护等。

3）测量作用。利用仪表及与之相适应的电器，对设备、电网或其他非电参数进行测量，如电流、电压、功率、转速、温度、湿度等。

4）调节作用。低压电器可对一些电量和非电量进行调整，以满足用户的要求，如柴油机油门的调整、房间温湿度的调节、照度的自动调节等。

5）指示作用。利用低压电器的控制、保护等功能，检测出设备运行状况与电气电路工作情况，如绝缘监测、保护掉牌指示等。

6）转换作用。在用电设备之间转换或对低压电器、控制电路分时投入运行，以实现功能切换，如励磁装置手动与自动的转换、供电的市电与自备电的切换等。

当然，低压电器作用远不止这些，随着科学技术的发展，新功能、新设备会不断出现，常用低压电器的主要种类和用途见表6-1。

表 6-1　常用低压电器的主要种类和用途

序号	类别	主要品种	用　　途
1	断路器	塑料外壳式断路器 框架式断路器 限流式断路器 漏电保护式断路器 直流快速断路器	主要用于电路的过负荷保护,短路、欠电压、漏电流保护,也可用于不频繁接通和断开的电路
2	刀开关	开关板用刀开关 负荷开关 熔断器式刀开关	主要用于电路的隔离,有时也能分断负荷
3	转换开关	组合开关 换向开关	主要用于电源切换,也可用于负荷通断或电路的切换
4	主令电器	按扭 限位开关 微动开关 接近开关 万能转换开关	主要用于发布命令或程序控制
5	接触器	交流接触器 直流接触器	主要用于远距离频繁控制负荷,接通或切断负荷电路
6	起动器	磁力起动器 星三起动器 自耦减压起动器	主要用于电动机的起动

（续）

序号	类别	主要品种	用　　途
7	控制器	凸轮控制器	主要用于控制回路的切换
		平面控制器	
8	继电器	电流继电器	主要用于控制电路中，将被控量转换成控制电路所需电量或开关信号
		电压继电器	
		时间继电器	
		中间继电器	
		温度继电器	
		热继电器	
9	熔断器	有填料熔断器	主要用于电路短路保护，也用于电路的过载保护
		无填料熔断器	
		半封闭插入式熔断器	
		快速熔断器	
		自复熔断器	
10	电磁铁	制动电磁铁	主要用于起重、牵引、制动等方面
		起重电磁铁	
		牵引电磁铁	

　　对低压配电电器要求是灭弧能力强、分断能力好，热稳定性能好、限流准确等。对低压控制电器，则要求其动作可靠、操作频率高、寿命长并具有一定的负载能力。

6.1.2　按钮

　　按钮常用于接通和断开控制电路，是一种最常见的主令开关。以按钮为例，其外形和结构如图 6-1 所示。

a)

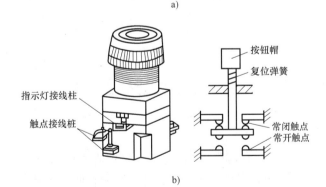

b)

图 6-1　按钮的外形和结构
a）外形　b）结构

　　按钮主要用来发布操作命令，接通或开断控制电路，控制机械与电气设备的运行。按钮的工作原理很简单（图6-2），对于常开触点，在按钮未被按下前，触点是断开的，按下按钮后，常开触点被连通，电路也被接通；对于常闭触点，在按钮未被按下前，触点是闭合的，按下按钮后，触点被断开，电路也被分断。由于控制电路工作的需要，一只按钮还可带有多对同时动作的触点。

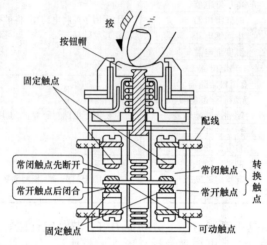

图6-2　按钮的工作原理

　　按钮的用途很广，例如车床的起动与停机、正转与反转等；塔式起重机的起动，停止，上升，下降，前、后、左、右、慢速或快速运行等，都需要按钮控制。

　　常见按钮型号和规格见表6-2。

表6-2　常见按钮型号和规格

结构	![结构图1]	![结构图2]	![结构图3] 按钮帽 复位弹簧 支柱连杆 常闭静触点 桥式静触点 常开静触点 外壳
符号	E--⁄SB	E--⁄SB	E--⁄--⁄SB
名称	常闭按钮 （停止按钮）	常开按钮 （起动按钮）	复合按钮

6.1.3　接触器

　　接触器是一种自动化的控制电器，主要用于频繁接通或分断交、直流电路，控制容量大，可远距离操作，配合继电器可以实现定时操作，联锁控制，各种定量控制和失电压及欠电压保护，广泛应用于自动控制电路；其主要控制对象是电动机，也可用于控制其他电力负载，如电热器、照明、电焊机、电容器组等。接触器的外形和结构如图6-3所示。

　　从图6-3可以看出，接触器主要由三部分组成。

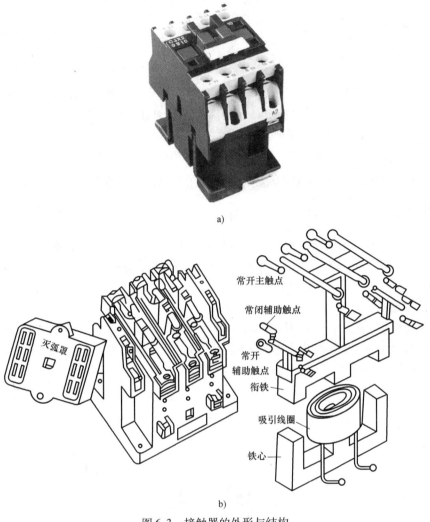

a)

图 6-3　接触器的外形与结构

a）外形　b）结构

（1）触点系统　采用双断点桥式触点结构，一般有三对常开主触点。

（2）电磁系统　包括动、静铁心，吸引线圈和反作用弹簧。

（3）灭弧系统　大容量的接触器（20A 以上）采用缝隙灭弧罩及灭弧栅片灭弧，小容量接触器采用双断口触点灭弧、电动力灭弧、相间弧板隔弧及陶土灭弧罩灭弧。

交流接触器的工作原理：当吸引线圈两端加上额定电压时，动、静铁心间产生大于反作用弹簧弹力的电磁吸力，动、静铁心吸合，带动动铁心上的触点动作，即常闭触点断开，常开触点闭合；当吸引线圈端电压消失后，电磁吸力消失，触点在反弹力作用下恢复常态。

接触器分为主触点和辅助触点，主触点用于主电路流过的大电流（需加灭弧装置），辅助触点则用于控制电路流过的小电流（无需加灭弧装置）。其符号与触点示意如图 6-4 所示。在电气电路中，属于同一器件的线圈和触点用相同的文字表示。目前常用的交流接触器有 CJ12、CJ20 和 3TB 等系列。

接触器技术指标为额定工作电压、电流、触点数目等。如 CJ20 系列主触点额定电流

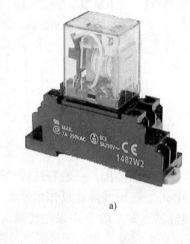

图6-4　接触器的符号与触点

a）线圈　b）主触点　c）常开辅助触点

d）常闭辅助触点

5A、10A、20A、40A、75A、120A 等数种；额定工作电压通常是 220V 或 380V。

6.1.4　继电器

继电器和接触器的结构和工作原理大致相同。主要区别在于：接触器的主触点可以通过大电流；继电器的体积和触点容量小，触点数目多，且只能通过小电流。所以，继电器一般用于控制电路中。

1. 中间继电器

中间继电器通常用于传递信号和同时控制多个电路，也可直接用它来控制小容量电动机或其他电气执行元件。中间继电器触点容量小，触点数目多，用于控制电路。图 6-5 所示为中间继电器的外形和符号。

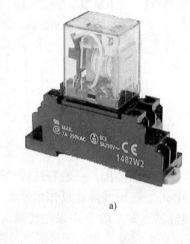

a）

线圈　　　　　常开触点　　　常闭触点

b）

图6-5　中间继电器的外形和符号

a）外观　b）符号

2. 时间继电器

时间继电器是从得到输入信号（线圈通电或断电）起，经过一段时间延时后才动作的继电器，它适用于定时控制。时间继电器分为直流电磁式时间继电器、空气式延时继电器等种类。

其中直流电磁式时间继电器的工作原理为：当衔铁未吸合时，磁路气隙大，线圈电感小，通电后励磁电流很快建立，将衔铁吸合，继电器触点立即改变状态。而当线圈断电时，铁心中的磁通将衰减，磁通的变化将在铜套中产生感应电动势，并产生感应电流，阻止磁通衰减，当磁通下降到一定程度时，衔铁才能释放，触点改变状态。因此继电器吸合时是瞬时动作，而释放时是延时的，故称为断电延时，如图 6-6 所示。

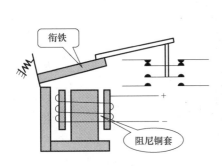

图 6-6　直流电磁式时间继电器结构

图 6-7　时间继电器的外形

图 6-7 和图 6-8 为时间继电器的外形与符号。

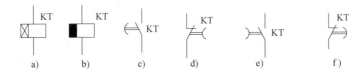

图 6-8　时间继电器的符号

a）通电延时线圈　b）断电延时线圈　c）通电延时闭合触点　d）通电延时断开触点　e）断电延时断开触点　f）断电延时闭合触点

6.1.5　热继电器

热继电器用于电动机的过载保护，图 6-9 为其外观和结构图。

热继电器的工作原理：发热元件接入电动机主电路，若长时间过载，双金属片被加热。因双金属片的下层膨胀系数大，使其向上弯曲，杠杆被弹簧拉回，常闭触点断开(图 6-10)。

6.1.6　行程开关（限位开关）

行程开关用于自动往复控制或限位保护等，其结构与按钮类似，但其动作要由机械撞击产生（如图 6-11）。

a)

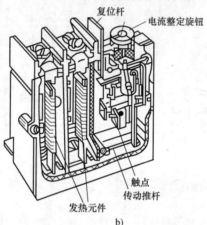

b)

图 6-9　热继电器外观和结构图

a) 外观　b) 结构图

a)

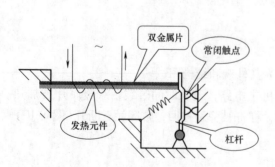

图 6-10　热继电器的工作原理

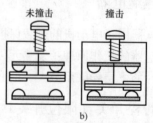

b)

图 6-11　行程开关的外形与工作示意

a) 外观　b) 工作示意

在实际生产中，将行程开关安装在预先安排的位置，当装于生产机械运动部件上的模块撞击行程开关时，行程开关的触点动作，实现电路的切换。因此，行程开关是一种根据运动部件的行程位置而切换电路的电器，它的作用原理与按钮类似。行程开关广泛用于各类机床和起重机械，用以控制其行程、进行终端限位保护。在电梯的控制电路中，还利用行程开关来控制开关轿门的速度、自动开关门的限位，轿厢的上、下限位保护。

行程开关按其结构可分为直动式、滚轮式、微动式和组合式。

6.1.7　自动空气断路器（自动开关）

如图 6-12 为自动空气断路器，它可实现短路、过载、失电压保护，其原理如图 6-13 所示。

图 6-12　自动空气断路器的外观

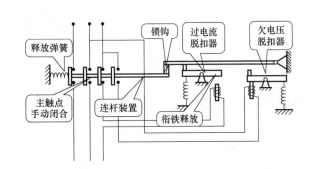

图 6-13　自动空气断路器原理

低压断路器的主触点是靠手动操作或电动合闸的。主触点闭合后，自由脱扣机构将主触点锁在合闸位置上。过电流脱扣器的线圈和热脱扣器的热元件与主电路串联，欠电压脱扣器的线圈和电源并联。当电路发生短路或严重过载时，过电流脱扣器的衔铁吸合，使自由脱扣机构动作，主触点断开主电路。当电路过载时，热脱扣器的热元件发热使双金属片上弯曲，推动自由脱扣机构动作。当电路欠电压时，欠电压脱扣器的衔铁释放。也使自由脱扣机构动作。分励脱扣器则作为远距离控制用，在正常工作时，其线圈是断电的，在需要距离控制时，按下起动按钮，使线圈通电，衔铁带动自由脱扣机构动作，使主触点断开。

6.2　电气图形符号与电气图

6.2.1　电气图的定义与特点

1. 定义

电气图是用来表达设备的电气控制系统的组成、分析控制系统工作原理以及安装、调试、检修控制系统的图。在狭义上来说，电气图是用电气图形符号、带注释的围框或简化外形表示电气系统或设备中组成部分之间相互关系及其连接关系的一种图；从广义上来说，表明两个或两个以上变量之间关系的曲线，用以说明系统、成套装置或设备中各组成部分的相互关系或连接关系，或者用以提供工作参数的表格、文字等，也属于电气图之列。

2. 电气图的特点

1）电气图的作用是阐述电的工作原理，描述产品的构成和功能，提供装接和使用信息的重要工具和手段。

2）简图是电气图的主要表达方式，是用图形符号、带注释的围框或简化外形表示系统或设备中各组成部分之间相互关系及其连接关系的一种图。

3）元器件和连接线是电气图的主要表达内容。一个电路通常由电源、开关设备、用电设备和连接线四个部分组成，如果将电源设备、开关设备和用电设备看成元器件，则电路由元器件与连接线组成，或者说，各种元器件按照一定的次序用连接线连接起来就构成一个电路。

4）元器件和连接线的表示方法通常有以下几种：元器件用于电路图中时，有集中表示法、分开表示法、半集中表示法；元器件用于布局图中时，有位置布局法和功能布局法；接线用于电路图中时，有单线表示法和多线表示法；连接线用于接线图及其他图中时，有连续线表示法和中断线表示法。

5）图形符号、文字符号（或项目代号）是电气图的主要组成部分。一个电气系统或一种电气装置同各种元器件组成，在主要以简图形式表达的电气图中，无论是表示构成、表示功能，还是表示电气接线等，通常用简单的图形符号表示。

6）对能量流、信息流、逻辑流、功能流的不同描述构成了电气图的多样性。一个电气系统中，各种电气设备和装置之间，从不同角度、不同侧面存在着不同的关系：能量流——电能的流向和传递；信息流——信号的流向和传递；逻辑流——相互间的逻辑关系；功能流——相互间的功能关系。

6. 2. 2　电气图用图形符号

1. 图形符号的含义

用于图样或其他文件以表示一个设备或概念的图形、标记或字符。或图形符号是通过书写、绘制、印刷或其他方法产生的可视图形，是一种以简明易懂的方式来传递一种信息，表示一个实物或概念，并可提供有关条件、相关性及动作信息的工业语言。

2. 图形符号的组成

图形符号由一般符号、符号要素、限定符号等组成。

（1）一般符号　表示一类产品或此类产品的一种通常很简单的符号。

（2）符号要素　它具有确定意义的简单图形，必须同其他图形组合以构成一个设备或概念的完整符号。

（3）限定符号　用以提供附加信息的一种加在其他符号上的符号。它一般不能单独使用，但一般符号有时也可用作限定符号。

限定符号的类型：

1）电流和电压的种类。如交、直流电，交流电中频率的范围，直流电正、负极，中性线等。

2）可变性。可变性分为内在的和非内在的。内在的可变性指可变量决定于器件自身的性质,如压敏电阻的阻值随电压而变化。非内在的可变性指可变量由外部器件控制的,如滑线电阻器的阻值是借外部手段来调节的。

3)力和运动的方向。用实心箭头符号表示力和运动的方向。

4)流动方向。用开口箭头符号表示能量、信号的流动方向。

5)特性量的动作相关性。它是指设备、元器件与速写值或正常值等相比较的动作特性,通常的限定符号是 >、<、=、≈ 等。

6)材料的类型。可用化学元素符号或图形作为限定符号。

7)效应或相关性。指热效应、电磁效应、磁致伸缩效应、磁场效应、延时和延迟性等。分别采用不同的附加符号加在元器件一般符号上,表示被加符号的功能和特性。限定符号的应用使得图形符号更具有多样性。

(4)方框符号　表示元器件、设备等的组合及其功能,既不给出元器件、设备的细节,也不考虑所有连接的一种简单图形符号。

3. 图形符号的分类

(1)导线和连接器件　各种导线、接线端子和导线的连接、连接器件、电缆附件等。

(2)无源元件　包括电阻器、电容器、电感器等。

(3)半导体管和电子管　包括二极管、晶体管、晶闸管、电子管、辐射探测器等。

(4)电能的发生和转换　包括绕组、发电机、电动机、变压器、变流器等。

(5)开关、控制和保护装置　包括触点、开关、开关装置、控制装置、电动机起动器、继电器、熔断器、间隙、避雷器等。

(6)测量仪表、灯和信号器件　包括指示计算和记录仪表、热电偶、遥测装置、电钟、传感器、灯、扬声器和铃等。

(7)电信交换和外围设备　包括交换系统、选择器、电话机、电报和数据处理设备、传真机、换能器、记录和播放等。

(8)电信传输　包括通信电路、天线、无线电台及各种电信传输设备。

(9)电力、照明和电信布置　包括发电站、变电站、网络、音响和电视的电缆配电系统、开关、插座引出线、电灯引出线、安装符号等。适用于电力、照明和电信系统和平面图。

(10)二进制逻辑单元　包括组合和时序单元,运算器单元,延时单元,双稳、单稳和非稳单元,位移寄存器、计数器和存储器等。

(11)模拟单元　包括函数器、坐标转换器、电子开关等。

表 6-3 是常见的电气图形符号。

表 6-3　常见的电气图形符号

序号	符号	名称与说明
1	——	直流 注:电压可标注在符号右边,系统类型可标注在左边
2	= = =	直流 注:若上述符号可能引起混乱,也可采用本符号

（续）

序号	符号	名称与说明
3	～	交流 频率或频率范围以及电压的数值应标注在符号的右边,系统类型应标注在符号的左边
	～50Hz	示例1:交流 50Hz
	～100~600Hz	示例2:交流 频率范围 100~600Hz
	380/220V 3N ～ 50Hz	示例3:交流,三相带中性线,50Hz,380V(中性线与相线之间为220V)。3N 可用 3+N 代替
	3N ～ 50Hz/TN-S	示例4:交流,三相,50Hz,具有一个直接接地点且中性线与保护导线全部分开的系统
4	～	低频(工频或亚音频)
5	≈	中频(音频)
6	≋	高频(超音频,载频或射频)
7	⚌	交直流
8	⚌	具有交流分量的整流电流 注:当需要与稳定直流相区别时使用
9	N	中性(中性线)
10	M	中间线
11	+	正极
12	–	负极
13		热效应
14		电磁效应
		过电流保护的电磁操作
15		电磁执行器操作
16		热执行器操作(如热继电器、热过电流保护)
17	Ⓜ--	电动机操作
18		正脉冲
19		负脉冲
20		交流脉冲
21		正阶跃函数
22		负阶跃函数
23		锯齿波
24		接地一般符号
25		无噪声接地(抗干扰接地)
26		保护接地
27		接机壳或接底板

（续）

序号	符号	名称与说明
28		等电位
29		理想电流源
30		理想电压源
31		理想回转器
32		故障（用以表示假定故障位置）
33		闪络、击穿
34		永久磁铁
35		动触点 注：如滑动触点
36		测试点指示 示例点，导线上的测试
37		交换器一般符号/转换器一般符号 注：若变换方向不明显，可用箭头表示在符号轮廓上
38		电机一般符号，符号内的星号必须用下述字母代替： C 旋转交流机　　　　G 发电机 GS 同步发电机　　　　M 电动机 MG 能作为发电机或电动机使用的电机 MS 同步电动机　注：可以加上符号 ⎓ 或 ~ SM 伺服电动机　　　　TG 测速发电机 TM 力矩电动机　　　　IS 感应同步器
39		三相笼型异步电动机
40		三相线绕转子异步电动机
41		并励三相同步变流机
42		直流力矩电动机 步进电机一般符号
43		电机示例： 短分路复励直流发电机，示出接线端子和电刷
44		串励直流电动机
45		并励直流电动机

（续）

序号	符号	名称与说明
46		单相笼型有分相扇子的异步电动机
47		单相交流串励电动机
48		单相同步电动机
49		自整角机一般符号 符号内的星号必须用下列字母代替: CX 控制式自整角发送机　CT 控制式自整角变压器　TX 力矩式自整角发送机　TR 力矩式自整角接收机
50		手动开关一般符号
51		按钮(不闭锁)
52		拉拔开关(不闭锁)
53		旋钮开关、旋转开关(闭锁)
54		位置开关　动合触点 限制开关　动合触点
55		位置开关　动断触点 限制开关　动断触点
56		热敏自动开关　动断触点
57		热继电器　动断触点
58		接触器触点(在非动作位置断开)
59		接触器触点(在非动作位置闭合)
60		操作器件一般符号 注:具有几个绕组的操作器件,可由适当数值的斜线或重复本符号来表示
61		缓慢释放(缓放)继电器的线圈
62		缓慢吸合(缓吸)继电器的线圈
63		缓吸和缓放继电器的线圈
64		快速继电器(快吸和快放)的线圈
65		对交流不敏感继电器的线圈

（续）

序号	符号	名称与说明
66		交流继电器的线圈
67		热继电器的驱动器件
68		熔断器一般符号
69		熔断器式开关
70		熔断器式隔离开关
71		熔断器式负荷开关
72		火花间隙
73		双火花间隙
74		动合（常开）触点　注:本符号也可以用作开关一般符号
75		动断（常闭）触点
76		先断后合的转换触点
77		中间断开的双向触点
78		先合后断的转换触点（桥接）
79		当操作器件被吸合时延时闭合的动合触点
80		有弹性返回的动合触点
81		无弹性返回的动合触点
82		有弹性返回的动断触点
83		左边弹性返回,右边无弹性返回的中间断开的双向触点

（续）

序号	符号	名称与说明
84	☆	指示仪表的一般符号　星号须用有关符号替代,如 A 代表电流表等
85	☆	记录仪表一般符号　星号须用有关符号替代,如 W 代表功率表等
86	V	指示仪表示例:电压表
87	A	电流表
88	A/sinφ	无功电流表
89	var	无功功率表
90	cosφ	功率因数表
91	φ	相位表
92	Hz	频率表
93		检流计
94	N	示波器
95	n	转速表
96	W	记录仪表示例:记录式功率表
97	W | var	组合式记录功率表和无功功率表
98	N	记录式示波器
99	Wh	电度表(瓦特小时计)
100	varh	无功电度表
101	⊗	灯一般符号　信号灯一般符号 注:1. 如果要求指示颜色则在靠近符号处标出下列字母:RD 红、YE 黄、GN 绿、BU 蓝、WH 白 2. 如要指出灯的类型,则在靠近符号处标出下列字母:Ne 氖、Xe 氙、Na 钠 、Hg 汞、I 碘、IN 白炽、EL 电发光、ARC 弧光、FL 荧光、IR 红外线、UV 紫外线、LED 发光二极管
102	⊗	闪光型信号灯
103	⇧	报警笛　报警器
104	优选型 其他型	蜂鸣器

（续）

序号	符号	名称与说明
105		电动器箱
106		电扬声器
107	优选型 其他型	电铃
108		可调压的单相自耦变压器
109		绕组间有屏蔽的双绕组单相变压器
110		在一个绕组上有中心点抽头的变压器
111		耦合可变的变压器
112		三相变压器 星形—三角形联结
113		三相自耦变压器　星形联结
114		单相自耦变压器
115		双绕组变压器 注:瞬时电压的极性可以在形式 Z 中表示 示例:示出瞬时电压极性标记的双绕组变压器 流入绕组标记端的瞬时电流产生辅助磁通
116		三绕组变压器
117		自耦变压器
118		电抗器　扼流圈

6.2.3　常用的电气图

常用的电气图有电气原理图、电器元件布置图、电气安装接线图。

1. 电气原理图

电气原理图是表达电气控制系统的组成和连接关系，主要用来分析控制系统工作原理的电气图。

它有以下规定：

1）主电路、控制电路和其他辅助的信号、照明电路，保护电路一起构成电气控制系统，各电路应沿水平方向独立绘制。

2）电路中所有电器元件均采用国家标准规定的统一符号表示，其触点状态均按常态画出。主电路一般都画在控制电路的左侧或上面，复杂的系统则分图绘制。所有耗能元件（线圈、指示灯等）均画在电路的最下端。其中图形符号应符合 GB 4728《电气图用图形符号》的规定，文字符号应符合 GB 7159—1987《电气设备常用基本文字符号》的规定。

3）沿横坐标方向将原理图划分成若干图区，并标明该区电路的功能。继电器和接触器线圈下方的触点表示用来说明线圈和触点的从属关系。

KM				KM		
2	6	X		主触点所在图区	辅助常开触点所在图区	辅助常闭触点所在图区
2	X	X				
2						

对未使用的触点用"X"表示。

图 6-14 是三相笼型异步电动机可逆运行的电气原理图。

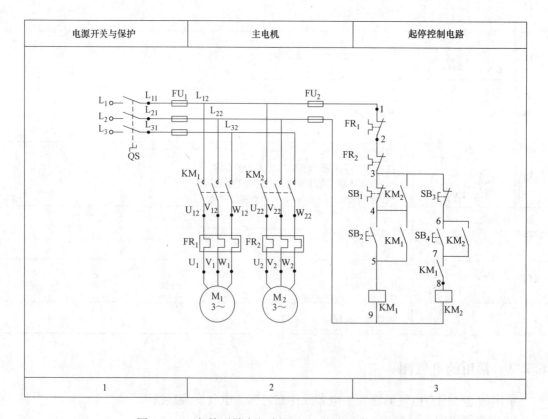

图 6-14　三相笼型异步电动机可逆运行的电气原理图

2. 电器元件布置图

电器元件布置图是表明电气原理图中所有电器元件、电器设备实际位置的电气图，它为电气控制设备的制造、安装提供必要的资料。

它有以下的规定：

1）各电器代号应与有关电路图和电器元件清单上所用的元器件代号相同。

2）体积大的和较重的电器元件应该安装在电气安装板下面，发热元件应安装在电气安装板的上面。

3）经常要维护、检修、调整的电器元件安装位置不宜过高或过低，图中不需要标注尺寸。

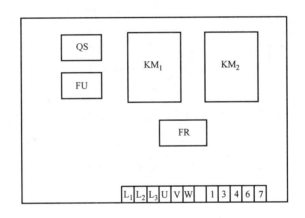

图 6-15　三相异步电动机可逆运行的电器元件布置图

图 6-15 所示为根据图 6-14 而绘制的对应三相异步电动机可逆运行的电器元件布置图。

3. 电气接线图

电气接线图是表明所有电器元件、电器设备连接方式的电气图，它为电气控制设备的安装和检修调试提供必要的资料。

绘制原则：

1）接线图中，各电器元件的相对位置与实际安装的相对位置一致，且所有部件都画在一个按实际尺寸以统一比例绘制的虚线框中。

2）各电器元件的接线端子都有与电气原理图中的相一致编号。

3）接线图中应详细地标明配线用的导线型号、规格、标称面积及连接导线的根数。标明所穿管子的型号、规格等，并标明电源的引入点。

4）安装在电气板内外的电器元件之间需通过接线端子板连线。

图 6-16 中还标注出连接导线的型号、根数、截面积，如 $BVR5 \times 1mm^2$ 为聚氯乙烯绝缘软电线、5 根导线、导线截面积为 $1mm^2$。

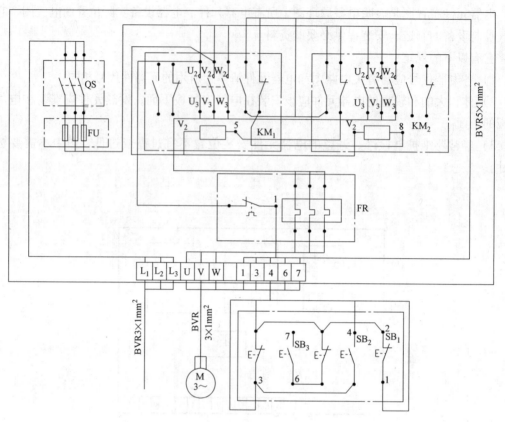

图 6-16　三相笼型异步电动机可逆运行的电气接线

6.3　常见电气控制电路

6.3.1　三相异步电动机的直接起动控制

1. 直接起动控制

三相异步电动机的直接起动控制如图 6-17 所示。

电路的动作原理如下：

合上电源开关 QS

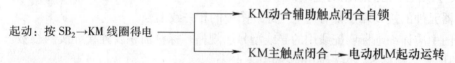

再按起动按钮 SB_2 时，由于接在按钮 SB_2 两端的 KM 动合辅助触点闭合自锁，控制回路仍保持接通，电动机 M 继续运转。

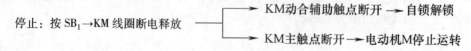

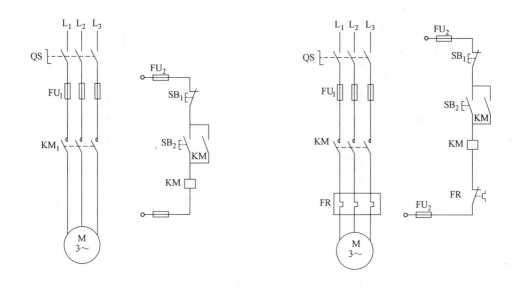

图 6-17 直接起动控制电路   图 6-18 带过载保护直接起动控制电路

2. 具有过载保护的单向旋转控制电路

电动机在运转过程中，如果长期负载过大、或频繁操作等都会引起电动机绕组过热，影响电动机的使用寿命，甚至会烧坏电动机。因此，对电动机要采用过载保护，一般采用热继电器作为过载保护元件，其原理如图 6-18 所示。

线路动作原理如下：

电动机在运行过程中，由于过载或其他原因，使负载电流超过额定值时，经过一定时间，串接在主回路中的热继电器的双金属片因受热弯曲，使串接在控制回路中的动断触点断开，切断控制回路，接触器 KM 的线圈断电，主触点断开，电动机 M 停转，达到了过载保护的目的。

6.3.2 三相异步电动机的正、反转控制

1. 接触器联锁的正反转控制

接触器联锁的正反转控制电路如图 6-19 所示。

线路中采用 KM_1 和 KM_2 两个接触器，当 KM_1 接通时，三相电源的相序按 $L_1—L_2—L_3$ 接入电动机。而当 KM_2 接通时，三相电源按 $L_3—L_2—L_1$ 接入电动机。所以当两个接触器分别工作时，电动机的旋转方向相反。

线路要求接触器 KM_1 和 KM_2 不能同时通电，否则它们的主触点同时闭合，将造成 L_1、L_3 两相电源短路，为此在 KM_1 和 KM_2 线圈各自的支路中相互串接了对方的一副动断辅助触点，以保证 KM_1 和 KM_2 不会同时通电。KM_1 和 KM_2 这两副动断辅助触点在线路中所起的作用称为联锁（或互锁）作用。

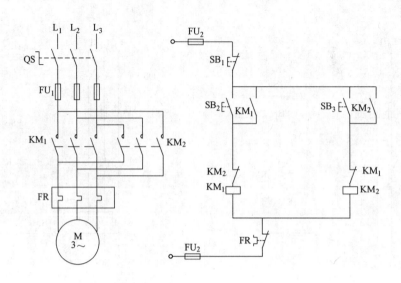

图 6-19　接触器联锁的正反转控制电路

电路的动作原理如下：

合上电源开关 QS

正转控制：

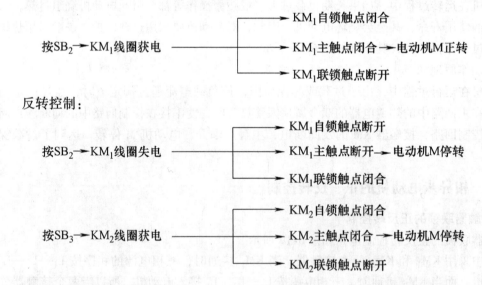

这种线路的缺点是操作不方便，要改变电动机转向，必须先按停止按钮 SB_1，再按反转按钮 SB_3，才能使电动机反转。

2. 按钮联锁的正反转控制

按钮联锁的正反转控制电路如图 6-20 所示。

电路的动作原理如下：

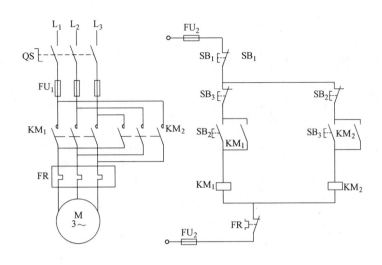

图 6-20　按钮联锁的正反转控制电路

合上电源开关 QS

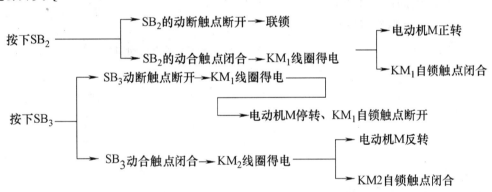

这种电路的优点是操作方便，缺点是易产生短路故障，单用按钮联锁的线路不太安全可靠。

3. 接触器、按钮双重联锁的正反转控制

这种电路安全可靠、操作方便、较常用，动作过程分析略。

6.3.3　三相异步电动机 Y-△ 减压起动控制

电动机 Y-△ 减压起动控制方法只适用于正常工作时定子绕组为三角形（△）联结的电动机。这种方法既简单又经济，使用较为普遍，但其起动转矩只有全压起动时的 1/3，因此，只适用于空载或轻载起动。

1. 手动控制 Y-△ 减压起动

手动控制 Y-△ 减压起动电路如图 6-21 所示。

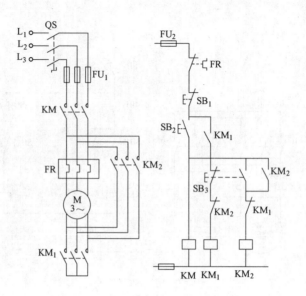

图 6-21　手动控制丫-△减压起动电路

电路的动作原理如下：

电动机丫联结减压起动：

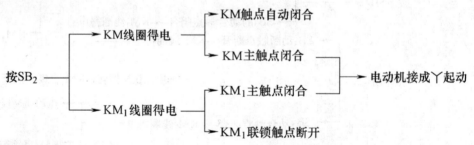

电动机△联结全压运行：

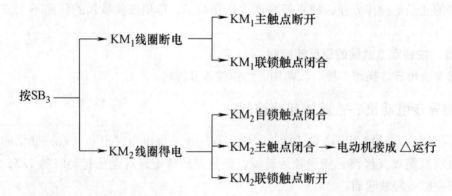

2. 自动控制丫-△减压起动

利用时间继电器可以实现丫-△减压起动的自动控制，典型线路如图 6-22 所示，动作原理分析略。

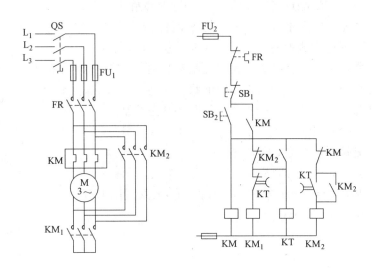

图 6-22　自动控制丫-△减压起动典型电路

6.4　思考与练习

1. 选择题

（1）下列低压电器中不属于低压控制电器的是（　　）

A. 接触器　　B. 继电器　C. 熔断器　D. 主令电器

（2）在机床电气控制系统中，刀开关的主要作用是接通或断开（　　）

A. 电源电路　　B. 主电路　C. 控制电路

（3）低压断路器热脱扣器承担（　　）保护作用

A. 过电流　　　B. 过载　　C. 失电　　　D. 欠电压

（4）低压断路器中的电磁脱扣器承担（　　）保护作用。

A. 过电流　　　B. 过载　　C. 失电　　　D. 欠电压

（5）电气控制电路中起过载保护作用的元件是（　　）

A. 熔断器　　B. 接触器　　C. 热继电器

（6）热继电器使用时热元件应与电动机的定子绕组（　　）连接

A. 串联　　　　　　　　B. 并联

C. 部分串联部分并联　　　D. 断开

（7）下面关于熔丝的正确说法是（　　）

A. 只要在电路中安装熔丝，不论其规格如何都能起到保护作用

B. 选择额定电流小的熔丝，总是有利无弊的。

C. 只有选择适当规格的熔丝，才能保证电路正常工作又能起到保护作用。

D. 可用同样粗细的铜丝代替熔丝。

（8）接触器线圈得电时，触点的动作顺序是（　　）

A. 动合触点先闭合，动断触点后断开　B. 动断触点先断开，动合触点后闭合

C. 动合触点与动断触点同时动作　　　D. 难以确定

（9）绘制电气控制原理图时，所有电路元件的图形符号均按（　　　）

A. 电器已接通电源或没有受外力作用时的状态绘制

B. 电器未接通电源或受外力作用时的状态绘制

C. 电器已接通电源或受外力作用时的状态绘制

D. 电器未接通电源或没有受外力作用时的状态绘制

2. 简要回答以下问题

（1）简述交流接触器的工作原理。

（2）简述热继电器的结构及在使用时注意事项。

（3）绘制出中间继电器动合触点、动断触点及线圈图形符号。

3. 根据图 6-23 回答问题

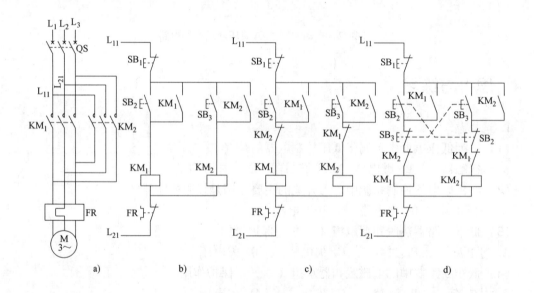

图 6-23　某电路的电气控制

a) 主电路　b) 控制电路　c) 控制电路　d) 控制电路

1）从图中的主电路部分可知，若 KM_1 和 KM_2 分别闭合，则电动机的定子绕组所接两相电源_____不同，结果电动机_____不同。

2）控制电路 b) 由相互独立的_____和_____起动控制电路组成，两者之间没有约束关系，可以分别工作。按下 SB_2，_____得电工作；按下 SB_3，_____得电工作；先后或同时按下 SB_2、SB_3，则_____与_____同时工作，两相电源供电电路被同时闭合的 KM_1 与 KM_2 的主触点_____，这是不能允许的。

3）把接触器的_____相互串联在对方的控制回路中，就使两者之间产生了制约关系。接触器通过_____形成的这种互相制约关系称为_____。

4）控制电路 c）中，_____和_____切换的过程中间要经过_____，显然操作不方便。

5）控制电路 d）利用_____按钮 SB$_2$、SB$_3$ 可直接实现由_____切换成_____，反之亦然。

4. 画出一台电动机起动后，经过一段时间，另一台电动机就能自行起动的控制电路。

5. 画出两台电机能同时起动和同时停止，并能分别起动和分别停止的控制电路原理图。

第7讲 常用半导体器件

【导读】

电阻率介于金属和绝缘体之间并有负的电阻温度系数的物质称为半导体。它是从 1950 年代发展起来的电子器件，具有体积小、质量小、使用寿命长、输入功率小、功率转换效率高等优点。半导体器件中，二极管、晶体管、场效应晶体管和晶闸管等是构成电子线路的基本单元，被广泛应用于各种电子线路中。为了正确和有效地运用半导体器件，相关工程人员必须对常用半导体器件的原理与性能有一个基本的认识。

应知
※掌握半导体的基本知识
※掌握构成各种半导体的 PN 结方式
※理解二极管的结构、工作原理、特性曲线
※掌握半导体晶体管的结构、分类，输入输出特性

应会
☆能判断与检测二极管的好与坏
☆能检测与区分晶体管的三个极性
☆能检索与查找半导体器件的技术参数
☆会选择场效应管晶体管

7.1 半导体的基本知识

7.1.1 本征半导体

半导体的导电能力介于导体和绝缘体之间。用得最多的半导体是锗和硅，都是四价元素。将锗或硅材料提纯后形成的完全纯净、具有完整晶体结构的半导体就是本征半导体，其结构如图 7-1 所示。

半导体的导电能力在不同条件下有很大差别。一般来说，本征半导体相邻原子间存在稳固的共价键，导电能力并不强。但有些半导体在温度增高、受光照等条件下，导电能力会大大增强，利用这种特性可制造热敏电阻、光敏电阻等器件。更重要的是，在本征半导体中掺入微量杂质后，其导电能力就可增加几十万乃至几百万倍，利用这种特性就可制造二极管、晶体管等半导体器件。

半导体的这种与导体和绝缘体截然不同的导电特性是由它的内部结构和导电机理决定的：在半导体价键结构中，价电子（原子的最外层电子）不像在绝缘体（8 价元素）中那样被束缚得很紧，在获得一定能量（温度增高、受光照等）后，即可摆脱原子核的束缚（电子受到激发），成为自由电子时共价键中留下的空位称为空穴，如图 7-2 所示。

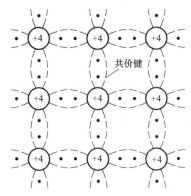

图 7-1 本征半导体结构示意

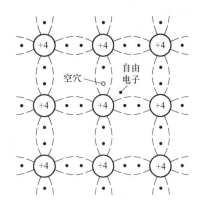

图 7-2 本征半导体中的自由电子和空穴

在外电场的作用下，半导体中将出现两部分电流：一是自由电子作定向运动形成的电子电流，另一是仍被原子核束缚的价电子（不是自由电子）递补空穴形成的空穴电流。也就是说，在半导体中存在自由电子和空穴两种载流子，这是半导体和金属在导电机理上的本质区别。

本征半导体中的自由电子和空穴总是成对出现，同时又不断复合，在一定温度下达到动态平衡，载流子便维持一定数目。温度越高，载流子数目越多，导电性能也就越好。所以，温度对半导体器件性能的影响很大。载流子就是能运载电荷做定向移动并形成电流的粒子。

7.1.2 掺杂半导体

本征半导体中载流子数目极少，导电能力很低。但如果在其中掺入微量的杂质，所形成的杂质半导体的导电性能将大大增强。由于掺入的杂质不同，杂质半导体可以分为 N 型和 P

型两大类。

本征半导体中掺入磷或其他五价元素，就构成 N 型半导体。半导体中的自由电子数目大量增加，自由电子成为多数载流子，空穴则成为少数载流子，如图 7-3 所示。

本征半导体中掺入硼或其他三价元素，就构成 P 型半导体。半导体中的空穴数目大量增加，空穴成为多数载流子，而自由电子则成为少数载流子，如图 7-4 所示。

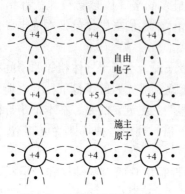

图 7-3　N 型半导体结构示意

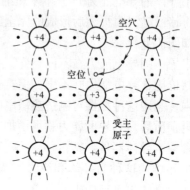

图 7-4　P 型半导体结构示意

应注意，不论是 N 型半导体还是 P 型半导体，虽然都有一种载流子占多数，但整个晶体仍然是不带电的。

7.1.3　PN 结

1. PN 结的形成

通过某些方式将 P 型半导体和 N 型半导体结合在一起，则在它们的交接面上将形成 PN 结。如图 7-5a 所示的是一块晶片，两边分别形成 P 型和 N 型半导体。根据扩散原理，空穴要从浓度高的 P 区向 N 区扩散，自由电子要从浓度高的 N 区向 P 区扩散，并在交界面发生复合（耗尽），形成载流子极少的正负空间电荷区，如图 7-5b 所示，也就是 PN 结，又叫耗尽层。

正负空间电荷在交界面两侧形成一个由 N 区指向 P 区的电场，称为内电场，它对多数载流子的扩散运动起阻挡作用，所以空间电荷区又称为阻挡层。同时，内电场对少数载流子（P 区的自由电子和 N 区的空穴）则可推动它们越过空间电荷区，这种少数载流子在内电场作用下有规则的运动称为漂移运动。

扩散和漂移是相互联系，又是相互矛盾的。在一定条件下（例如温度一定），多数载流子的扩散运动逐渐减弱，而少数载流子的漂移运动则逐渐增强，最后两者达到动态平衡，空间电荷区的宽度基本上稳定下来，PN 结就处于相对稳定的状态。

2. PN 结的单向导电性

PN 结具有单向导电的特性，这也是半导体器件

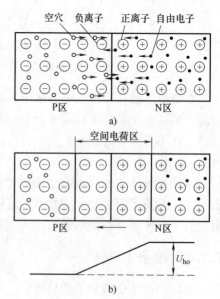

图 7-5　PN 结形成示意

的主要工作机理。

　　如果在 PN 结上加正向电压，外电场与内电场的方向相反，使空间电荷区变窄，内电场被削弱，多数载流子的扩散运动增强，形成较大的扩散电流（由 P 区流向 N 区的正向电流）。在一定范围内，外电场越强，正向电流越大，这时 PN 结呈现的电阻很低，即 PN 结处于导通状态。如图 7-6 所示。

　　如果在 PN 结上加反向电压，外电场与内电场的方向一致，使空间电荷区变宽，内电场增强，使多数载流子的扩散运动难于进行，同时加强了少数载流子的漂移运动，形成由 N 区流向 P 区的反向电流。由于少数载流子数量很少，因此反向电流不大，PN 结的反向电阻很高，即 PN 结处于截止状态，如图 7-7 所示。

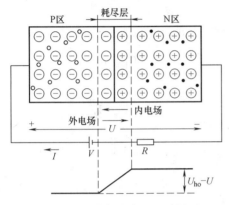

图 7-6　PN 结加正向电压时导通

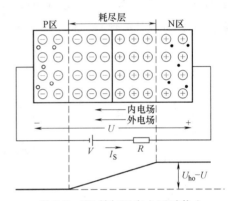

图 7-7　PN 结加反向电压时截止

　　由以上分析可知，PN 结具有单向导电性。

3. PN 结的击穿

　　PN 结处于反向偏置时，在一定的电压范围内，流过 PN 结的电流很小，但电压超过某一数值时，反向电流急剧增加，这种现象我们就称为反向击穿。击穿形式分为两种：雪崩击穿和齐纳击穿。对于硅材料的 PN 结来说，击穿电压 $U > 7V$ 时为雪崩击穿，$U < 4V$ 时为齐纳击穿。在 4V 与 7V 之间，两种击穿都有。

　　由于击穿破坏了 PN 结的单向导电性，因此一般使用时要避免。需要指出的是，发生击穿并不意味着 PN 结烧坏。

7.2　半导体二极管

7.2.1　半导体二极管的结构及类型

1. 二极管的结构

　　把 PN 结用管壳封装，然后在 P 区和 N 区分别向外引出一个电极，即可构成一个二极管。P 型区的引出线称为正极或阳极，N 型区的引出线称为负极或阴极。单向导电性是二极管的重要特性，即正向导通，反向截止。

　　二极管的结构外形及在电路中的文字符号如图 7-8a 所示，在图 7-8b 所示电路符号中，箭头指向为正向导通电流方向。

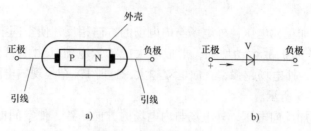

图 7-8　半导体二极管结构示意图及电路符号

2. 二极管的类型

半导体二极管有许多种类。

按材料分为：锗管、硅管和砷化镓管等。

按结构分为：点接触型、面接触型和平面型，如图 7-9 所示。

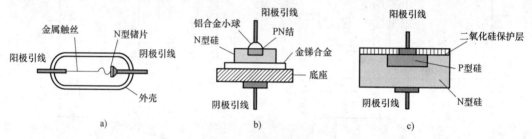

图 7-9　二极管类型

a）点接触型　b）面接触型　c）平面型

点接触型（一般为锗管）结电容小，适合高频电路应用，面接触型（一般为硅管）能通过较大的电流，但结电容较大。适合整流电路应用，平面型可以根据需要制作成各种类型的二极管。

7.2.2　半导体二极管的伏安特性

半导体二极管的核心是 PN 结，它的特性就是 PN 结的特性——单向导电性。常利用伏安特性曲线来形象地描述二极管的单向导电性。若以电压为横坐标，电流为纵坐标，用作图法把电压、电流的对应值用平滑的曲线连接起来，就构成二极管的伏安特性曲线，如图7-10所示（图中虚线为锗管的伏安特性，实线为硅管的伏安特性）。

1. 正向特性

二极管两端加正向电压时，就产生正向电流，当正向电压较小时，正向电流极小（几乎为零），这一部分称为死区，相应的 A（A′）点的电压称为死区电压或门槛电压（也称阈值电压），硅管约为 0.5V，锗管约为 0.1V，如图 7-10 所示的 OA（OA'）段。

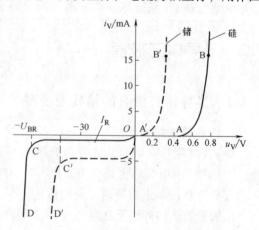

图 7-10　二极管的伏安特性曲线

当正向电压超过门槛电压时，正向电流急剧地增大，二极管呈现很小电阻处于导通状态。硅管的正向导通压降约为 $0.6 \sim 0.7V$，锗管约为 $0.2 \sim 0.3V$，如图 7-10 所示的 AB（A′B′）段。二极管正向导通时，要特别注意它的正向电流不能超过最大值，否则将烧坏 PN 结。

2. 反向特性

二极管两端加上反向电压时，在开始很大范围内，二极管相当于非常大的电阻，反向电流很小，且不随反向电压而变化。此时的电流称为反向饱和电流 I_R，如图 7-10 所示的 OC（OC′）段。

3. 反向击穿特性

二极管反向电压加到一定数值时，反向电流急剧增大，这种现象称为反向击穿。此时对应的电压称为反向击穿电压，用 U_{BR} 表示，如图 7-10 所示的 CD（C′D′）段。

4. 温度对特性的影响

由于二极管的核心是一个 PN 结，它的导电性能与温度有关，温度升高时二极管正向特性曲线向左移动，正向压降减小；反向特性曲线向下移动，反向电流增大。

7.2.3　半导体二极管的主要参数

晶体二极管的参数是评价二极管性能的重要指标，它规定了二极管的适用范围，它是合理选用二极管的依据。晶体二极管的主要参数有最大整流电流、高反向工作电压、反向电流。

1. 最大整流电流 I_{FM}

I_{FM} 是指长期工作时，二极管能允许通过的最大正向平均电流值。实际应用时，流过二极管的平均电流不能超过这个数值，否则，将导致二极管因过热而永久损坏。

2. 最高反向工作电压 U_{RM}

U_{RM} 是指二极管工作时保证其不被击穿所允许施加的最大反向电压，也就是通常所说的耐压值（保证二极管不被击穿所允许加的最大反向电压）。超过此值二极管就有被反向击穿的危险。通常手册上给出的最高反向工作电压 U_{RM} 约为击穿电压 U_{BR} 的一半。

3. 最大反向饱和电流 I_R

I_R 是指二极管未击穿时的反向电流值。此值越小，二极管的单向导电性越好（室温下，二极管加最高反向电压时的反向电流，与温度有关）。I_R 越小，说明二极管的单向导电性能越好。I_R 对温度很敏感，温度增加，反向电流会增加很大。

4. 最高工作频率 f_{max}

f_{max} 指的是二极管单向导电作用开始明显退化的交流信号的频率。二极管在外加高频交流电压时，由于 PN 结的电容效应，单向导电作用退化。

7.2.4　半导体二极管的应用及测试

1. 半导体二极管的应用

1）整流。所谓整流，就是将交流电变成脉动直流电。利用二极管的单向导电性可组成单相和三相整流电路，再经过滤波和稳压，就可以得到平稳的直流电。

2）钳位。利用二极管正向导通时压降很小的特性，可组成钳位电路，在图7-11中，若A点电位为零，则二极管导通，由于其压降很小，故F点的电位也被钳制在A点电位左右，即U_F约等于零。

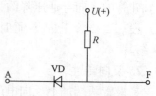

图7-11　二极管钳位电路

3）限幅。利用二极管导通后压降很小且基本不变的特性，可以构成限幅电路，使输出电压幅度限制在某一电压值内。设输入电压$u_i = U_m \sin\omega t$，则输出电压的正向幅度被限制在电源电压U_S值内（图7-12）。

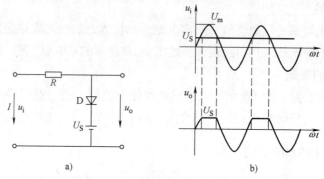

图7-12　二极管限幅电路及波形图

4）二极管门电路。门电路是一种逻辑电路，在输入信号（条件）和输出信号（结果）之间存在着一定的因果关系即逻辑关系。在逻辑电路中，通常用符号0和1来表示两种对立的逻辑状态。用1表示高电平，用0表示低电平，称为正逻辑，反之为负逻辑。

2. 半导体二极管的测试

用万用表测量其正反向电阻值来确定二极管的电极。测量时把万用表置于电阻$R \times 100$挡或$R \times 1k$挡。将万用表两表棒分别接二极管的两个电极，测出电阻值；然后更换二极管的电极，再测出电阻值。电阻值很小的那次测量，万用表的黑表笔相接的电极为二极管的正极，红表笔相接的电极为二极管的负极。

注意： 使用二极管时，必须注意极性不能接反，否则电路非但不能正常工作，还有毁坏管子和其他元件的可能。

7.2.5　特殊二极管

1. 整流二极管

整流二极管用于整流电路，把交流电换成脉动的直流电。采用面接触型，结电容较大，故一般工作在3kHz以下，如图7-13所示。

也有专门用于高压、高频整流电路的高压整流堆。

2. 稳压二极管

稳压二极管是一种特殊的面接触型二极管，其特性和普通二极管类似，但它的反向击穿是可逆的，不会发生"热击穿"，而且其反向击穿后的特性曲线比较陡直，即反向电压基本不随反向电流变化而变化，这就是稳压二极管的稳压特性。稳压二极管的主要参数为稳压值U_Z和最大稳定电流I_{Zmax}，稳压值U_Z一般取反向击穿电压。图7-14a是稳压二极管电路。

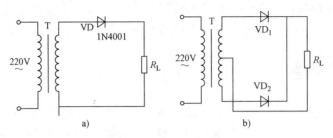

图 7-13　整流二极管电路

a）整流二极管半波电路　b）整流二极管全波电路

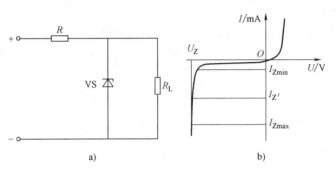

图 7-14　稳压二极管电路和稳压二极管 U-I 特性

a）稳压二极管电路　b）伏安特性图

3. 变容二极管

变容二极管一般工作于反偏状态，改变其 PN 结上的反向偏压，即可改变 PN 结电容量。反向偏压越高，结电容则越少。电压变大电容就变小，在高频自动调谐电路中，用电压去控制变容二极管，从而控制电路的谐振频率。自动选台的电视机就要用到这种电容。

4. 发光二极管

发光二极管能把电能转化为光能，发光二极管正向导通时能发出红、绿、蓝、黄及红外光，可用做指示灯和微光照明。可以用直流、交流（要考虑反向峰值电压是否会超过反向击穿电压）、脉动电流驱动。一般发光二极管的正向电阻较小，图 7-15 所示为几种发光二极管和驱动电路，改变 R 的大小就可改变发光二极管的亮度。

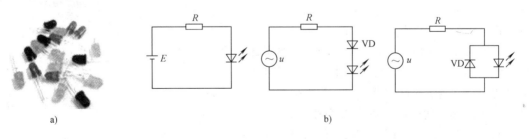

图 7-15　几种发光二极管和驱动电路

5. 光电二极管

光电二极管和发光二极管同样是由一个 PN 结构成，但它的结面积较大，可接收入射光。其 PN 结接反向电压时，在一定频率光的照射下，反向电阻会随光强度的增大而变小，反向电流增大。光电二极管在光通信中可作为光电转换器件，它总是工作在反向偏置状态。

7.3　半导体晶体管

晶体管最基本的作用是放大作用，是组成各电子电路的核心器件。它可以把微弱的电信号变成一定强度的信号，转换仍然遵循能量守恒，能够把电源的能量转换成信号的能量。

7.3.1　半导体晶体管的基本结构和类型

1. 晶体管的结构

晶体管是由三层杂质半导体构成的器件，由于这类晶体管内部的电子载流子和空穴载流子同时参与导电，故称为双极型晶体管。它有三个电极，所以又称为半导体晶体管、晶体晶体管等，也简称为晶体管。

晶体管内含两个 PN 结，三个导电区域。两个 PN 结分别称作发射结和集电结，发射结和集电结之间为基区。从三个导电区引出三根电极，分别为集电极 c、基极 b 和发射极 e（图 7-16、图 7-17）。

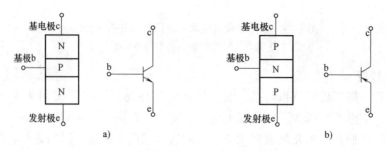

图 7-16　晶体管的结构示意与电路符号
a）NPN 型　b）PNP 型

（1）晶体管实现电流放大作用的内部结构条件

发射区掺杂浓度很高，以便有足够的载流子供"发射"；为减少载流子在基区的复合机会，基区做得很薄，一般为几个微米，且掺杂浓度较发射极低；集电区体积较大，且为了顺利收集边缘载流子，掺杂浓度很低。

可见双极型晶体管并非是两个 PN 结的简单组合，而是利用一定的掺杂工艺制作而成。因此，绝不能用两个二极管来代替，使用时也决不允许把发射极和集电极接反。

图 7-17　晶体管的实物图

（2）晶体管实现放大作用的外部条件

晶体管实现放大作用的外部条件是发射结电压正向偏置，集电结电压反向偏置。

2. 晶体管类型

晶体管的类型包括：按结构不同分为 NPN 型和 PNP 型；按材料不同分为硅管和锗管；按照功率不同分为大、中、小功率管等；按照工作频率不同分为高频管、低频管等；按照封装形式有金属封装、玻璃封装和塑料封装等。

7.3.2 半导体晶体管的电流分配关系和放大作用

晶体管的发射结加正向电压，集电结反向电压，只有这样才能保证晶体管工作在放大状态。

其特点包括如下：

1）基极电流 I_B、集电极电流 I_C 与发射极电流 I_E 符合基尔霍夫电流定律。

$$即：I_E = I_B + I_C$$

2）发射极电流 I_E 和集电极电流 I_C 几乎相等，但远远大于基极电流 I_B。

$$即：I_E \approx I_C \gg I_B$$

3）晶体管有电流放大作用，体现在基极电流的微小变化会引起集电极电流较大的变化。

7.3.3 半导体晶体管的特性曲线

晶体管伏安特性曲线是描述晶体管各极电流与极间电压关系的曲线，它对于了解晶体管的导电特性非常有用。

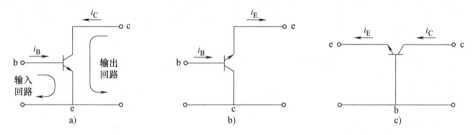

图 7-18　晶体管的三种基本接法
a）共发射极　b）共集电极　c）共基极

晶体管有三个电极，通常用其中两个分别作输入、输出端，第三个作公共端，这样可以构成输入和输出两个回路。实际中，有图 7-18 所示的三种基本接法，分别称为共发射极、共集电极和共基极接法。其中，共发射极接法更具代表性，所以我们主要讨论共发射极伏安特性曲线。晶体管特性曲线包括输入和输出两组特性曲线。这两组曲线可以在晶体管特性图示仪的屏幕上直接显示出来，也可以用图 7-19 电路逐点测出：

1. 共发射极输入特性曲线

共射输入特性曲线是以 u_{CE} 为参变量时，i_B 与 u_{BE} 间的关系曲线，即典型的共发射极输入特性曲线，如图 7-20 所示。

1）在 $U_{CE} \geq 1V$ 的条件下，当 $u_{BE} < U_{BE(on)}$ 时，$i_B \approx 0$。$U_{BE(on)}$ 为晶体管的导通电压或死区电压，硅管约为 $0.5 \sim 0.6V$，锗管约为 $0.1V$。当 $u_{BE} > U_{BE(on)}$ 时，随着 u_{BE} 的增大，i_B 开始按指数规律增加，而后近似按直线上升；

2）当 $U_{CE} = 0$ 时，晶体管相当于两个并联的二极管，所以 b，e 间加正向电压时，i_B 很大。对应的曲线明显左移；

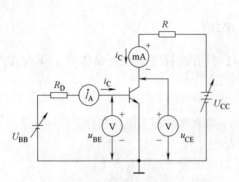

图 7-19　共发射极特性曲线测量电路

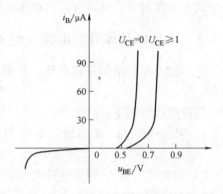

图 7-20　共发射极输入特性曲线

3）当 U_{CE} 在 0～1V 之间时，随着 U_{CE} 的增加，曲线右移。特别在 $0 < U_{CE} \leqslant U_{CE(sat)}$ 的范围内，即工作在饱和区时，移动量会更大些；

4）当 $U_{CE} < 0$ 时，晶体管截止，i_B 为反向电流。若反向电压超过某一值时，e 结也会发生反向击穿。

2. 共发射极输出特性曲线

共射输出特性曲线是以 i_B 为参变量时，i_C 与 u_{CE} 间的关系曲线。典型的共射输出特性曲线如图 7-21 所示。由图可见，输出特性可以划分为三个区域，对应于三种工作状态。现分别讨论如下：

（1）截止区　$I_B = 0$ 发射结零偏或反偏，集电结也反向偏置。

（2）放大区　e 结为正偏，c 结为反偏的工作区域为放大区。由图 7-21 可以看出，在放大区有以下两个特点：

1）基极电流 i_B 对集电极电流 i_C 有很强的控制作用，即 i_B 有很小的变化量 ΔI_B 时，i_C 就会有很大的变化量 ΔI_C。为此，用共发射极交流电流放大系数 β 来表示这种控制能力。β 定义为

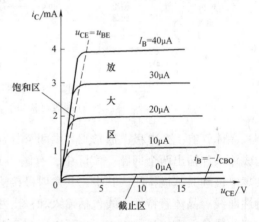

图 7-21　共发射极输出特性曲线

$$\beta = \frac{\Delta I_C}{\Delta I_B}\bigg|_{u_{CE}} = 常数$$

反映在特性曲线上，为两条不同 I_B 曲线的间隔。

2）u_{CE} 变化对 I_C 的影响很小。在特性曲线上表现为 i_B 一定而 u_{CE} 增大时，曲线略有上翘（i_C 略有增大）。这是因为 u_{CE} 增大，c 结反向电压增大，使 c 结展宽，所以有效基区宽度变窄，这样基区中电子与空穴复合的机会减少，即 i_B 要减小。而要保持 i_B 不变，所以 i_C 将略有增大。这种现象称为基区宽度调制效应，或简称基调效应。从另一方面看，由于基调效应很微弱，u_{CE} 在很大范围内变化时 I_C 基本不变。因此，当 I_B 一定时，集电极电流具有恒流特性。

（3）饱和区　e 结和 c 结均处于正偏的区域为饱和区。通常把 $u_{CE} = u_{BE}$（即 c 结零偏）的情况称为临界饱和，对应点的轨迹为临界饱和线。

3. 温度对晶体管特性曲线的影响

温度对晶体管的 u_{BE}、I_{CBO} 和 β 有不容忽视的影响。其中，u_{BE}、I_{CBO} 随温度变化的规律与 PN 结相同，即温度每升高 1℃，u_{BE} 减小 2~2.5mV；温度每升高 10℃，I_{CBO} 增大一倍。温度对 β 的影响表现为，β 随温度的升高而增大，变化规律是：温度每升高 1℃，β 值增大 0.5%~1%（即 $\Delta\beta/\beta T \approx (0.5 \sim 1)\%/℃$）。

【例 7.1】 用直流电压表测得放大电路中晶体管 T_1 各电极的对地电位分别为 $U_x = 10V$，$U_y = 0V$，$U_z = 0.7V$，T_2 管各电极电位 $U_x = 0V$，$U_y = -0.3V$，$U_z = -5V$，试判断 T_1 和 T_2 各是何类型、何材料的管子，x、y、z 各是何电极？

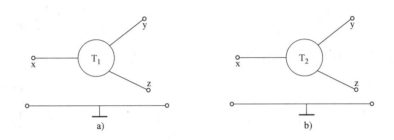

图 7-22　例 7.1 图

a）晶体管 T_1 各电极对地电位　b）晶体管 T_2 各电极对地电位

解： 根据工作在放大区中晶体管三极之间的电位关系，首先分析出三电极的最高或最低电位，确定为集电极，而电位差为导通电压的就是发射极和基极。根据发射极和基极的电位差值判断管子的材质。

1）在图 7-22a 中，z 与 y 的电压为 0.7V，可确定为硅管，因为 $U_x > U_z > U_y$，，所以 x 为集电极，y 为发射极，z 为基极，满足 $U_C > U_B > U_E$ 的关系，管子为 NPN 型。

2）在图 7-22b 中，x 与 y 的电压为 0.3V，可确定为锗管，又因 $U_z < U_y < U_x$，，所以 z 为集电极，x 为发射极，y 为基极，满足 $U_C < U_B < U_E$ 的关系，管子为 PNP 型。

7.3.4　半导体晶体管的主要参数

1. 电流放大倍数 β

电流放大倍数是表示晶体管的电流放大能力的参数。常用晶体管的 β 值一般在 20~200。

2. 集电极最大允许电流 I_{CM}

I_{CM} 一般指 β 下降到正常值的 2/3 时所对应的集电极电流。当 $i_C > I_{CM}$ 时，虽然管子不至于损坏，但 β 值已经明显减小。因此，晶体管线性运用时，i_C 不应超过 I_{CM}。

3. 集电极最大允许耗散功率 P_{CM}

晶体管工作在放大状态时，c 结承受着较高的反向电压，同时流过较大的电流。因此，在 c 结上要消耗一定的功率，从而导致 c 结发热，结温升高。当结温过高时，管子的性能下降，甚至会烧坏管子，因此需要规定一个功耗限额。

P_{CM} 与管芯的材料、大小、散热条件及环境温度等因素有关。一个管子的 P_{CM} 如已确定，则由 $P_{CM} = I_{CM} \cdot U_{CE}$ 可知，P_{CM} 在输出特性上为一条 I_C 与 U_{CE} 乘积为定值 P_{CM} 的双曲线，称为 P_{CM} 功耗线。如图 7-23 所示。

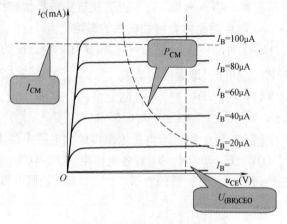

图 7-23　晶体管的安全工作区

4. 击穿电压

$U_{(BR)CBO}$ 指发射极开路时，集电极-基极间的反向击穿电压；$U_{(BR)CEO}$ 指基极开路时，集电极-发射极间的反向击穿电压。$U_{(BR)CEO} < U_{(BR)CBO}$，$U_{(BR)EBO}$ 指集电极开路时，发射极-基极间的反向击穿电压。普通晶体管的电压值比较小，只有几伏。

【**例 7.2**】　图 7-24 所示晶体管均为硅管，$\beta = 30$，试分析各晶体管的工作状态。

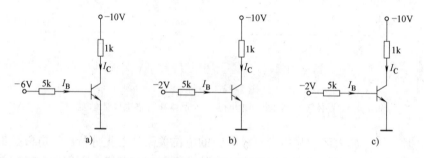

图 7-24　例 7.2 图

解：（1）因为基极偏置电源 6V 大于管子的导通电压，故管子的发射结正偏，管子导通，基极电流：

$$I_B = \frac{6 - 0.7}{5} = \frac{5.3}{5} = 1.06\text{mA}$$

$$I_C = \beta I_B = 30 \times 1.06 = 31.8\text{mA}$$

临界饱和电流　　　　　$$I_{CS} = \frac{10 - U_{CES}}{1} = 10 - 0.7 = 9.3\text{mA}$$

因为 $I_C > I_{CS}$，所以管子工作在饱和区。

（2）因为基极偏置电源 –2V 小于管子的导通电压，管子的发射结反偏，管子截止，所以管子工作在截止区。

（3）因为基极偏置电源 +2V 大于管子的导通电压，故管子的发射结正偏，管子导通，基极电流：

$$I_B = \frac{2 - 0.7}{5} = \frac{0.3}{5} = 0.26\text{mA}$$

$$I_C = \beta I_B = 30 \times 0.26 = 7.8 \text{mA}$$

临界饱和电流 $\quad\quad I_{CS} = \dfrac{10 - U_{CES}}{1} = 10 - 0.7 = 9.3 \text{mA}$

因为 $I_C < I_{CS}$，所以管子工作在放大区。

7.3.5 半导体晶体管的测试及应用

1. 晶体管的测试

可以用万用表对晶体管的电极好坏作大致的判断。无论是基极和集电极之间的正向电阻，还是基极与发射极之间的正向电阻，都在几千欧姆到十几千欧姆的范围内，而反向电阻则趋近于无穷大。若测出的电阻无论正反向电阻值均为零，说明此晶体管内部已短路；若测出的电阻无论正反向电阻值均为无穷大，说明此晶体管内部已断路，晶体管已损坏。

测量判断方法：用万用表的黑表笔接触某一管脚，用红表笔分别接触另外两个管脚，如果两次测得的阻值都很小，则黑表笔接触的那一个管脚就是基极，同时可知此晶体管是 NPN 型；若用万用表的红表笔接触某一管脚，用黑表笔分别接触另外两个管脚，如果两次测得的阻值都很小，则红表笔接触的那一个管脚就是基极，同时可知此晶体管是 PNP 型。当基极确定后（以 NPN 型晶体管为例），假设剩余的两个管脚中的一个为集电极，另一个为发射极。用手捏住假设的集电极和基极，将黑表笔接到假设集电极管脚上，红表笔接到假设的发射极管脚上，观察表针的指示，并记住此时的电阻值。然后交换红黑表笔的位置，做同样的测量记录，比较两次读数的大小，读数小的一次假设是正确的。

2. 晶体管的应用

半导体晶体管是电子电路的核心器件，应用十分广泛。晶体管可以组成运算放大电路、功率放大电路、振荡电路、反相器和数字逻辑电路等，在电路中的作用可归纳为放大应用和开关应用两大类。在模拟电子电路中，晶体管主要工作于放大状态；在数字电子电路中，晶体管工作于截止状态和饱和状态。

7.3.6 晶体管的型号命名

晶体管的型号命名与二极管的型号命名类似，同样有四部分组成，型号命名及意义见表 7-1 所示。

表 7-1 晶体管的型号命名及意义

第一部分		第二部分		第三部分		第四部分
用阿拉伯数字表示 器件电极数目		用汉语拼音字母 表示器件的材料和极性		用汉语拼音字母 表示器件的类型		用阿拉伯数字表示序号
符号	意义	符号	意义	符号	意义	意义
3	晶体管	A B C D	PNP 型锗材料 NPN 型锗材料 PNP 型硅材料 NPN 型硅材料	X G D A T	低频小功率管 高频小功率管 低频大功率管 高频大功率管 可控整流器	如前三部分相同， 仅第四部分不同， 则表示某些性能上有差异

注：如 3AG11 为锗材料 PNP 型高频小功率晶体管。

7.4　晶闸管

7.4.1　晶闸管

晶体闸流管简称晶闸管，也称为晶闸管整流器件（SCR），是由三个 PN 结构成的一种大功率半导体器件。在性能上，晶闸管不仅具有单向导电性，而且还具有比硅整流元件更为可贵的可控性，它只有导通和关断两种状态。

晶闸管的优点很多，例如：以小功率控制大功率，功率放大倍数高达几十万倍；反应极快，在微秒级内开通、关断；无触点运行，无火花、无噪声；效率高，成本低等。因此，特别是在大功率 UPS 供电系统中，晶闸管在整流电路、静态旁路开关、无触点输出开关等电路中得到广泛的应用。

7.4.2　普通晶闸管的结构和工作原理

1. 普通晶闸管的结构

晶闸管是 PNPN 四层三端器件，共有三个 PN 结。分析原理时，可以把它看作是由一个 PNP 型管和一个 NPN 型管所组成，其等效图解如图 7-25 所示，其外观与符号如图 7-26 所示。

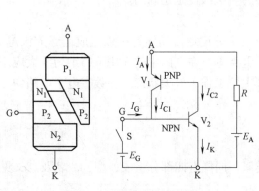

图 7-25　晶闸管等效图解

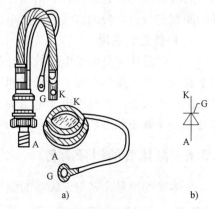

图 7-26　晶闸管的外观与符号
a）外观　b）符号

2. 晶闸管的工作过程

晶闸管是四层三端器件，它有 J_1、J_2、J_3 三个 PN 结，可以把它中间的 NP 分成两部分，构成一个 PNP 型晶体管和一个 NPN 型晶体管的复合管。

当晶闸管承受正向阳极电压时，为使晶闸管导通，必须使承受反向电压的 PN 结 J_2 失去阻挡作用。每个晶体管的集电极电流同时就是另一个晶体管的基极电流。因此是两个互相复合的晶体管电路，当有足够的门极电流 I_g 流入时，就会形成强烈的正反馈，造成两晶体管饱和导通。

设 PNP 型管和 NPN 型管的集电极电流分别为 I_{C1} 和 I_{C2}，发射极电流相应为 I_a 和 I_k，电

流放大系数相应为 $\alpha_1 = I_{C1}/I_a$ 和 $\alpha_2 = I_{C2}/I_k$，设流过 J_2 结的反相漏电流为 I_{CO}，晶闸管的阳极电流等于两管的集电极电流和漏电流的总和：

$$I_a = I_{C1} + I_{C2} + I_{CO}$$

$$= \alpha_1 I_a + \alpha_2 I_k + I_{CO} \tag{7-1}$$

若门极电流为 I_g，则晶闸管阴极电流为：$I_k = I_a + I_g$。

因此，可以得出晶闸管阳极电流为：

$$I_a = \frac{I_{CO} + \alpha_2 I_g}{1 - (\alpha_1 + \alpha_2)} \tag{7-2}$$

硅 PNP 管和硅 NPN 管相应的电流放大系数 α_1 和 α_2 随其发射极电流的改变而急剧变化。当晶闸管承受正向阳极电压，而门极未接受电压的情况下，式（7-2）中 $I_g = 0$，（$\alpha_1 + \alpha_2$）很小，故晶闸管的阳极电流 $I_a \approx I_{CO}$，晶闸管处于正向阻断状态；当晶闸管在正向门极电压下，从门极 G 流入电流 I_g，由于足够大的 I_g 流经 NPN 型管的发射结，从而提高放大系数 α_2，产生足够大的集电极电流 I_{C2} 流过 PNP 型管的发射结，并提高了 PNP 型管的电流放大系数 α_1，产生更大的集电极电流 I_{C1} 流经 NPN 型管的发射结，这样强烈的正反馈过程迅速进行。

当 α_1 和 α_2 随发射极电流增加而使得 （$\alpha_1 + \alpha_2$）≈ 1 时，式（7-2）中的分母 $1 - (\alpha_1 + \alpha_2) \approx 0$，因此提高了晶闸管的阳极电流 I_a。这时，流过晶闸管的电流完全由主回路的电压和回路电阻决定，晶闸管已处于正向导通状态。晶闸管导通后，式（7-2）中 $1 - (\alpha_1 + \alpha_2) \approx 0$，即使此时门极电流 $I_g = 0$，晶闸管仍能保持原来的阳极电流 I_a 而继续导通，门极已失去作用。在晶闸管导通后，如果不断地减小电源电压或增大回路电阻，使阳极电流 I_a 减小到维持电流 I_H 以下时，由于 α_1 和 α_2 迅速下降，晶闸管恢复到阻断状态。

3. 晶闸管的工作条件

由于晶闸管只有导通和关断两种工作状态，所以它具有开关特性，这种特性需要一定的条件才能转化。

1）晶闸管承受反向阳极电压时，无论门极承受何种电压，晶闸管都处于关断状态。

2）晶闸管承受正向阳极电压时，仅在门极承受正向电压的情况下晶闸管才导通。

3）晶闸管在导通情况下，只要有一定的正向阳极电压，无论门极电压如何，晶闸管保持导通，即晶闸管导通后，门极失去作用。

4）晶闸管在导通情况下，当主回路电压（或电流）减小到接近于零时，晶闸管关断。

7.4.3 晶闸管的伏安特性

晶闸管阳极 A 与阴极 K 之间的电压与晶闸管阳极电流之间关系称为晶闸管伏安特性，如图 7-27 所示。正向特性位于第一象限，反向特性位于第三象限。

1. 反向特性

当门极 G 开路，阳极加上反向电压时（见图 7-28a），J_2 结正偏，但 J_1、J_2 结反偏。此

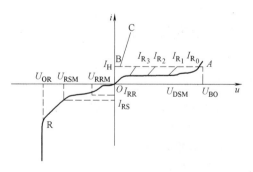

图 7-27 晶闸管伏安特性参数示意

时只能流过很小的反向饱和电流，当电压进一步提高到 J_1 结的雪崩击穿电压后，同时 J_3 结也击穿，电流迅速增加，如图 7-27 的特性曲线 OR 段开始弯曲，弯曲处的电压 U_{OR} 称为"反向转折电压"。此后，晶闸管会发生永久性反向击穿。

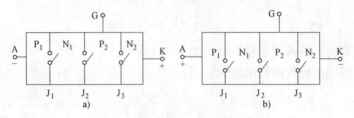

图 7-28　阳极加反向、正向电压
a）阳极加反向电压　b）阳极加正向电压

2. 正向特性

当门极 G 开路，阳极 A 加上正向电压时（见图 7-28b），J_1、J_3 结正偏，但 J_2 结反偏，这与普通 PN 结的反向特性相似，也只能流过很小电流，这叫正向阻断状态，当电压增加，如图 7-27 的特性曲线 OA 段开始弯曲，弯曲处的电压 U_{BO} 称为"正向转折电压"。

由于电压升高到 J_2 结的雪崩击穿电压后，J_2 结发生雪崩倍增效应，在结区产生大量的电子和空穴，电子进入 N_1 区，空穴进入 P_2 区。进入 N_1 区的电子与由 P_1 区通过 J_1 结注入 N_1 区的空穴复合。同样，进入 P_2 区的空穴与由 N_2 区通过 J_3 结注入 P_2 区的电子复合，雪崩击穿后，进入 N_1 区的电子与进入 P_2 区的空穴各自不能全部复合掉。这样，在 N_1 区就有电子积累，在 P_2 区就有空穴积累，结果使 P_2 区的电位升高，N_1 区的电位下降，J_2 结变成正偏，只要电流稍有增加，电压便迅速下降，出现所谓负阻特性，见图 7-27 中的虚线 AB 段。这时 J_1、J_2、J_3 三个结均处于正偏，晶闸管便进入正向导电状态——通态，此时，它的特性与普通的 PN 结正向特性相似，如图 7-27 的 BC 段。

3. 触发导通

在门极 G 上加入正向电压时（图 7-29），因 J_3 正偏，P_2 区的空穴进入 N_2 区，N_2 区的电子进入 P_2 区，形成触发电流 I_{GT}。在晶闸管的内部正反馈作用（图 7-29）的基础上，加上 I_{GT} 的作用，使晶闸管提前导通，导致图 7-27 中的伏安特性 OA 段左移，I_{GT} 越大，特性左移越快。

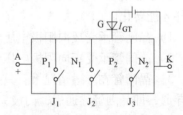

图 7-29　阳极和门极均加正向电压

7.4.4　晶闸管的主要参数

1. 断态重复峰值电压 U_{DRM}

门极开路，重复率为每秒 50 次，每次持续时间不大于 10ms 的断态最大脉冲电压，$U_{DRM} = 90\% U_{DSM}$，U_{DSM} 为断态不重复峰值电压。U_{DSM} 应比 U_{BO} 小，所留的余量由生产厂家决定。

2. 反向重复峰值电压 U_{RRM}

其定义与 U_{DRM} 相似，$U_{RRM} = 90\% U_{RSM}$，U_{RSM} 为反向不重复峰值电压。

3. 额定电压

选 U_{DRM} 和 U_{RRM} 中较小的值作为额定电压，选用时额定电压应为正常工作峰值电压的 2～3 倍，应能承受经常出现的过电压。

7.4.5　晶闸管的判别

1. 晶闸管电极的判别

塑封式普通晶闸管等可用万用表 $R \times 100$ 挡或 $R \times 1k$ 挡来测任意两脚的正向电阻，当某次测量得的数值最小时（约为几十欧），此时黑表笔对应的是门极，红表笔对应的是阴极，余下的为阳极。

2. 晶闸管好坏的判别

用万用表粗测其好坏的方法是：测量各极之间的正反向电阻的大小。好的管子，用表的 $R \times 1k$ 挡测量阳极与阴极间的正反电阻都很大，约几百千欧。用表的 $R \times 10$ 或 $R \times 100$ 挡测量门极与阴极间的正反向电阻，二者应有明显差别。

7.5　场效应晶体管

双极型晶体管放大工作时，其输入回路的 PN 结必须处于正向偏置，因此输入电阻很低，这是晶体管的一个严重缺点。场效应晶体管（简称 FET）属于单极型晶体管，它是利用电场来控制管内电流，输入端的 PN 结工作于反向偏置或输入端处于绝缘状态，具有输入电阻高（108～109Ω）、噪声小、功耗低、动态范围大、易于集成、没有二次击穿现象、安全工作区域宽等优点，现已成为双极型晶体管的强大竞争者。场效应晶体管按结构分为结型场效应晶体管（JFET）和金属-氧化物-半导体场效应晶体管（MOSFET）两类。

7.5.1　结型场效应晶体管

1. 结型场效应晶体管的结构和符号

结型场效应晶体管是利用半导体内的电场效应工作的，分 N 沟道和 P 沟道两种。在同一块 N 型半导体上制作两个高掺杂的 P 区。并将它们连在一起，所引出的电极叫栅极 G，N 型半导体的两端分别引出两个电极，一个称为漏极 D，一个称为源极 S。P 区和 N 区的交界面形成耗尽层，漏极和源极间的非耗尽层区域称为导电沟道。由于 D、S 间存在电流通道，故称为 N 沟道结型场效应晶体管。P 沟道结型场效应晶体管是在一块 P 型半导体的两侧分别扩散出两个 N 型区，结构与 N 沟道型类似。它们的结构和电路符号如图 7-30 所示。

2. 结型场效应晶体管的工作原理

（1）在栅-源间加负电压 E_G　令 $E_D = 0$　当 $E_G = 0$ 时，为平衡 PN 结，耗尽层最窄，导电沟道最宽；当 $E_G \uparrow$ 时，PN 结反偏，耗尽层变宽，导电沟道变窄，沟道电阻增大，如图 7-31a 所示；当 $E_G \uparrow$ 到一定值时，沟道会完全合拢，沟道电阻无穷大，此时 E_G 的值为夹断电压，如图 7-31b 所示。因此，栅-源电压控制沟道电阻，进而改变漏极 D 与源极 S 之间的电流（如同漏斗一样，控制漏斗的口径，改变通过漏斗孔的流量）。

（2）在栅-源间加负电压 E_G　令 $E_D \neq 0$　E_D 的存在，使得漏极 D 附近的电位高，而源极 S 附近的电位低，即沿 N 型导电沟道从漏极到源极形成一定的电位梯度，这样靠近漏极

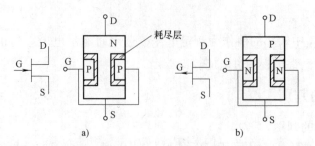

图 7-30　结型场效应晶体管的结构和符号

a）N 沟道　b）P 沟道

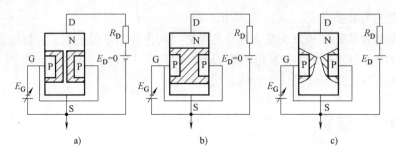

图 7-31　栅-源电压对沟道的控制作用

a）耗尽层变宽　b）导电通道被耗尽层夹断　c）$E_D \neq 0$ 导电通道呈楔形

附近的 PN 结所加的反向偏置电压大，耗尽层宽；靠近源极附近的 PN 结反偏电压小，耗尽层窄，导电沟道成为一个楔形。

3. 结型场效应晶体管的特性曲线

（1）转移特性曲线　转移特性曲线是在一定的漏-源电压 U_{DS} 下，栅-源电压 U_{GS} 与漏极电流 I_D 之间的关系。当 $U_{GS} = 0V$ 时，此时的 I_D 称为饱和漏极电流 I_{DSS}，使 I_D 接近于零的栅极电压称为夹断电压 $U_{GS(off)}$，如图 7-32a 所示。

$$I_D = I_{DSS}(1 - U_{GS}/U_P)^2 \quad （当 U_P \leq U_{GS} \leq 0）$$

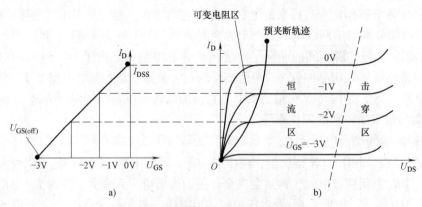

图 7-32　结型场效应晶体管的特性曲线

a）转移特性曲线　b）输出特性曲线

（2）输出特性曲线　也称为漏极特性曲线，它是在 U_{GS} 一定时，U_{DS} 和 I_D 之间的关系曲线。可分为三个区域：可变电阻区、恒流区和击穿区，如图 7-32b 所示。

可变电阻区是因为在 $U_{DS} < | U_P |$ 的区域，I_D 随 U_{DS} 线性变化，而且其电阻随 U_{GS} 增大而减小，呈现出可变电阻特性。

恒流区中，当 U_{DS} 进一步增大时，I_D 基本不随 U_{DS} 的变化而变化，只受 U_{GS} 的控制而呈线性变化，即图 7-32b 中的恒流区，这也是场效应晶体管在模拟电子电路中的主要工作区域。

U_{DS} 一定时，漏极电流变化量 ΔI_D 与栅-源极电压变化量 ΔU_{GS} 之比称为场效应晶体管的跨导，用 g_m 表示。

$$g_m = \Delta I_D / \Delta U_{GS}$$

g_m 的单位是西门子（S），它反映了 U_{GS} 对 I_D 的控制能力。当继续增大时，由于反向偏置的 PN 结发生了击穿现象，突然上升。一旦管子进入击穿区，如不加限制将导致损坏。

7.5.2　绝缘栅场效应晶体管

结型场效应晶体管的输入电阻虽然高达 $108 \sim 109\Omega$，但在许多场合下还要求进一步提高。经过实践，人们在 1962 年制造出一种栅极处于绝缘状态的场效应晶体管，称为绝缘栅场效应晶体管，输入电阻为 1015Ω。目前应用最广泛的是一种以二氧化硅为绝缘层的场效应晶体管。这种管子称为金属-氧化物-半导体场效应晶体管（Metal Oxide Semiconductor FET 简称 MOSFET 或 MOS 管）。绝缘栅型场效应晶体管可分为增强型和耗尽型两类。

1. N 沟道增强型绝缘栅场效应晶体管

N 沟道增强型绝缘栅场效应晶体管是以一块杂质浓度较低的 P 型半导体作衬底，在它上面扩散两个高浓度的 N 型区，各自引出一个为源极 S 和漏极 D，在漏极和源极之间有一层绝缘层（SiO_2），在绝缘层上覆盖金属铝做为栅极 G，P 型半导体称为衬极，用符号 B 表示，其结构和符号如图 7-33 所示。

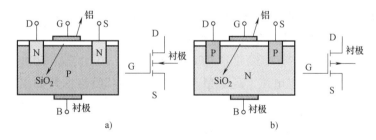

图 7-33　增强型绝缘栅场效应晶体管的结构与符号

a）N 沟道增强型　b）P 沟道增强型

如图 7-34 所示，当 $U_{GS} = 0$，在 DS 间加上电压 U_{DS} 时，漏极 D 和衬极之间的 PN 结处于反向偏置状态，不存在导电沟道，故 DS 之间的电流 $I_D = 0$。

当 U_{GS} 逐渐加大达到某一值（开启电压 U_T）时，由于电场的作用，栅极 G 与衬极之间将形成一个 N 型薄层，其导电类型与 P 型衬极相反，称为反型层。由于这个反型层的存在，使得 DS 之间存在一个导电沟道，I_D 开始出现，而且沟道的宽度随 U_{GS} 的继续增大而增大，所以称为增强型场效应晶体管。它的特点是：当 $U_{GS} = 0$，$I_D = 0$；$U_{GS} > U_T$，$I_D > 0$。

可见增强型绝缘栅场效应晶体管的漏极电流 I_D 是受栅极电压 U_{GS} 控制的，它与结型场效应晶体管一样，是电压控制型器件，所不同的是它必须在 U_{GS} 为正且大于 U_T 时才能工作。

2. N 沟道耗尽型绝缘栅场效应晶体管

N 沟道耗尽型绝缘栅场效应晶体管与增强型相同，只是在 SiO_2 绝缘层中掺有大量的正离子，管子在 $U_{GS} = 0$ 时就能在 P 型衬极上感应出一个 N 型反型层沟道，只要在 DS 间加上电压 U_{DS}，就有漏极电流 I_D 产生。如果 $U_{GS} > 0$ 则沟道加宽，I_D 随之增大，反之如果 $U_{GS} < 0$ 则沟道变窄，I_D 随之减小，这体现了栅极电压 U_{GS} 对漏极电流 I_D 的控制作用；如果 U_{GS} 负到一定数值则沟道彻底消失，$I_D = 0$，所以称为耗尽型场效应晶体管，它在 U_{GS} 为正或负时都可以工作，图 7-35 所示的是 N 沟道和 P 沟道两种耗尽型绝缘栅场效应晶体管的结构与符号。

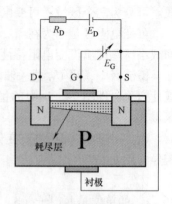

图 7-34　增强型绝缘栅场效应
晶体管的工作原理

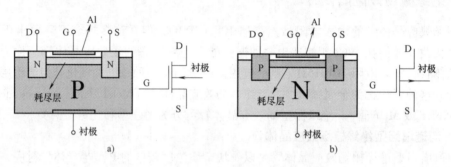

图 7-35　耗尽型绝缘栅场效应晶体管的结构与符号

a）P 沟道耗尽型　b）N 沟道耗尽型

3. 绝缘栅型场效应晶体管的特性曲线

（1）转移特性曲线　由于绝缘栅型场效应晶体管分增强型和耗尽型两种，我们仅以 N 沟道为例介绍绝缘栅型场效应晶体管的特性曲线。

增强型 NMOS 管的转移特性曲线如图 7-36a 所示。$U_{GS} = 0$ 时，$I_D = 0$；只有当 $U_{GS} > U_T$ 时才能使 $I_D > 0$，U_T 称为开启电压。耗尽型 NMOS 管的转移特性曲线如图 7-36b 所示，在

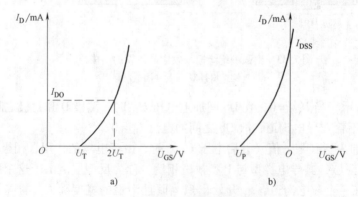

图 7-36　两种 NMOS 管的转移特性曲线

a）增强型　b）耗尽型

$U_{GS} = 0$ 时，就有 I_D；若使 I_D 减小，U_{GS} 应为负值，当 $U_{GS} = U_P$ 时，沟道被关断，$I_D = 0$，U_P 称为夹断电压。

对于增强型 MOS 管在 $U_{GS} \geq U_T$ 时（对应于输出特性曲线中的恒流区），I_D 和 U_{GS} 的关系为 $I_D = I_{DSS}(U_{GS}U_T - 1)^2$，其中 I_{DO} 是 $U_{GS} = 2U_T$ 时的 I_D 值。

耗尽型 MOS 管的转移特性与结型管的转移特性相似，所以在 $U_P \leq U_{GS} \leq 0$ 的范围内（对应于输出特性曲线中恒流区），I_D 和 U_{GS} 的关系为 $I_D = I_{DSS}(1 - U_{GS}U_P)^2$。所不同是当 $U_{GS} > 0$ 时，结型场效应晶体管的 PN 结将处于正向偏置状态而产生较大的栅极电流，这是不允许的；耗尽型 MOS 管由于 SiO_2 绝缘层的阻隔，不会产生 PN 结正向电流，而只能在沟道内感应出更多的负电荷，使 I_D 更大。

（2）输出特性曲线　绝缘栅型场效应晶体管的输出特性曲线和结型场效应晶体管类似，同样也分成三个区：可调电阻区、恒流区（饱和区）、击穿区，含义与结型场效应晶体管相同，跨导 $g_m = \Delta I_D / \Delta U_{GS}$ 的定义及其含义也完全相同。

7.5.3　场效应晶体管的特点、参数及使用注意事项

1. 场效应晶体管的特点

场效应晶体管是电压控制型器件，它不向信号源索取电流，有很高的输入电阻，而且噪声小、热稳定性好，宜于做低噪声放大器，特别是低功耗的特点使得在集成电路中大量采用。

2. 场效应晶体管的主要参数

（1）夹断电压 U_P　指当 U_{DS} 值一定时，结型场效应晶体管和耗尽型 MOS 管的 I_D 减小到接近零时的 U_{GS} 的值。

（2）开启电压 U_T　指当 U_{DS} 值一定时，增强型 MOS 管开始出现 I_D 时的 U_{GS} 值。

（3）跨导 g_m　指当 U_{DS} 值一定时，漏极电流变化量 ΔI_D 与栅-源极电压变化量 ΔU_{GS} 之比。

（4）最大耗散功率 P_{CM}　指管子正常工作条件下不能超过的最大可承受功率。

3. 使用注意事项

1）场效应晶体管的栅极切不可悬空。因为场效应晶体管的输入电阻非常高，栅极上感应出的电荷不易泄放而产生高压，从而发生击穿损坏管子。

2）存放时，应将绝缘栅型场效应晶体管的三个极相互短路，以免受外电场作用而损坏管子，结型场效应晶体管则可开路保存。

3）焊接时，应先将场效应晶体管的三个电极短路，并按源极、漏极、栅极的先后顺序焊接。烙铁要良好接地，并在焊接时切断电源。

4）绝缘栅型场效应晶体管不能用万用表检查质量好坏，结型场效应晶体管则可以。

4. 场效应晶体管的选择方法

1）当控制电压可正可负时，应选择耗尽型场效应晶体管。

2）当信号内阻很高时，为得到较好的放大作用和较低的噪声，应选用场效应晶体管；而当信号内阻很低时，应选用晶体管。

3）在低功耗、低噪声、弱信号和超高频时，应选用场效应晶体管。

4）在作为双向导电开关时应选场效应晶体管。

7.6　思考与练习

1. 判断下列说法是否正确，用"√"和"×"表示判断结果填入空内。

（1）在 N 型半导体中如果掺入足够量的三价元素，可将其改型为 P 型半导体。（　　　）

（2）因为 N 型半导体的多子是自由电子，所以它带负电。（　　　）

（3）PN 结在无光照、无外加电压时，结电流为零。（　　　）

（4）处于放大状态的晶体管，集电极电流是多子漂移运动形成的。（　　　）

（5）结型场效应晶体管外加的栅-源电压应使栅-源间的耗尽层承受反向电压，才能保证其 R_{GS} 大的特点。（　　　）

（6）若耗尽型 N 沟道 MOS 管的 U_{GS} 大于零，则其输入电阻会明显变小。（　　　）

2. 选择正确答案填入空内。

（1）PN 结加正向电压时，空间电荷区将____。

　　A. 变窄　　　　　　B. 基本不变　　　　　　C. 变宽

（2）设二极管的端电压为 U，则二极管的电流方程是____。

　　A. $I_S e^U$　　　　B. $I_S e^{U/U_T}$　　　　C. $I_S (e^{U/U_T} - 1)$

（3）稳压管的稳压区是其工作在____。

　　A. 正向导通　　　　B. 反向截止　　　　　　C. 反向击穿

（4）当晶体管工作在放大区时，发射结电压和集电结电压应为____。

　　A. 前者反偏、后者也反偏

　　B. 前者正偏、后者反偏

　　C. 前者正偏、后者也正偏

（5）$U_{GS} = 0V$ 时，能够工作在恒流区的场效应晶体管有____。

　　A. 结型管　　　　　B. 增强型 MOS 管　　　　C. 耗尽型 MOS 管

3. 写出图 7-37 所示各电路的输出电压值，设二极管导通电压 $U_D = 0.7V$。

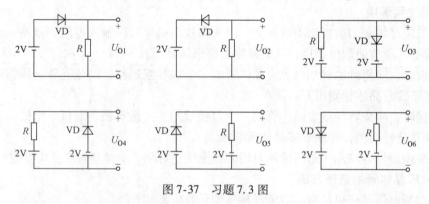

图 7-37　习题 7.3 图

4. 已知稳压管的稳压值 $U_Z = 6V$，稳定电流的最小值 $I_{Zmin} = 5mA$。求图 7-38 所示电路中 U_{O1} 和 U_{O2} 各为多少伏。

5. 某晶体管的输出特性曲线如图 7-39 所示。其集电极最大耗散功率 $P_{CM} = 200mW$，试画出它的过损耗区。

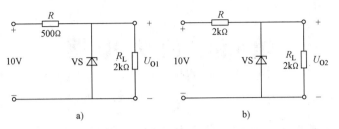

图 7-38　习题 7.4 图

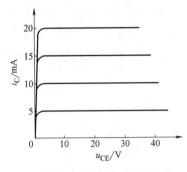

图 7-39　习题 7.5 图

第8讲 放大电路

【导读】

实际生活中，经常会把一些微弱的信号放大到便于测量和利用的程度，比如音响中的功放，它就是一种放大电路。基本放大电路是构成各种复杂放大电路和线性集成电路的基本单元。放大电路有它本身的特点：一是有静态和动态两种工作状态，所以有时往往要画出它的直流通路和交流通路才能进行分析；二是电路往往加有负反馈，这种反馈有时在本级内，有时是从后级反馈到前级，所以在分析这一级时还要能"瞻前顾后"。本讲介绍的放大电路知识，是进一步学习电子技术的重要基础。

<table>
<tr><td rowspan="4">应
知</td><td>※掌握基本放大电路的组成方法、各元件的作用</td></tr>
<tr><td>※掌握设置静态工作点的意义</td></tr>
<tr><td>※理解稳定静态工作点的方法</td></tr>
<tr><td>※了解反馈电路的基本组成和关系式</td></tr>
</table>

<table>
<tr><td>☆能用静态分析法和动态分析法分析放大电路</td><td rowspan="4"></td><td rowspan="4">应
会</td></tr>
<tr><td>☆能调试单级放大电路并进行特性测量</td></tr>
<tr><td>☆能测试集成运放电路</td></tr>
<tr><td>☆会应用示波器来测试各种放大电路</td></tr>
</table>

8.1 基本放大电路

8.1.1 基本放大电路的组成和工作原理

放大电路是许多电子设备中必不可少的组成部分，在模拟电路中有特别重要的地位，放大电路的主要功能是放大信号，即将微弱信号增强到所需数值。

图8-1所示是共射极放大电路，该电路具有电流放大作用。通过 R_C 的作用，则可以将电流的变化转化为输出电压的变化，从而使电路具有电压放大作用。但在这个电路中，只有在 u_i > 死区电压的条件下，即发射结处于正向偏置时，晶体管才有放大作用。

它可以放大交流信号 u_i，因为连接到 V_{CC} 的偏置电阻 R_B 可以引入直流偏置，使发射结始终处于正向偏置，并提供大小适当的基极电流。电容 C_1、C_2 一方面起到交流耦合作用，沟通信号源、放大电路和负载三者之间的交流通路。另一方面又起到隔直作用，隔断信号源、放大电路和负载之间的直流通路，使三者之间无直流联系，互不影响。

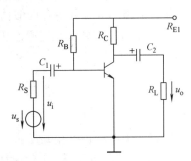

图8-1 基本共发射极放大电路

整体来说，交流信号 u_i 通过电容 C_1 耦合并由偏置电阻 R_B 引入直流偏置后输入晶体管，经过晶体管的电流放大、R_C 电阻的电流电压变换以及电容 C_2 的隔直耦合，输出即为放大后的交流信号 u_o。电源 V_{CC} 除了保证电路满足发射结正偏，集电结反偏的放大外部条件外，还是放大电路的能量来源。

注意：晶体管是放大电路中的放大元件，利用它的电流放大作用，在集电极电路获得放大了的电流受输入信号的控制。如果从能量观点来看，输入信号的能量是较小的，而输出的能量是较大的，但这不是说放大电路把输入的能量放大了。能量是守恒的，不能放大，输出的较大能量是来自直流电源 E_C。也就是能量较小的输入信号通过晶体管的控制作用，去控制电源 E_C 所提供的能量，以在输出端获得一个能量较大的信号。这就是放大作用的实质，而晶体管也就是说是一个控制元件。

8.1.2 放大电路的分析方法

我们可以将放大电路分为直流通路、交流通路来分别进行静态和动态分析。当输入信号为零时（$\dot{U_i} = 0$）电路中各电压，电流都是直流量，放大电路处于直流工作状态或静止状态，简称为静态。由于静态时的电压和电流值可用晶体管特性曲线上的一个确定的点表示，故习惯称此点为静态工作点，用 Q 表示。一般由放大电路的直流通道用近似估算法求得。对于直流信号而言，电容相当于开路，则直流通道如图8-2a所示。当输入信号不等于零时，放大电路的工作状态称为动态。此时电路中既有直流量又有交流量。一般用放大电路的交流通道来分析其动态性能。对于交流信号而言，电压源 U_{CC} 和电容 C_1，C_2 都视为短路。则交流通道如图8-2b所示。

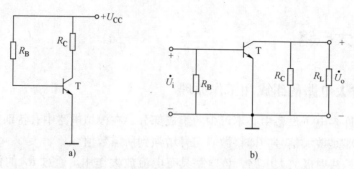

图 8-2　静态、动态时的放大电路

1. 共射极放大电路的静态分析

放大电路的静态分析有近似估算法和图解法两种。

（1）用近似估算法确定静态工作点（图 8-3）

$$I_B = \frac{U_{CC} - U_{BE}}{R_B} \approx \frac{U_{CC}}{R_B}$$

$$I_C = \beta I_B$$

$$U_{CE} = U_{CC} - I_C R_C$$

静态工作点与非线性失真的关系：

1）静态工作点太低，产生截止失真。减小 R_B 消除截止失真。

2）静态工作点太高，产生饱和失真。增大 R_B 消除饱和失真。

3）设置合适的静态工作点，可避免放大电路产生非线性失真。

（2）用图解法确定静态工作点（图 8-4）

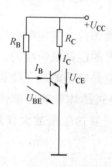

图 8-3　放大电路的直流通路

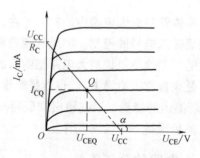

图 8-4　用图解法确定静态工作点

1）用估算法确定 I_B。

2）确定直流负载线（图中点划线）。

$$U_{CE} = U_{CC} - I_C R_C$$

这条直线方程的斜率为 $-1/R_C$。

3）直流负载线与 $i_B = I_B$ 对应的那条输出特性曲线的交点 Q，即为静态工作点。

2. 共射极放大电路的动态分析

（1）放大电路的主要性能指标

1）电压放大倍数。

$$A = \frac{\dot{U}_\text{o}}{\dot{U}_\text{i}}$$

2）放大电路的输入电阻。

$$r_\text{i} = \frac{\dot{U}_\text{i}}{\dot{I}_\text{i}}$$

希望放大电路的输入电阻大一些。

3）放大电路的输出电阻。

$$r_\text{o} = \frac{\dot{U}'_\text{o}}{\dot{I}'_\text{o}} \qquad (\dot{U}_\text{S} = 0, R_\text{L} = \infty)$$

希望放大电路的输出电阻小一些。

4）最大输出幅度。

5）最大输出功率 P_o。

6）通频带。

（2）微变等效电路法　放大电路的分析方法，除了常用有近似估算法、实验测量法、图解分析法外，还有微变等效电路法。

所谓微变等效电路法，就是在一定的条件下，静态工作点位于线性区且输入信号很小的情况下，用一个线性的电路模型代替非线性元件晶体管，从而把非线性的放大电路变成线性电路，这样可以方便的求出放大电路的电压放大倍数、输入电阻和输出电阻等参数（图8-5）。

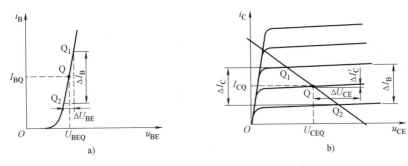

图 8-5　等效电路的输入输出特性曲线

1）晶体管的微变等效电路（图8-6）。

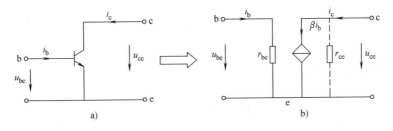

图 8-6　晶体管及其微变等效电路

输入特性：

$$r_{be} = \frac{\Delta U_{BE}}{\Delta I_B}\bigg|_{U_{CE}=常数} = \frac{u_{be}}{i_b}$$

$$r_{be} = 300 + (1+\beta)\frac{26mV}{I_{EQ}(mA)}$$

一般为几百到几千欧。

输出特性：

$$r_{ce} = \frac{\Delta U_{CE}}{\Delta I'_C}\bigg|_{I_B=常数} = \frac{u_{ce}}{i_c}$$

2）共射极放大电路的微变等效电路（图8-7）。

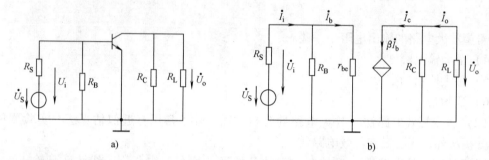

a)   b)

图8-7　共射极放大电路的微变等效电路

3）动态性能指标的计算。

① 电压放大倍数 A_u

有载电压放大倍数：

$$A_u = \frac{\dot{U}_o}{\dot{U}_i} = \frac{-\beta \dot{I}_b(R_C//R_L)}{\dot{I}_b r_{be}} = -\beta\frac{R'_L}{r_{be}}$$

空载电压放大倍数：

$$A_{uo} = -\beta\frac{R_C}{r_{be}}$$

源电压放大倍数：

$$A_{u_S} = \frac{\dot{U}_o}{\dot{U}_S} = \frac{\dot{U}_o}{\dot{U}_i}\cdot\frac{\dot{U}_i}{\dot{U}_S} = A_u\cdot\frac{r_i}{R_S+r_i} \approx \frac{-\beta R'_L}{R_S+r_{be}}$$

② 放大电路的输入电阻 r_i

$$r_i = \frac{\dot{U}_i}{\dot{I}_i} = R_B//r_{be} \approx r_{be}$$

（3）输出电阻 r_o

$$r_o = \frac{\dot{U}'_o}{\dot{I}'_o}\bigg|_{\dot{U}_S=0, R_L=\infty} = R_C$$

8.1.3 静态工作点稳定的放大电路

上节所分析的电路属于固定偏置电路，理论和实践都表明，温度的变化会使晶体管的参数变化，最终导致 I_C 的变化，使得电路的静态工作点发生漂移，严重时可使得晶体管动态工作时进入饱和（或截止）区，而造成失真。

图 8-8a 所示为可以稳定静态工作点的基本共射放大电路，称为分压偏置式放大电路。

图 8-8b 则为该放大电路的直流通路，若使电流 I_2 远大于偏置电流 I_B，则基极电位 V_B 近似等于电阻 R_{b1} 和 R_{b2} 对电源 U_{CC} 的分压，可以认为 V_B 与晶体管参数无关，且不受温度影响。

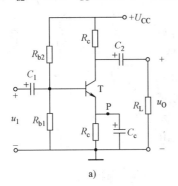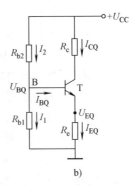

图 8-8

a）分压偏置式放大电路　b）放大电路的直流通路

引入发射极电阻 R_e 后，$U_{BE} = V_B - V_E = V_B - I_E \times R_e$，若使 V_B 远大于 U_{BE}，则可得：$I_C \approx I_E \approx V_B/R_e$，即也可认为 I_C 不受温度影响，从而使静态工作点能够得以基本稳定。在分压偏置式放大电路中，发射极电阻 R_e 的作用是稳定静态工作点。如果在 R_e 两端并联电容 C_e，则放大电路的微变等效电路如图 8-9a 所示，此时 R_e 对放大电路的动态特性没有影响。如果在发射极电阻 R_e 两端没有并联电容 C_e，则放大电路的微变等效电路如图 b 所示，此时 R_e 将影响放大电路的动态特性，主要表现为降低电压放大倍数。

分析可知，接入 R_E 可提高放大电路的输入电阻，但放大倍数却下降了，但若在 R_E 两端并联上射极旁路电容 C_e 放大倍数虽可提高，但输入电阻又降低了。实际中常将 R_E 分为两段，如图 8-10 所示，阻值小的一段不并接电容，另一段则并接电容。

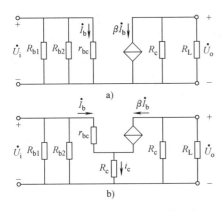

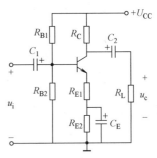

图 8-9　放大电路的微变等效电路

图 8-10　接入 R_E 后的放大电路

8.2 多级放大电路

单个放大电路的放大倍数有限,因此往往需要两级以上放大电路串联起来使用。在多级放大电路中,每两个单级放大电路之间的连接方式称为耦合,分为以下四种:

1)阻容耦合;

2)直接耦合;

3)变压器耦合;

4)光电耦合。

图 8-11 是一个分压偏置式共射放大电路和一个射极输出器组成的两级阻容耦合放大电路。其中,射极输出器除了可以降低整个电路的输出电阻外,由于其较高的输入电阻就是前级共射放大电路的负载电阻,根据共射放大电路电压放大倍数的计算公式可知,尽管射级输出器本身的电压放大倍数小于 1,但仍然可以提高前级放大倍数,从而提高整个放大电路的放大倍数。

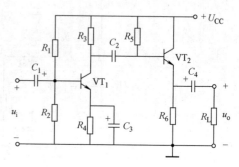

图 8-11 两级阻容耦合放大电路

8.3 集成运算放大电路

集成运算放大电路是一种具有高放大倍数、高输入阻抗、低输出电阻的直接耦合放大电路。在线性应用时,要加深度的负反馈电路才能工作。在非线性应用时,输出仅两种状态。

8.3.1 集成运算放大器的分析

1. 理想运放电路线性应用的分析依据

1)$u_+ \approx u_-$ "虚短"概念;

2)$i_+ \approx i_- \approx 0$ "虚断"概念。

2. 放大电路中的反馈

(1)电压反馈和电流反馈的判断 将输出端负载短路,反馈信号不存在时是电压反馈;反馈信号仍存在的是电流反馈。如图 8-12a 电压反馈、图 8-12b 电流反馈所示。

(2)串联反馈和并联反馈的判断 反馈信号与输入信号串联,并以电压的形式与输入

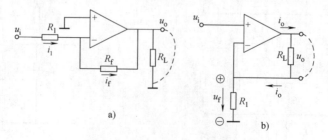

a)

b)

图 8-12 电压反馈和电流反馈

信号比较，是电压反馈（图 8-13a）；反馈信号与输入信号并联，并以电流的形式与输入信号比较，是电流反馈（图 8-13b）。其等效电路如图 8-13 所示。

（3）正、负反馈的判断　"瞬时极性法"可判断正、负反馈。从输入端开始假设瞬时极性（"＋"或"－"），逐极判断各个相关点的极性，从而得到输出信号的极性和反馈信号的极性。若反馈信号使净输入信号减小是负反馈；若反馈信号使净输入信号增加是正反馈。

（4）运放电路的四种负反馈组态　如图 8-14 所示。另外，要会判定分立元件电路的反馈组态形式。

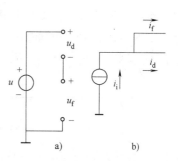

图 8-13　串联反馈与并联反馈的等效电路

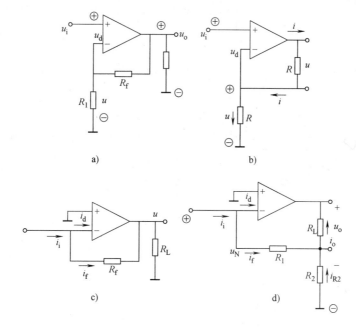

图 8-14　运放电路的四种负反馈组态
a）电压串联负反馈　b）电流串联负反馈　c）电压并联负反馈　d）电流并联负反馈

（5）负反馈电路对放大电路的影响　负反馈使放大电路的电压放大倍数降低，但使放大电路的工作性能得到了提高和稳定。负反馈可改善非线形失真，展宽通频带等。

1）输出电压与输出电流得到稳定。电压负反馈具有稳定输出电压的作用；电流负反馈具有稳定输出电流的作用。

2）对输入电阻和输出电阻的影响。串联负反馈使输入电阻 r_i 增大，并联负反馈使输入电阻 r_i 减小。

电压负反馈可使输出电压基本稳定，致使输出电阻 r_o 减小；

电流负反馈可使输出电流基本稳定，致使输出电阻 r_o 增大。

8.3.2　集成运算放大电路的线性应用

加上负反馈的集成运放电路可组成各种运算电路，由于工作在深度负反馈的条件下，所以运算电路的输入、输出关系基本取决于反馈电路和输入电路的结构与参数，而与运算放大器本身的参数无关。故通过改变输入电路和反馈电路的形式及参数就可以实现不同的运算关系，如比例、加法、减法、积分微分等运算。常见运算电路见表8-1。

表 8-1　常见运算电路

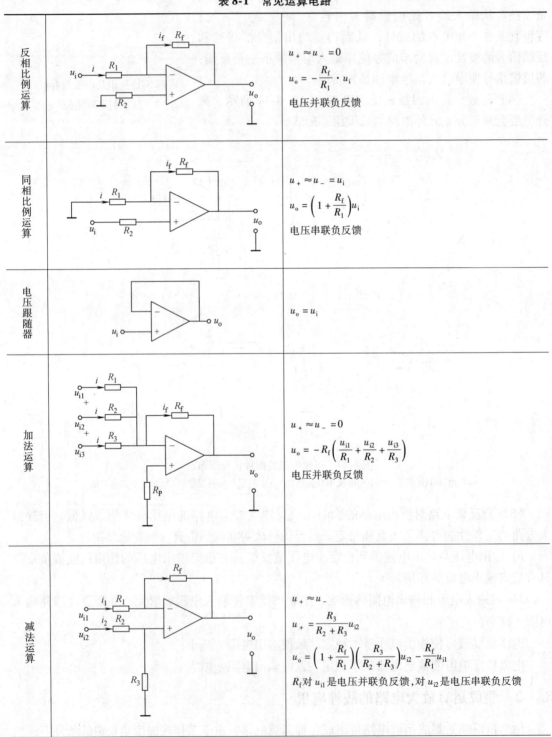

反相比例运算	$u_+ \approx u_- = 0$ $u_o = -\dfrac{R_f}{R_1} \cdot u_i$ 电压并联负反馈
同相比例运算	$u_+ \approx u_- = u_i$ $u_o = \left(1 + \dfrac{R_f}{R_1}\right)u_i$ 电压串联负反馈
电压跟随器	$u_o = u_i$
加法运算	$u_+ \approx u_- = 0$ $u_o = -R_f\left(\dfrac{u_{i1}}{R_1} + \dfrac{u_{i2}}{R_2} + \dfrac{u_{i3}}{R_3}\right)$ 电压并联负反馈
减法运算	$u_+ \approx u_-$ $u_+ = \dfrac{R_3}{R_2 + R_3}u_{i2}$ $u_o = \left(1 + \dfrac{R_f}{R_1}\right)\left(\dfrac{R_3}{R_2 + R_3}\right)u_{i2} - \dfrac{R_f}{R_1}u_{i1}$ R_f对u_{i1}是电压并联负反馈，对u_{i2}是电压串联负反馈

（续）

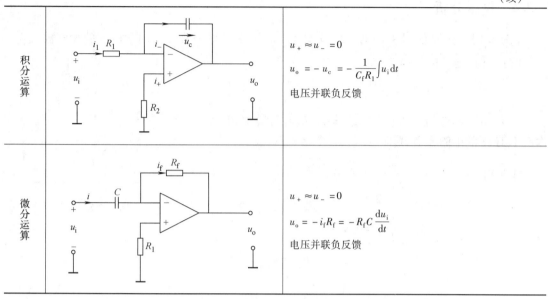

积分运算		$u_+ \approx u_- = 0$ $u_o = -u_c = -\dfrac{1}{C_f R_1}\displaystyle\int u_i \mathrm{d}t$ 电压并联负反馈
微分运算		$u_+ \approx u_- = 0$ $u_o = -i_f R_f = -R_f C \dfrac{\mathrm{d}u_i}{\mathrm{d}t}$ 电压并联负反馈

8.3.3　集成运放电路的非线性应用

运放电路的非线性应用要注意电路工作在饱和区，输出为 $\pm U_{OM}$ 或稳压管限幅后的稳定电压 $\pm U_Z$。运放电路的非线性应用一般有电压比较器、非正弦周期信号发生器等电路。要求熟悉电压比较电路的门限电压 U_T、电压传输特性，会画输出电压波形。了解方波发生器的工作原理。常见的几种电压比较器见表8-2。

表8-2　常见的几种电压比较器

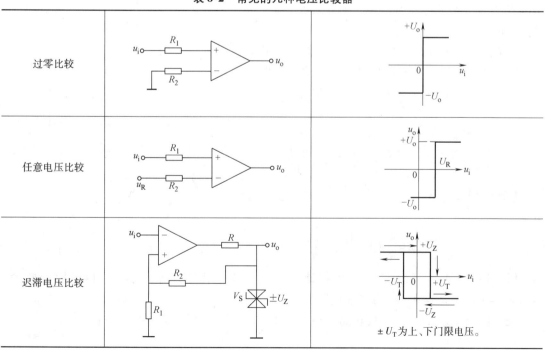

过零比较		
任意电压比较		
迟滞电压比较		$\pm U_T$ 为上、下门限电压。

8.3.4 例题分析

【例8.1】 电路如图8-15所示。试分别计算开关S断开和闭合时的电压放大倍数 A_{uf}。

解：（1）当S断开时

$$A_{uf} = -\frac{10}{1+1} = -5$$

（2）当S闭合时，因 $u_- \approx u_+ = 0$，故在计算时可看作两个1kΩ的电阻是并联的。

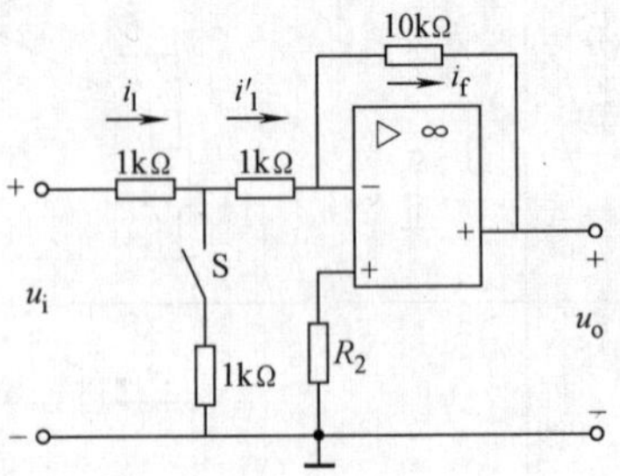

于是得

$$i_1 = \frac{u_i}{1+\frac{1}{2}} = \frac{2}{3}u_i$$

$$i_1' = \frac{1}{2}i_1 = \frac{1}{3}u_i$$

$$i_f = \frac{u_- - u_o}{10} = -\frac{u_o}{10}$$

因 $i_1' = i_f$，故

$$\frac{1}{3}u_i = -\frac{u_o}{10}$$

$$A_{uf} = \frac{u_o}{u_i} = -\frac{10}{3} = -3.3$$

上面是从电位 $u_- \approx 0$ 考虑，计算 i_1 时将两个1kΩ电阻视作并联；但不能因为 $u_- \approx u_+$ 而将反相输入端和同相输入端直接连接起来。

【例8.2】 图8-16是运算放大器测量电路，R_1、R_2、和 R_3 的阻值固定，R_F 是检测电阻，由于某个非电量（如应变、压力或温度）的变化使 R_F 发生变化，其相对变化为 $\delta = \Delta R_F/R_F$，而 δ 与非电量有一定的函数关系。如果能得出输出电压 u_o 与 δ 的关系，就可测出该非电量。

设 $R_1 = R_2 = R$，$R_3 = R_F$，并且 $R \gg R_F$。试求 u_o 与 δ 的关系。图中 E 是一直流电源。

解： 减法（差动）运算电路，应用叠加原理得：

$$u_o = \left(\frac{R + R_F + \delta R_F}{R} \cdot \frac{R_F}{R + R_F} - \frac{R_F + \delta R_F}{R} \right) \cdot (-E)$$

由于 $R \gg R_F$，故

$$u_o \approx \left(\frac{R_F}{R} - \frac{R_F + \delta R_F}{R} \right) \cdot (-E) = \frac{R_F E}{R}\delta$$

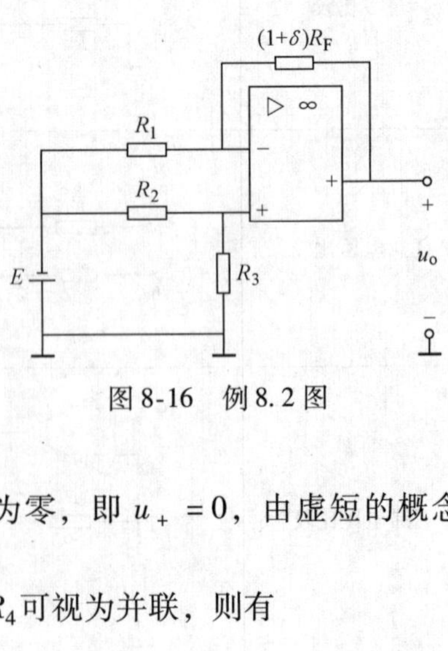

【例8.3】 图8-17所示为一反相比例运算电路，试证明

$$A_{uf} = \frac{u_o}{u_i} = -\frac{R_f}{R_1}\left(1 + \frac{R_3}{R_4} \right) - \frac{R_3}{R_1}$$

解： 根据虚断的概念 $i_i \approx 0$，R_2 接地，故 R_2 上电压为零，即 $u_+ = 0$，由虚短的概念，$u_+ \approx u_- = 0$，$\therefore u_- = 0$ 称为"虚地"。

证： 由于 $u_+ \approx u_- = 0$，反相输入端为虚地端，R_f 和 R_4 可视为并联，则有

图 8-15　例8.1图

图 8-16　例8.2图

$$u_{R_4} = \frac{R_4//R_f}{R_3 + R_4//R_f} u_o$$

即

$$u_o = \frac{R_3 + R_4//R_f}{R_4//R_f} u_{R_4}$$

由于

$$u_{R_4} = u_{R_f} = -R_f i_f, \quad i_f = i_1 = \frac{u_i}{R_1}$$

所以

$$u_o = \frac{R_3 + R_4//R_f}{R_4//R_f} u_{R_4} = \frac{R_3 + R_4//R_f}{R_4//R_f}\left(-\frac{R_f}{R_1} u_i\right)$$

$$= -\frac{R_f}{R_1}\frac{R_3 + R_4//R_f}{R_4//R_f} u_i = -\frac{R_f}{R_1}\left(\frac{R_3}{R_4//R_f} + 1\right) u_i$$

$$= -\frac{R_f}{R_1}\left[1 + \frac{R_3(R_4 + R_f)}{R_4 R_f}\right] u_i = -\frac{R_f}{R_1}\left(1 + \frac{R_3}{R_f} + \frac{R_3}{R_4}\right) u_i$$

即

$$A_{uf} = \frac{u_o}{u_i} = -\frac{R_f}{R_1}\left(1 + \frac{R_3}{R_4}\right) - \frac{R_3}{R_1}$$

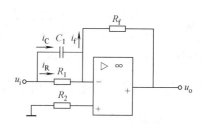

图 8-17　例 8.3 图

注：R_f 引入电流并联负反馈，具有稳定输出电流 i_o 的效果，也称为反相输入恒流源电路。$i_o = i_4 - i_f = \frac{u_{R_4}}{R_4} - \frac{u_i}{R_1}$，改变电阻 R_f 或 R_4 阻值，就可改变 i_o 的大小。

【例 8.4】 试求图 8-18 电路中 u_o 与 u_i 的关系式。

解：图 8-18 运算放大电路中，反相输入信号 u_i 作用在 R_1 端为反相比例运算，作用在 C_1 端为微分运算，两者运算结果叠加称为比例和微分运算。

根据 $u_- \approx 0$ 可得 $u_o = -R_f i_f$

$$i_f = i_R + i_C = \frac{u_i}{R_1} + C_1 \frac{du_i}{dt}$$

所以

$$u_o = -\left(\frac{R_f}{R_1} u_i + R_f C_1 \frac{du_i}{dt}\right)$$

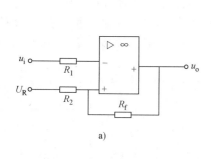

图 8-18　例 8.4 图

【例 8.5】 图 8-19a 所示的滞环比较器中，已知集成运算放大器的输出饱和电压 $U_{o(sat)} = 9V$，$u_i = 8\sin\omega t$，$U_R = 3V$，$R_2 = 1k\Omega$，$R_f = 5k\Omega$。试求：

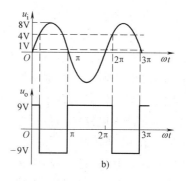

图 8-19　例 8.5 图
a）滞环比较器　b）输入电压 u_i 和输出电压波形

（1）电路的上、下门限电压；

（2）回差宽度；

（3）输入电压 u_i 和输出电压 u_o 的波形。

解： 图 8-19a 电路为迟滞电压比较电路，u_i 加在反相输入端，从输出端通过电阻 R_f 联接到同相输入端形成正反馈。

（1）当输出电压 $u_o = U_{o(sat)}$ 时，上门限电压为

$$U_{TH} = \frac{R_f}{R_2 + R_f} U_R + \frac{R_2}{R_2 + R_f} U_{o(sat)}$$

$$= \frac{5}{1 + 5} \times 3V + \frac{1}{1 + 5} \times 9V = 4V$$

下门限电压为

$$U_{TL} = \frac{R_f}{R_2 + R_f} U_R - \frac{R_2}{R_2 + R_f} U_{o(sat)}$$

$$= \frac{5}{1 + 5} \times 3V - \frac{1}{1 + 5} \times 9V = 1V$$

（2）回差宽度

$$\Delta U = U_{TH} - U_{TL} = 4V - 1V = 3V$$

（3）输入电压 u_i 和输出电压 u_o 的波形如图 8-19b 所示。

8.4 放大电路的反馈

把电路输出量的一部分或全部反送回输入端称为反馈。反馈有正反馈和负反馈，在电路中引入 负反馈可使电路性能得到明显改善。利用反馈性质，在集成运放的外接线端连接不同的线性反馈元件，可构成比例、加法、减法、积分、微分等运算电路。

8.4.1 反馈放大电路的组成及基本关系式

1. 电路组成

含有反馈网络的放大电路称反馈放大电路，其组成如图 8-20 所示。图中，A 称为基本放大电路，F 表示反馈网络，反馈网络一般由线性元件组成。由图可见，反馈放大电路由基本放大电路和反馈网络构成一个闭环系统，因此又把它称为闭环放大电路，而把基本放大电路称为开环放大电路。x_i、x_f、x_{id} 和 x_o 分别表示输入信号、反馈信号、净输入信号和输出信号，它们可以是电压，也可以是电流。图中箭头表示信号的传输方向，由输入端到输出端称为正向传输，由输出端到输入端则称为反向传输。因为在实际放大电路中，输出信号 x_o 经由基本放大电路的内部反馈产生的反向传输作用很微弱，可略去，所以可认为基本放大电路只能将净输入信号 x_{id} 正向传输到输出端。同样，在实际反馈放大电路中，输入信号 x_i 通过反

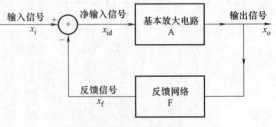

图 8-20 反馈放大电路的组成

馈网络产生的正向传输作用也很微弱，也可略去，这样也可认为反馈网络中只能将输出信号 x_o 反向传输到输入端。

2. 基本关系式

开环放大倍数 $A = \dfrac{x_o}{x_{id}}$，反馈系数 $F = \dfrac{x_f}{x_o}$，闭环放大倍数 $A_f = \dfrac{x_o}{x_i}$，反馈信号 $x_{id} = x_i - x_f$。

负反馈方程
$$A_f = \frac{x_o}{x_i} = \frac{A x_{id}}{x_{id} + AF x_{id}} = \frac{A}{1 + AF}$$

式中　AF——环路放大倍数；

$1 + AF$——反馈深度。

当 $\left| 1 + AF \right| \gg 1$，$\left| A_f \right| \approx \left| \dfrac{1}{F} \right| = \dfrac{1}{F}$，为深度负反馈。

8.4.2　反馈的类型

1. 正反馈和负反馈

正反馈——反馈使净输入电量增加，从而使输出量增大，即反馈信号增强了输入信号。

负反馈——反馈使净输入电量减小，从而使输出量减小，即反馈信号削弱了输入信号。

判别方法：瞬时极性法

步骤：1）假设输入信号某一时刻对地电压的瞬时极性；

2）沿着信号正向传输的路经，依次推出电路中相关点的瞬时极性；

3）根据输出信号极性判断反馈信号的极性；

4）判断出正负反馈的性质。

2. 直流反馈和交流反馈

直流反馈——反馈回的信号为直流量的反馈。

交流反馈——反馈回的信号为交流量的反馈。

交、直流反馈——反馈回的信号既有直流量又有交流量的反馈。

【**例 8.6**】　分析图 8-21 电路是否存在反馈，是正反馈还是负反馈？直流反馈还是交流反馈？

解： R_E 介于输入输出回路，故存在反馈。根据瞬时极性法，反馈使 u_{id} 减小，为负反馈。因为经过反馈元件 R_E 的反馈信号，既有直流量也有交流量，故该反馈同时存 在直流反馈和交流反馈。

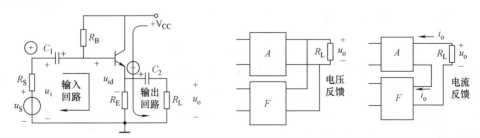

图 8-21　例 8.6 图

8.4.3　负反馈放大电路的基本类型及判断

根据采样方式与比较方式不同，放大电路中负反馈主要分成四种基本组态，即电压串联负反馈，电压并联负反馈，电流串联负反馈，电流并联负反馈。如 8-22 所示。

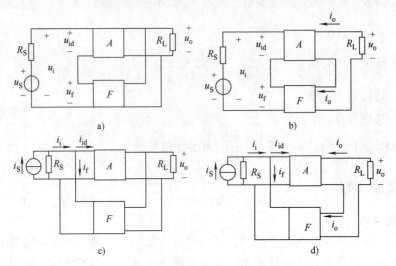

图 8-22　负反馈的四种类型

a）电压串联负反馈　b）电流串联负反馈　c）电压并联负反馈　d）电流并联负反馈

1. 电压反馈和电流反馈

电压反馈——反馈信号取样于输出电压。

判别方法：将输出负载 R_L 短路（或 $u_o = 0$），若反馈消失则为电压反馈。

电流反馈——反馈信号取样于输出电流。

判别方法：将输出负载 R_L 短路（或 $u_o = 0$），若反馈信号仍然存在则为电流反馈。

2. 串联反馈和并联反馈

串联反馈——在输入端，反馈信号与输入信号以电压相加减的形式出现。

$$u_{id} = u_i - u_f$$

特点：信号源内阻越小，反馈效果越明显。

并联反馈——在输入端，反馈信号与输入信号以电流相加减的形式出现。

$$i_{id} = i_i - i_f$$

特点：信号源内阻越大，反馈效果越明显。

8.4.4　负反馈放大电路分析

【例 8.7】　分析图 8-23 所示的反馈放大电路。

分析：电阻 R_f 跨接在输入回路与输出回路之间，输出电压 u_o 经 R_f 与 R_1 分压反馈到输入回路，故电路有反馈；根据瞬时极性法，反馈使净输入电压 u_{id} 减小，为负反馈；$R_L = 0$，无反馈，故为电压反馈；$u_f = u_o R_1 / (R_1 + R_f)$ 也说明是电压反馈；$u_{id} = u_i - u_f$，故为串联反馈；所以，此电路为电压串联负反馈。

【例 8.8】　分析图 8-24 所示的反馈放大电路。

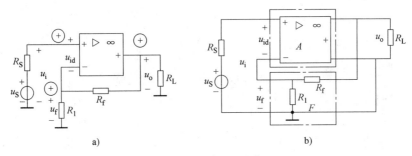

图 8-23 例 8.7 图
a) 电路 b) 电路分析

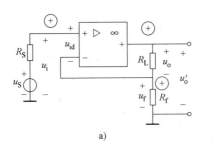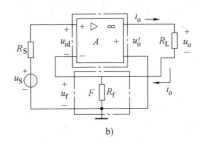

图 8-24 例 8.8 图
a) 电路 b) 电路分析

分析：R_f 为输入回路和输出回路的公共电阻，故有反馈。反馈使净输入电压 u_{id} 减小，为负反馈；$R_L = 0$，反馈存在，故为电流反馈；$u_f = i_o R_f$，也说明是电流反馈；$u_{id} = u_i - u_f$ 故为串联反馈；所以此电路为电流串联负反馈。

【**例 8.9**】 分析下图 8-25 所示的反馈放大电路。

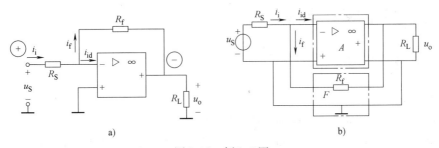

图 8-25 例 8.9 图
a) 电路 b) 电路分析

分析：R_f 为输入回路和输出回路的公共电阻，故电路存在反馈；$R_L = 0$，无反馈，故为电压反馈；根据瞬时极性法判断，反馈使净输入电流 i_{id} 减小，为负反馈；$i_{id} = i_i - i_f$，故为并联反馈；所以此电路为电压并联负反馈。

【**例 8.10**】 分析如图 8-26 所示的反馈放大电路。

分析：R_f 为输入回路和输出回路的公共电阻，故电路存在反馈；令 $R_L = 0$，反馈仍然存在，故为电流反馈；根据瞬时极性法判断，反馈使净输入电流 i_{id} 减小，为负反馈；$i_{id} = i_i - i_f$，故为并联反馈；所以此电路为电流并联负反馈。

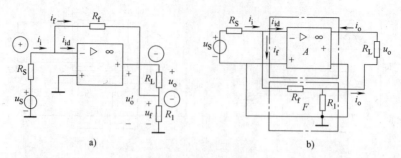

图 8-26　例 8.10 图

a）电路　b）电路分析

【例 8.11】 试分析图 8-27 电路的组态。

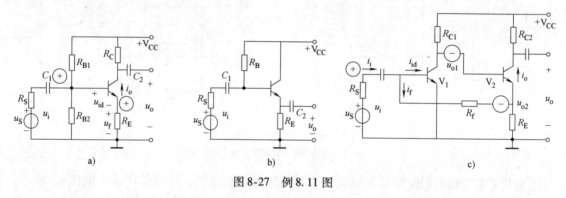

图 8-27　例 8.11 图

分析：分析过程同上，a）为电流串联负反馈；b）为电压串联负反馈；c）电阻 R_E 引入本级和极间两个反馈，本级为电流串联负反馈；级间为电流并联负反馈。

8.5　放大电路的操作实践

8.5.1　单级晶体管放大电路

1. 实验目的

掌握单级放大电路的调试方法和特性测量；

观察电路参数变化对放大电路静态工作点、电压放大倍数及输出波形的影响；

学习使用示波器、信号发生器和万用表。

2. 实验器材

（1）晶体管万用表　一块

（2）晶体管稳压电源　一台

（3）低频信号发生器　一台

（4）双通道示波器　一台

（5）晶体晶体管　一只

（6）电容　两只

（7）电阻　四只

（8）面包板 一块

（9）导线 若干

3. 实验内容及步骤

（1）按图 8-28 在实验台上接好实验线路，经指导老师检查同意后，方可接通电源

（2）测量静态工作点

1）输入 $U_i = 5\text{mV}$、$f = 1\text{kHz}$ 交流信号，观察输出波形，调 R_{P1} 使输出波形不出现失真。逐渐增大 U_i，同时调节 R_{P1}，直到同时出现饱和与截止失真为止。此时静态工作点已调好，放大电路处于最大不失真工作状态。

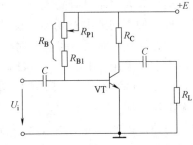

图 8-28 单极交流的大电路

2）撤去交流信号，用万用表测量静态工作点值 U_B、U_C 和 R_B（U_B、U_C 均为对地电压，测 R_B 时要关掉电源，去掉连线）。

（3）观察 R_B 变化对静态工作点、电压放大倍数和输出波形的影响

1）保持静态工作点不变，输入 $U_i = 5\text{mV}$、$f = 1\text{kHz}$ 交流信号，测量输出电压 U_o，计算电压放大倍数 A_v。

2）逐渐减小 R_{P1}，观察输出波形的变化。当 R_{P1} 最小时，测其静态工作点。若输出波形仍不失真，测量 U_o 计算 A_v。

3）逐渐增大 R_{P1}，重复步骤 2）。

（4）观察负载电阻 R_L 对电压放大倍数和输出波形的影响

调节 R_{P1}，使放大器处于最大不失真工作状态。输出 $U_i = 5\text{mV}$，$f = 1\text{kHz}$ 交流信号，接负载电阻 R_L（$27\text{k}\Omega$），观察输出波形，测量 U_o 计算 A_V，并与空载时 A_V 进行比较。

4. 实验报告要求

（1）整理测量数据

（2）总结 R_B 和 R_L 变化对静态工作点、电压放大倍数和输出波形的影响

（3）计算电压放大倍数的估算值，与实测值进行比较，电压放大倍数计算公式

$$A_V = -\frac{\beta R'_L}{r_{be}}$$

$$r_{be} = 300 + (1 + \beta)\frac{26}{I_E}$$

8.5.2 集成功率放大器的测试

1. 实验目的

掌握用集成运算放大电路组成比例、求和电路的特点及性能。

学会上述电路的测试和分析方法。

2. 实验仪器

（1）双踪示波器 一台

（2）函数信号发生器 一台

（3）直流稳压电源 一台

（4）数字万用表 一只

（5）LM741 集成运算放大器 一块

（6）电阻等其他附件 若干

3. 实验原理简述

运算放大器是具有高增益、高输入阻抗的直接耦合放大器。在其外部加反馈网络后，可以实现各种不同的电路功能。反馈网络为线性电路时，可实现加法、减法、微分、积分运算；为非线性电路时，可实现对数、乘法、除法等运算。

本实验采用 LM741（μA741）集成运算放大器，图 8-29 为其外引线图，各引脚功能如下：1、5—调零端；2—反相输入端；3—同相输入端；4—电源电压负端；6—输出端；7—电源电压正端；8—NC 即空。

与外接电阻构成基本运算电路时，可对直流信号和交流信号进行放大。输出电压 U_o 与输入电压 U_i 的运算关系仅取决于外接反馈网络与输入的外接阻抗，而与运算放大器本身无关。

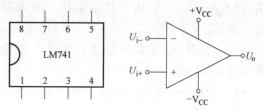

图 8-29 LM741

4. 实验内容及步骤

（1）电压跟随电路 实验电路如图 8-30 所示。按表 8-3 内容实验并测试记录。

表 8-3 不同输入电压 U_i 测得输出电压 U_o

U_i/V		-2	-0.5	0	0.5	1
U_o/V	$R_L = \infty$					
	$R_L = 5.1k\Omega$					

（2）反相比例放大器 实验电路如图 8-31 所示。

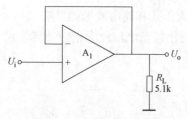

图 8-30 电压跟随电路

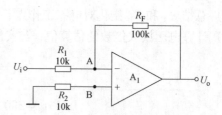

图 8-31 反相比例放大器

1）按表 8-4 内容实验并测试记录。

表 8-4 不同输入电压 U_i 对应的输出电压 U_o

直流输入电压 U_i/mV		30	100	300	1000	3000
输出电压 U_o	计算值/mV					
	测量值/mV					

2）反相输入端加入频率为 1kHz、幅值为 200mV 的正弦交流信号，用示波器观察输入、输出信号的波形及相位，并测出 U_i、U_o 的大小，记入表 8-5。

（3）测量上限截止频率。信号发生器输出幅度保持不变，如图 8-32 增大信号频率，当输出 U_o 幅度下降至原来的 0.707 倍时，记录信号发生器输出信号的频率，此频率即为上限截止频率，记入表 8-5。

表 8-5　不同输入电压 $U_i = 200\text{mV}$ 上限截止频率

交流输入电压频率 U_i/mV	输出电压 U_o	输入、输出波形及相位	上限截止频率
200mV 频率 1kHz			

（4）同相比例放大电路　电路如图 8-33 所示。按表 8-6 实验测量并记录。

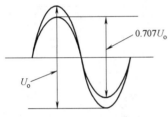

图 8-32　增大信号频率

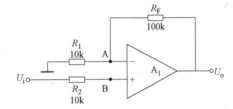

图 8-33　同相比例放大电路

表 8-6　不同输入电压 U_i 对应的输出电压 U_o

直流输入电压 U_i/mV		30	100	300	1000	3000
输出电压 U_o	计算值/mV					
	测量值/mV					

（5）反相求和放大电路　实验电路如图 8-34 所示。按表 8-7 内容进行实验测试，并与预习计算比较。

表 8-7　不同输入电压 U_i 对应的输出电压 U_o

U_{i1}/V	0.3	−0.3	0.7
U_{i2}/V	0.2	0.2	0.5
U_o/V			

（6）双端输入求和放大电路　实验电路如图 8-35 所示。按表 8-8 要求实验并测量记录。

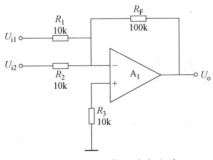

图 8-34　反相求和放大电路

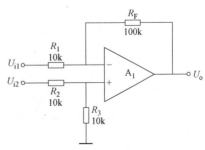

图 8-35　双端输入求和放大电路

表 8-8   不同输入电压 U_i 对应的输出电压 U_o

U_{i1}/V	1	2	0.2
U_{i2}/V	0.5	1.8	-0.2
U_o/V			

8.6   思考与练习

1. 晶体管组成电路如图 8-36a ~ f 所示。试判断这些电路能不能对输入的交流信号进行正常放大，并说明理由。

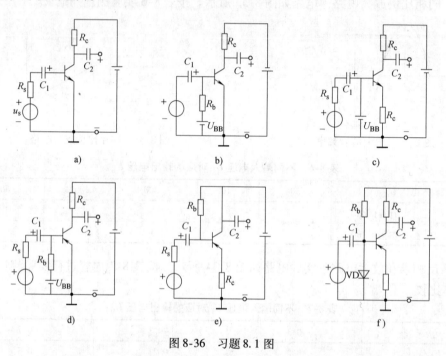

a)   b)   c)

d)   e)   f)

图 8-36   习题 8.1 图

2. 图 8-37a 固定偏流放大电路中，晶体管的输出特性及交、直流负载线如图 2.3b，试求：

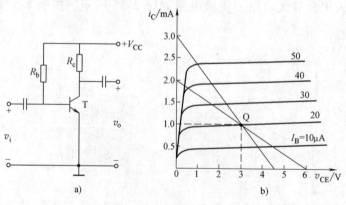

a)   b)

图 8-37   习题 8.2 图

（1）电源电压 V_{CC}，静态电流 I_B、I_C 和管压降 U_{CE} 的值；

（2）电阻 R_b、R_C 的值；

（3）输出电压的最大不失真幅度 U_{OM}；

3. 用示波器观察 NPN 型管共射单级放大电路输出电压，得到图 8-38 所示三种失真的波形，试分别写出失真的类型。

4. 放大电路如图 8-39 所示。已知图中 $R_{b1} = 10k\Omega$，$R_{b2} = 2.5k\Omega$，$R_c = 2k\Omega$，$R_e = 750\Omega$，$R_L = 1.5k\Omega$，$R_s = 10k\Omega$，$V_{CC} = 15V$，$\beta = 150$。设 C_1、C_2、C_3 都可视为交流短路。试计算电路的电压增益 A_V、源电压放大倍数 A_{VS}、输入电阻 R_i 和输出电阻 R_o。

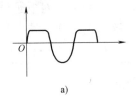
a)

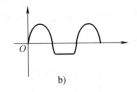
b)

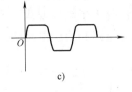
c)

图 8-38　习题 8.3 图

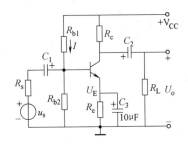

图 8-39　习题 8.4 图

第9讲　直流稳压电源

【导读】

　　直流稳压电源是能为负载提供稳定直流电源的电子装置。直流稳压电源的供电电源大都是交流电源，当交流供电电源的电压或负载电阻变化时，稳压器的直流输出电压都会保持稳定。直流稳压电源随着电子设备向高精度、高稳定性和高可靠性的方向发展，对电子设备的供电电源提出了高的要求。常用的小功率半导体直流稳压电源系统由电源变压器、整流电路、滤波电路和稳压电路四部分组成。

应知

　　※ 了解滤波电路的组成及工作原理

　　※ 了解常用三端稳压器及开关稳压电源

　　※ 掌握整流电路的工作原理及用途

　　※ 掌握稳压电路的工作原理

　　☆能安装并调试桥式整流电路

　　☆能安装与调试串联稳压电路

　　☆能正确应用三端集成稳压器

　　☆能正确选择开关电源规格与型号

应会

9.1　单相桥式整流电路

9.1.1　直流稳压电源的组成

　　常用的小功率半导体直流稳压电源系统由电源变压器、整流电路、滤波电路和稳压电路四部分组成，如图 9-1 所示为其原理框图与输出信号示意。图中变压是将进线交流电压按要求变换到所需要的二次电压；整流是将变压后的交流电转换为脉动直流电；滤波是将脉动直流中的交流成分滤除，减少交流成分，增加直流成分；稳压是采用负反馈技术，对整流后的直流电压进一步进行稳定。

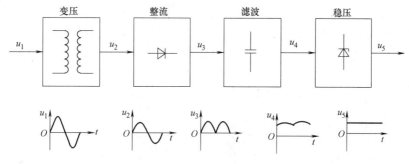

图 9-1　直流稳压电源的组成

9.1.2　整流电路

　　利用具有单向导电性能的整流元件，将交流电转换成单向脉动直流电的电路的过程称为整流。整流电路按输入电源相数分为单相整流电路和三相整流电路。

　　整流电路按输出波形分为半波整流电路和全波整流电路。目前广泛使用的是桥式整流电路。

1. 单相半波整流电路（图 9-2）

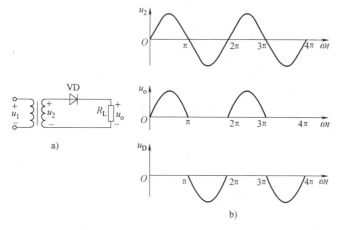

图 9-2　单相半波整流电路的电路图与波形图
a）电路图　b）波形图

输出整流电压的平均值为

$$U_o = \frac{1}{2\pi} \int_0^\pi \sqrt{2}U_2 \sin\omega t \, d(\omega t) = \frac{\sqrt{2}}{\pi}U_2 = 0.45U_2$$

流经负载电阻 R_L 的电流平均值

$$I_o = \frac{U_o}{R_L} = 0.45\frac{U_2}{R_L}$$

流经二极管的电流平均值与负载电流平均值相等

$$I_D = I_o = 0.45\frac{U_2}{R_L}$$

二极管截止时承受的最高反向电压为 u_2 的最大值

$$U_{RM} = U_{2M} = \sqrt{2}U_2$$

2. 单相桥式整流电路

单相桥式整流电路如图 9-3a 所示，其简化画法如图 9-3b 所示。波形图如图 9-3c 所示。

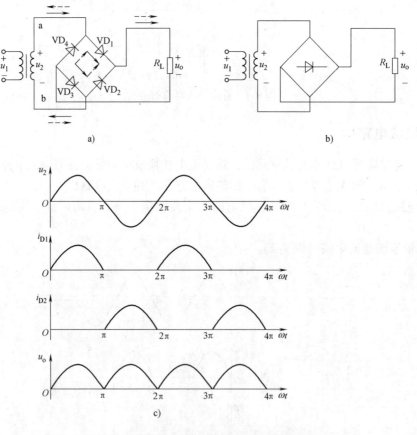

图 9-3　单相桥式整流电路的电路图与波形图
a）原理电路　b）简化画法　c）波形图

当正半周时，二极管 VD_1、VD_3 导通，在负载电阻上得到正弦波的正半周。

当负半周时，二极管 VD_2、VD_4 导通，在负载电阻上得到正弦波的负半周。

在负载电阻上正、负半周经过合成，得到的是同一个方向的单向脉动电压。

单相全波整流电压的平均值

$$U_o = \frac{1}{\pi}\int_0^\pi \sqrt{2}U_2 \sin\omega t d(\omega t) = 2\frac{\sqrt{2}}{\pi}U_2 = 0.9U_2$$

流经负载电阻 R_L 的电流平均值

$$I_o = \frac{U_o}{R_L} = 0.9\frac{U_2}{R_L}$$

流经每个二极管的电流平均值为负载电流的一半：

$$I_D = \frac{1}{2}I_o = 0.45\frac{U_2}{R_L}$$

每个二极管在截止时承受的最高反向电压 u_2 的最大值：

$$U_{RM} = U_{2M} = \sqrt{2}U_2$$

整流变压器二次电压有效值

$$U_2 = \frac{U_o}{0.9} = 1.11U_o$$

整流变压器二次电流有效值

$$I_2 = \frac{U_2}{R_L} = 1.11\frac{U_2}{R_L} = 1.11I_o$$

由以上计算，可以选择整流二极管和整流变压器。

3. 单相整流电路及其主要性能指标

设 U_2 为变压器二次电压有效值，R_L 为负载电阻，U_o 为电路输出电压的直流分量，U_{DRM} 为二极管承受的最高反向电压，I_D 为流过二极管的电流平均值。单相整流电路及其主要性能指标见表9-1。

表 9-1　单相整流电路及其主要性能指标

名称	电路	性能指标				特　点
		U_o	I_o	I_D	U_{DRM}	
半波整流		$0.45U_2$	U_o/R_L	I_o	$\sqrt{2}U_2$	电路简单,输出电压纹波大,变压器利用率低
全波整流		$0.9U_2$	U_o/R_L	$I_o/2$	$2\sqrt{2}U_2$	输出电压纹波小,变压器的利用率低,二极管承受的反向电压高
桥式整流		$0.9U_2$	U_o/R_L	$I_o/2$	$\sqrt{2}U_2$	电路复杂,输出电压纹波小,变压器的利用率高。二极管承受的反向电压比全波整流电路低

9.1.3 滤波电路

1. 滤波电路的作用

滤波电路是利用电容、电感在电路中的储能作用及其对不同频率有不同电抗的特性来组成低通滤波电路，以减小输出电压中的纹波。

2. 电容滤波电路

单相桥式整流电容滤波电路如图 9-4 所示。本电路的外特性如图 9-5 所示。

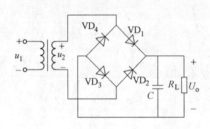 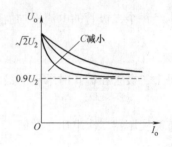

图 9-4　单相桥式整流电容滤波电路　　　图 9-5　电容滤波电路的外特性

3. 电容滤波电路的特点

1）输出电压的平均值 U_o 小于变压器二次电压的有效值 U_2。当 $R_LC \geqslant (3 \sim 5)T/2$（$T$ 为交流电压的周期）时，输出电压平均值 $U_o \approx 1.2U_2$。

2）输出直流电压的大小受负载变化的影响较大，适合于负载不变或输出电流不大的场合。

3）滤波电容越大，滤波效果越好。

4）流过二极管的冲击电流较大，选择二极管的电流参数时应当留有 $2 \sim 3$ 倍的裕量。

4. 电感滤波电路（图 9-6）

电感滤波适用于负载电流较大的场合。它的缺点是制作复杂、体积大、笨重且存在电磁干扰。

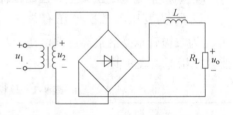

另外，除电容滤波电路外，还有电感滤波、RC-π 型滤波、LC-π 型滤波等电路。

图 9-6　电感滤波电路

9.2　硅稳压管稳压电路

9.2.1　稳压电路的性能指标

1. 输入调整系数 S_{iu} 和电压调整率 S_u

输出电流和环境温度不变时，稳压电路输入电压变化 ΔU_i 对输出电压的影响

$$S_{iu} = \frac{\Delta U_o}{\Delta U_i} \times 100\%$$

$$S_u = \frac{\Delta U_o}{\Delta U_i \cdot U_o} \times 100\%$$

2. 输出电阻 R_o 和电流调整率

输入电压和环境温度不变时，由于稳压电路负载变化对输出电压的影响

$$R_o = \frac{\Delta U_o}{\Delta U_i}$$

$$S_i = \frac{\Delta U_o}{U_o} \times 100\%$$

9.2.2　稳压二极管稳压原理

1. 稳压原理

稳压二极管的原理如图 9-7 所示。

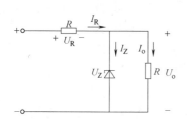

图 9-7　稳压原理

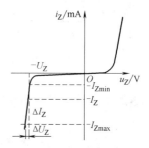

图 9-8　稳压二极管特性曲线

从图 9-8 的特性曲线可以看出，稳压二极管工作在击穿状态，电流变化范围大而电压几乎不变。通过负反馈，用电阻 R 上的压降来调整输出电压，使其达到稳定作用。输出电压 $U_o = U_Z$（稳压管的稳压值）。

2. 限流电阻的选择

稳压管稳压限流电阻是不可少的。选择限流电阻主要考虑稳压管工作电流的允许范围

$$I_{Zmin} \leqslant I_Z \leqslant I_{Zmax}$$

由于

$$I_Z = I_R - I_o = \frac{U_i - U_Z}{R} - I_o$$

所以 $I_{Zmin} = \dfrac{U_{Imin} - U_Z}{R_{max}} - I_{omax}$（$I_{Zmin}$ 发生在输入电压最小、限流电阻最大和输出电流最大时）

解得：

$$R_{max} = \frac{U_{Imin} - U_Z}{I_{Zmin} + I_{omax}}$$

而 $I_{Zmin} = \dfrac{U_{Imax} - U_Z}{R_{min}} - I_{omin}$（$I_{Zmax}$ 发生在输入电压最大、限流电阻最小和输出电流最小时）

解得：

$$R_{max} = \frac{U_{Imax} - U_Z}{I_{Zmax} + I_{omin}}$$

一般选择 $R_{min} \leqslant R \leqslant R_{max}$

9.3　串联稳压电路

9.3.1　线性稳压电路概述

引起输出电压变化的原因是负载电流的变化和输入电压的变化，将不稳定的直流电压变

换成稳定且可调的直流电压的电路称为直流稳压电路。其中串联型稳压电路是通过调整管与负载串联来实现；而并联型稳压电路则是调整管与负载并联来实现。

9.3.2　串联型稳压电路的组成与工作原理

图9-9为串联型稳压型电路的组成与原理。

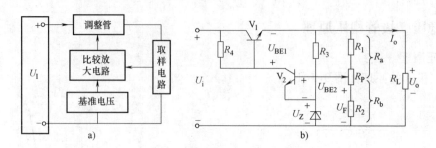

图9-9　串联型稳压型电路的组成与原理

1. 电路的组成及各部分的作用

（1）取样环节　由R_1、R_P、R_2组成的分压电路构成，它将输出电压U_o分出一部分作为取样电压U_F，送到比较放大环节。

（2）基准电压　由稳压二极管VS和电阻R_3构成的稳压电路组成，它为电路提供一个稳定的基准电压U_Z，作为调整、比较的标准。

（3）比较放大环节　由V_2和R_4构成的直流放大器组成，其作用是将取样电压U_F与基准电压U_Z之差放大后去控制调整管V_1。

（4）调整环节　由工作在线性放大区的功率管V_1组成，V_1的基极电流I_{B1}受比较放大电路输出的控制，它的改变又可使集电极电流I_{C1}和集、射电压U_{CE1}改变，从而达到自动调整稳定输出电压的目的。

$$U_o\uparrow \to U_F\uparrow \to I_{B2}\uparrow \to I_{C2}\uparrow \to U_{C2}\downarrow \to I_{B1}\downarrow \to U_{CE1}\uparrow$$
$$U_o\downarrow \leftarrow$$

2. 电路的输出电压

设V_2发射结电压U_{BE2}可忽略，则

$$U_F = U_Z = \frac{R_b}{R_a + R_b}U_o$$

或：

$$U_o = \frac{R_a + R_b}{R_b}U_Z$$

用电位器R_P即可调节输出电压U_o的大小，但U_o必定大于或等于U_Z。

9.4　集成稳压电源

9.4.1　三端固定（线性）集成稳压器

1. 稳压器的特点

三端固定集成稳压器包含7800和7900两大系列，7800系列是三端固定正输出稳压器，

7900 系列是三端固定负输出稳压器。它们的最大特点是稳压性能良好，外围元件简单，安装调试方便，价格低廉，现已成为集成稳压器的主流产品。7800 系列按输出电压分有 5V、6V、9V、12V、15V、18V、24V 等品种；按输出电流大小分有 0.1A、0.5A、1.5A、3A、5A、10A 等产品；具体型号及电流大小见表 9-2。例如型号为 7800 的三端集成稳压器，表示输出电压为 5V，输出电流可达 1.5A。注意所标注的输出电流是要求稳压器在加入足够大的散热器条件下得到的。同理 7900 系列的三端稳压器也有 $-24 \sim -5V$ 七种输出电压，输出电流有 0.1A、0.5A、1.5A 三种规格，具体型号见表 9-3。

表 9-2　CW7800 系列稳压器规格

型　号	输出电流/A	输出电压/V
78L00	0.1	5、6、9、12、15、18、24
78M00	0.5	5、6、9、12、15、18、24
7800	1.5	5、6、9、12、15、18、24
78T00	3	5、12、18、24
78H00	5	5、12
78P00	10	5

表 9-3　CW7900 系列稳压器规格

型　号	输出电流/A	输出电压/V
79L00	0.1	-5、-6、-9、-12、-15、-18、-24
79M00	0.5	-5、-6、-9、-12、-15、-18、-24
7900	1.5	-5、-6、-9、-12、-15、-18、-24

7800 系列属于正压输出，即输出端对公共端的电压为正。根据集成稳压器本身功耗的大小，其封装形式分为 TO-220 塑料封装和 TO-3 金属壳封装，二者的最大功耗分别为 10W 和 20W（加散热器）。管脚排列如图 9-10a 所示。U_i 为输入端，U_o 为输出端，GND 是公共端（地）。三者的电位分布如下：$U_i > U_o > U_{GND}$（0V）。最小输入-输出电压差为 2V，为可靠起见，一般应选 $4 \sim 6V$。最高输入电压为 35V。

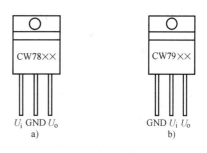

图 9-10　三端固定输出集成
稳压器管脚排列

7900 系列属于负电压输出，输出端对公共端呈负电压。7900 系列与 7800 系列的外形相同，但管脚排列顺序不同，如图 9-10b 所示。7900 系列的电位分布为：U_{GND}（0V）$> -U_o > -U_i$。另外在使用 7800 系列与 7900 系列时要注意，采用 TO-3 封装的 7800 系列集成电路，其金属外壳为地端；而同样封装的 7900 系列的稳压器，金属外壳是负电压输入端。因此，在由二者构成多路稳压电源时，若将 7800 系列的外壳接印刷电路板的公共地，7900 系列的外壳及散热器就必须与印刷电路板的公共地绝缘，否则会造成电源短路。

2. 应用中的几个注意问题

（1）改善稳压器工作稳定性和瞬变响应的措施　三端固定集成稳压器的典型应用电路如图 9-11 所示。图 9-11a 适合 7800 系列，U_i、U_o 均是正值；图 9-11b 适合 7900 系列，U_i、U_o 均是负值；其中 U_i 是整流滤波电路的输出电压。在靠近三端集成稳压器输入、输出端

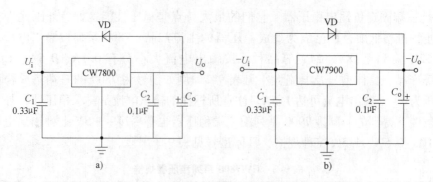

图 9-11　集成三端稳压器的典型应用

a）CW7800 系列稳压器的典型应用　b）CW7900 系列稳压器的典型应用

处，一般要接入 $C_1 = 0.33\,\mu\text{F}$ 和 $C_2 = 0.1\,\mu\text{F}$ 电容，其目的是使稳压器在整个输入电压和输出电流变化范围内，提高其工作稳定性和改善瞬变响应。为了获得最佳的效果，电容器应选用频率特性好的陶瓷电容或胆电容为宜。另外为了进一步减小输出电压的纹波，一般在集成稳压器的输出端并入一几百 μF 的电解电容。

　　（2）确保不毁坏器件的措施　三端固定集成稳压器内部具有完善的保护电路，一旦输出发生过载或短路，可自动限制器件内部的结温不超过额定值。但若器件使用条件超出其规定的最大限制范围或应用电路设计处理不当，也是要损坏器件的。例如当输出端接比较大电容时（$C_o > 25\,\mu\text{F}$），一旦稳压器的输入端出现短路，输出端电容器上储存的电荷将通过集成稳压器内部调整管的发射极-基极 PN 结泄放电荷，因大容量电容器释放能量比较大，故也可能造成集成稳压器损坏。为防止这一点，一般在稳压器的输入和输出之间跨接一个二极管（见图 9-11），稳压器正常工作时，该二极管处于截止状态，当输入端突然短路时，二极管为输出电容器 C_o 提供泄放通路。

　　（3）稳压器输入电压值的确定　集成稳压器的输入电压虽然受到最大输入电压的限制，但为了使稳压器工作在最佳状态及获得理想的稳压指标，该输入电压也有最小值的要求。输入电压 U_i 的确定，应考虑如下因素：稳压器输出电压 U_o；稳压器输入和输出之间的最小压差 $(U_i - U_o)_{min}$；稳压器输入电压的纹波电压 U_{RIP}，一般取 U_o、$(U_i - U_o)_{min}$ 之和的 10%；电网电压的波动引起的输入电压的变化 ΔU_i，一般取 U_o、$(U_i - U_o)_{min}$、U_{RIP} 之和的 10%。对于集成三端稳压器，$(U_i - U_o) = 2 \sim 10\text{V}$ 具有较好的稳压输出特性。例如对于输出为 5V 的集成稳压器，其最小输出电压 U_i

$$U_{imin} = U_0 + (U_i - U_o)_{min} + U_{RIP} + \Delta U_i = (5 + 2 + 0.7 + 0.77)\text{V} \approx 8.5\text{V}$$

9.4.2　三端可调（线性）集成稳压器

　　三端固定输出集成稳压器主要用于固定输出标准电压值的稳压电源中。虽然通过外接电路元件，也可构成多种形式的可调稳压电源，但稳压性能指标有所降低。集成三端可调稳压器的出现，可以弥补三端固定集成稳压器的不足。它不仅保留了固定输出稳压器的优点，而且在性能指标上有很大的提高。它分为 LM317（正电压输出）和 LM337（负电压输出）两大系列，每个系列又有 100mA、0.5A、1.5A、3A…等品种，应用十分方便。就 LM317 系列与 LM7800 系列产品相比，在同样的使用条件下，静态工作电流 I_Q 从几十毫安下降到

$50\mu A$，电压调整率 S_V 由 $0.1\%/V$ 达到 $0.02\%/V$，电流调整率 S_I 从 0.8% 提高到 0.1%。三端可调集成稳压器的产品分类见表 9-4 所示。

LM317 系列、LM337 系列集成稳压器的管脚排列及封装型式见图 9-12 所示。

表 9-4 三端可调集成稳压器规格

特点	国 产 型 号	最大输出电流/A	输出电压/V	对应国外型号
正压输出	CW117L/217L/317L	0.1	1.2~37	LM117L/217L/317L
	CW117M/217M/317M	0.5	1.2~37	LM117M/217M/317M
	CW117/217/317	1.5	1.2~37	LM117/LM217/317
	CW117HV/217HV/317HV	1.5	1.2~57	LM117HV/217HV/317HV
	W150/250/350	3	1.2~33	LM150/250/350
	W138/2138/338	5	1.2~32	LM138/238/338
	W196/296/396	10	1.25~15	LM196/296/396
负压输出	CW137L/237L/337L	0.1	−37~−1.2	LM137L/2137L/337L
	CW137M/237M/337M	0.5	−37~−1.2	LM137M/237M/337M
	CW137/237/337	1.5	−37~−1.2	LM137/237/337

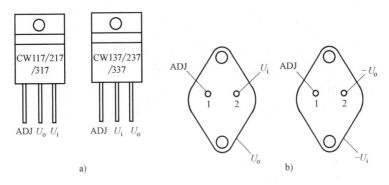

图 9-12 三端可调集成稳压器管脚排列

a) TO-220 封装 b) TO-3 封装

LM317、LM337 系列三端可调稳压器使用非常方便，只要在输出端上外接两个电阻，即可获得所要求的输出电压值。它们的标准应用电路如图 9-13 所示。其中图 9-13a 是 LM317 系列三端可调稳压器典型应用电路；图 9-13b 是 LM337 系列三端可调稳压器典型应用电路。

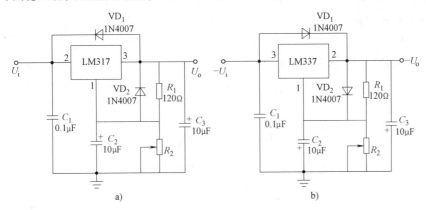

图 9-13 三端可调集成稳压器的典型应用

a) LM317 系列三端可调稳压器典型应用电路 b) LM337 系列三端可调稳压器典型应用电路

在图 9-13a 电路中，输出电压的表达式为

$$U_o = 1.25 \times \left(1 + \frac{R_2}{R_1}\right) + 50 \times 10^{-6} \times R_2 \approx 1.25 \times \left(1 + \frac{R_2}{R_1}\right)$$

式中第二项是 LM317 的调整端流出的电流在电阻 R_2 上产生的压降。由于电流非常小（仅为 $50\mu A$），故第二项可忽略不计。

在空载情况下，为了给 LM317 的内部电路提供回路，并保证输出电压的稳定，电阻 R_1 不能选的过大，一般选择 $R_1 = 100 \sim 120\Omega$。调整端上对地的电容器 C_2 用于旁路电阻 R_2 上的纹波电压，改善稳压器输出的纹波抑制特性。一般 C_2 的取值在 $10\mu F$ 左右。

9.4.3 集成稳压器典型应用实例

1. 正、负对称固定输出的稳压电源

利用 CW7815 和 CW7915 集成稳压器，可以非常方便地组成 ±15V 输出、电流 1.5A 的稳压电源，其电路如图 9-14 所示。该电源仅用了一组整流电路，节约了成本。

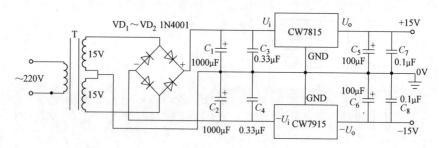

图 9-14　正、负对称固定输出的稳压电源

2. 从零伏开始连续可调的稳压电源

由于 CW317 集成稳压器的基准电压是 1.25V，且该电压在输出端和调整端之间，使得图 9-13 所示的稳压电源输出只能从 1.25V 向上调起。如果实现从 0V 起调的稳压电源，可采用图 9-15 所示的电路。电路中的 R_2 不是直接接到 0V 上，而是接在稳压管 VS_Z 的阳极上，若稳压管的稳压值取 1.25V，则调节 R_2，该电路的输出电压可从 0V 起调。稳压管 VS_Z 也可用两只串联二极管代替，电阻 R_3 起限流作用。

3. 跟踪式稳压电源

在有些情况下，有时要求某一电源能自动跟踪另一电源电压的变化而变化。利用两只 CW317 集成稳压器组成的跟踪式稳压电源，如图 9-16 所示。第一级集成稳压器 IC_1 的调整端通过电阻 R_2 接到第二只集成稳压器 IC_2 的输出端，这就限定了 IC_2 集成稳压器的输入-输出电压差。该电压差

$$U_{d2} = U_{o1} - U_{o2} = 1.25\left(1 + \frac{R_2}{R_1}\right)$$

在图中给定的参数下，$U_{d2} = 5V$。第二级集成稳压器的输出电压

$$U_{o2} = 1.25\left(1 + \frac{R_4}{R_3}\right)$$

故第一级集成稳压器的输出电压

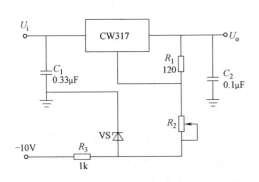

图 9-15　从 0V 起调的稳压电源

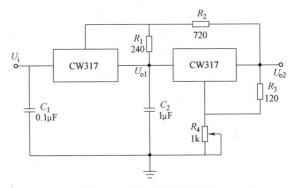

图 9-16　跟踪式稳压电源

$$U_{o1} = U_{d2} + U_{o2} = 5 + 1.25\left(1 + \frac{R_4}{R_3}\right)$$

可见在调节电阻 R_4 改变第二级输出电压 U_{o2} 时，第一级输出电压 U_{o1} 自动跟踪 U_{o2} 电压变化。

4. 恒流源电路

用三端固定输出集成稳压器组成的恒流源电路如图 9-17 所示。此时三端集成稳压器 CW7805 工作于悬浮状态，接在 CW7805 输出端和公共端之间的电阻 R 决定了恒流源的输出电流 I_o。从图中知，流过电阻 R 的电流

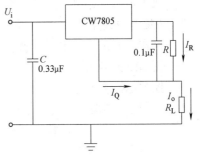

图 9-17　恒流源电路之一

$$I_R = \frac{V_{\times\times}}{R} = \frac{5}{R}$$

流过负载 R_L 的电流　　　$$I_o = I_R + I_Q = \frac{5}{R} + I_Q$$

其中 I_Q 为集成稳压器的静态工作电流。当电阻 R 较小，I_R 较大的情况下，I_Q 的影响可忽略不计。可见，调节电阻 R 的大小，可以改变恒流源电流的大小。

用三端可调集成稳压器 CW317 组成的恒流源电路如图 9-18 所示。由于集成可调稳压器 CW317 的调整端电流非常小，仅有 50μA 左右，并且调整端电流又极其稳定。故该恒流源的电流恒定性及效率均比较高。该恒流源电路的输出电流

$$I_o = \frac{1.25}{R}$$

若将电阻 R 用电位器代替，便可得到输出电流可调的恒流源。该恒流源的最小输出电流应大于 5mA，恒流源的最大输出电流将受到 CW317 最大输出电流的限制。

9.4.4　开关稳压电源概述

图 9-19 画出了开关稳压电源的原理图及等效原理框图，它是由全波整流器、开关管 V、励磁信号、续流二极管 VD、储能电感和滤波电容 C 组成。

1. 开关电源特点

1）调整管工作在开关状态；

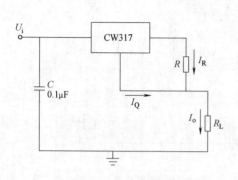

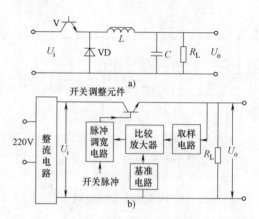

图 9-18　恒流源电路之二　　　　　　　图 9-19　开关稳压电源的原理图及等效原理框图

2）转换效率高，一般可达 65% ~ 90%；

3）体积小、重量轻；

4）稳压范围宽，电网电压可在 130 ~ 256V 波动。

2. 开关电源缺点

1）存在尖峰干扰与电磁干扰；

2）输出纹波电压较大；

3）控制电路复杂。

3. 开关电源类型

1）调整管与负载的连接方式有串联型开关稳压电路、并联型开关稳压电路；

2）调整管基极脉冲占空比按控制方式有脉宽控制、频率控制、混合控制；

3）脉冲源产生电路有自激式、他励式。

4. 开关稳压电源的工作原理

开关电源用脉冲占空比控制电路的输出矩形波，来控制调整管的饱和与截止时间，从而稳定输出电压。

当输出电压较低时：调整管饱和，输出电压升高（如图 9-20）。

当输出电压较高时：调整管截止，由续流电路维持负载电流，输出电压下降（图 9-21）。

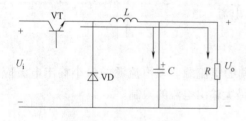

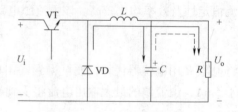

图 9-20　调整管饱和导通　　　　　　　　图 9-21　调整管截止

9.5　思考与练习

1. 什么是整流？整流输出的电压与恒稳直流电压、交流电压有什么不同？

2. 直流电源通常由哪几部分组成？各部分的作用是什么？

3. 分别列出单相半波、全波和桥式整流电路中以下几项参数的表达式，并进行比较。
（1）输出电压平均值 U_o；（2）二极管正向平均电流；（3）二极管最大反向峰值电压 U_{DRM}。

4. 在图 9-22 所示电路中，已知 $R_L = 8k\Omega$，直流电压表
V_2 的读数为 110V，二极管的正向压降忽略不计，求：

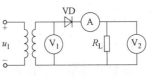

（1）直流电流表 A 的读数；

（2）整流电流的最大值；

（3）交流电压表 V_1 的读数。

图 9-22　习题 9.4 图

5. 设一半波整流电路和一桥式整流电路的输出电压平均
值和所带负载大小完全相同，均不加滤波，试问两个整流电路中整流二极管的电流平均值和
最高反向电压是否相同？

6. 在单相桥式整流电路中，已知变压器二次电压有效值 $U_2 = 60V$，$R_L = 2k\Omega$，若不计
二极管的正向导通压降和变压器的内阻，求：（1）输出电压平均值 U_o；（2）通过变压器二
次侧绕组的电流有效值 I_2；（3）确定二极管的 I_o、U_{DRM}。

7. 电容滤波的原理是什么？为什么用电容滤波后二极管的导通时间大大缩短？

8. 在题图 9-23 所示桥式整流电容滤波电
路中，$u_2 = 20V$，$R_L = 40\Omega$，$C = 1000\mu F$，
试问：

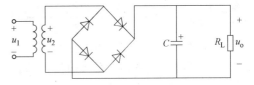

（1）正常时 u_o 为多大？

（2）如果电路中有一个二极管开路，u_o
又为多大？

图 9-23　习题 9.8 图

（3）如果测得 u_o 为下列数值，可能出现了什么故障？①$u_o = 18V$，②$u_o = 28V$，
③$u_o = 9V$。

9. 单相桥式整流电容滤波电路，已知交流电源频率 $f = 50Hz$，要求输出直流电压和输出
直流电流分别为 $u_o = 30V$，$I_o = 150mA$，试选择二极管及滤波电容。

10. 在图 9-24 所示桥式整流电路，设 $u_2 = \sqrt{2}U_2\sin\omega t$，试分别画出下列输出电压 u_{AB} 的
波形。

1）S_1、S_2、S_3 打开，S_4 闭合；

2）S_1、S_2 闭合，S_3、S_4 打开；

3）S_1、S_4 闭合、S_2、S_4 打开；

4）S_1、S_2、S_4 闭合，S_3 打开；

5）S_1、S_2、S_3、S_4 全部闭合。

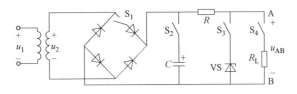

图 9-24　习题 9.10 图

第 10 讲　门电路与组合逻辑电路

【导读】

在数字电路中，电路的输入信号与输出信号之间存在一定的逻辑关系。实现这种逻辑关系的数字电路称为逻辑电路。逻辑门电路是构成数字电路的基本单元电路。最基本的门电路有与、或、非门电路。基本门电路是组成与非、或非、与或非、异或等常用逻辑门电路。组合逻辑电路则是指在任何时刻，输出状态只决定于同一时刻各输入状态的组合，而与电路以前状态无关，而与其他时间的状态无关。

应知

※掌握数制转换

※掌握门电路的逻辑功能、真值表和逻辑符号

※掌握逻辑函数的表示方法

※了解加法器、编码器和译码器的工作原理

☆能应用逻辑代数运算法则化简逻辑函数

☆能识别并判断常见的门电路

☆能用门电路搭建组合逻辑电路

☆能设计基本的译码和编码电路

应会

10.1 数字电路基础知识

10.1.1 数字信号与数字电路

1. 数字信号

数字信号是脉冲信号,持续时间短暂。在数字电路中,最常见的数字信号是矩形波和尖顶波,如图 10-1 所示。实际的波形并不是那么理想,图 10-2 为实际的矩形波。以矩形波为例,数字信号即脉冲的基本参数如下:

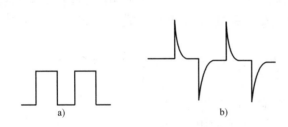

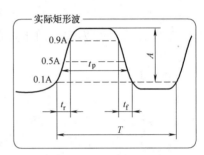

图 10-1　数字信号
　　　a) 矩形波　b) 尖顶波

图 10-2　实际的矩形波

（1）脉冲幅度 A　脉冲信号变化的最大值。

（2）脉冲上升时间 t_r　从脉冲 10% 的幅度上升到 90% 所需的时间。

（3）脉冲下降时间 t_f　从脉冲 90% 的幅度下降到 10% 所需的时间。

（4）脉冲宽度 t_p　从上升沿 50% 幅度到下降沿 50% 幅度所需的时间。

（5）脉冲周期 T　周期性脉冲信号前后两次出现的间隔时间。

（6）脉冲频率 f　单位时间内的脉冲数, $f = 1/T$。

数字电路中没有脉冲信号时的状态称为静态,静态时的电压值可以为正、负或零（一般在 0V 左右）。脉冲出现时电压大于静态电压值称正脉冲,小于静态电压值称为负脉冲,如图 10-3 所示。

图 10-3　正脉冲与负脉冲
　　　a) 正脉冲　b) 负脉冲

2. 数字电路

数字电路通常是根据脉冲信号的有无、个数、频率、宽度来进行工作的,而与脉冲幅度无关,所以抗干扰能力强,准确度高,如图 10-1b 所示。虽然数字信号的处理电路比较复杂,但因信号本身波形十分简单,它只有两种状态:有或无,在电路中具体表现为高电位和低电位（通常用1和0表示），所以用于数字电路的晶体管不是工作在放大状态而是工作在开关状态，要么饱和导通，要么截止。因此制作时要求低，功耗小，易于集成化，随着数字集成电路制作技术的发展，数字电路获得了广泛的应用。

10.1.2　数值与码

1. 数值

数值可以表示长度、质量、时间、温度等物理量的大小程度。

表示数值大小的各种计数方法称为计数体制，简称数制。按进位的原则进行计数称进位计数制。常用的数制有十进制、二进制、十六进制等。每一种进制有一组特定的数码，如十进制数有0、1、2、…、9共10个数码。数码总数称为基数，如十进制基数是10。每位数的"1"代表的值称为权，如十进制各位的权分别是10^0、10^1、10^2、…及10^{-1}、10^{-2}、10^{-3}、…等。

二进制数的数码有"0"、"1"两个，基数是2，每位的权是2的幂，如2^0、2^1、2^2、…及2^{-1}、2^{-2}、…等，进位规则是"逢二进一"。

数字电路中，存在高、低电平两种工作状态，可以方便地表示二进制数（对于正脉冲，高电平为"1"低电平为"0"）。因此数字电路中普遍使用二进制。

日常生活中，人们习惯使用的是十进制数。十进制数可以和二进制数按数值的大小相互等值转换。

二进制数转换成十进制数的方法是按权展开，再求各位数值之和。

表10-1　20以内的十进制数与二进制之间的关系

十进制数	二进制数	十进制数	二进制数	十进制数	二进制数	十进制数	二进制数	十进制数	二进制数
0	0	4	100	8	1000	12	1100	16	10000
1	1	5	101	9	1001	13	1101	17	10001
2	10	6	110	10	1010	14	1110	18	10010
3	11	7	111	11	1011	15	1111	19	10011

【例10.1】　将二进制数11011转换为十进制数。

解：$(11011)_2 = 1 \times 2^4 + 1 \times 2^3 + 0 \times 2^2 + 1 \times 2^1 + 1 \times 2^0$

$$= 16 + 8 + 0 + 2 + 1 = (27)_{10}$$

十进制整数转换为二进制数的常用方法是除二取余法，即将十进制数连续除以2，并依次记下余数，一直除到商为0为止。以最后所得的余数为最高位，依次从后向前排列即为转换后对应的二进制数。

【例10.2】　将十进制数218转换为二进制数。

解：用竖式除法表示除二取余法的过程。转化结果为图10-4所给出的二进制数与十进制数的对照表。

【例10.3】　把$(1011.11)_B$转换成二进制数（保留两位小数）。

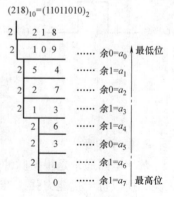

图10-4　例10.2图

解：

$$(1011.11)_B = 1 \times 2^3 + 0 \times 2^2 + 1 \times 2^1 + 1 \times 2^0 + 1 \times 2^{-1} + 1 \times 2^{-2}$$
$$= 8 + 0 + 2 + 1 + 0.5 + 0.25 = (11.75)_D$$
$$(0.75)_D = (0.11)_B$$

2. 码

数字系统中的信息，除数据外还包括文字、符号和各种对象、信号等，这些信息都是用若干位"0"和"1"组成的二进制数表示的。这些二进制数分别称为十进制数码、文字、符号和某对象、信号等的代码。

n 位二进制数，可以组成 $N = 2^n$ 种不同的代码，代表 2^n 种不同的信息或数据。

（1）二—十进制码（BCD 码） 组成十进制数的数码共有 10 个，至少需要 4 位二进制数表示。而 4 位二进制数码可以有 16 种组合，表示十进制数码时，只需用 10 种，有 6 种不用，故有多种表示方案。常用的二—十进制码有 8421 码、余 3 码、格雷码等。

每组（4 位）二—十进制码表示一位十进制数，M 位十进制数需用 M 组 4M 位二—十进制码表示。例如 $(16)_{10} = (0001\ 0110)_{8421码}$。

8421 BCD 码是最基本、常见的 BCD 码，选用了 4 位二进制数的前 10 种组合。每组（4位）内 8421 码符合二进制规则，而组与组之间则是十进制。

表 10-2　8421 BCD 码及其所代表的十进制数

十进制数	8421 BCD 码	十进制数	8421 BCD 码
0	0000	5	0101
1	0001	6	0110
2	0010	7	0111
3	0011	8	1000
4	0100	9	1001

二—十进制码与自然二进制数形式相似，但本质不同。二进制数是按二进制的规则表示数值的大小，而二—十进制码是用二进制数表示十进制数码，它们的值并不一定相等，实际上往往不等。例如：$(0110)_{8421码} = (0110)_2$，但 $(0110)_{余3码} \neq (0110)_2$，$(0001\ 0110)_{8421码} \neq (0001\ 0110)_2$。

（2）字符码 目前广泛应用的表示字母、符号的二进制代码是 ASCII 码（American Standard Code for Information Interchange，美国信息交换标准代码）。

ASCII 码采用 7 位二进制数编码，可以表示 128 个字符。扩展 ASCII 码采用 8 位二进制数编码，可以表示 256 个字符。

在汉字系统中，由于中文文字较多，需用 16 位二进制数编码。

（3）其他代码 在数字系统中，任何信息包括各种特定的对象、信号等都要转化为二进制代码来处理。例如：在计算机的 VGA/TVGA 显示系统中，标准彩色字符的颜色与 3 位二进制代码对应，红色对应 $(100)_2$，而 $(010)_2$ 则代表绿色。

10.2　逻辑门电路

在数字电路中，电路的输入信号与输出信号之间存在一定的逻辑关系。实现这种逻辑关系的数字电路称为逻辑电路。

在数字逻辑电路中，只有两种相反的工作状态——高电平与低电平，分别用"1"和"0"表示。对应正逻辑关系，开关接通为"1"，断开为"0"；灯亮为"1"，暗为"0"：晶体管截止为"1"，饱和为"0"。本书采用正逻辑关系。

数字电路中，用以实现一定逻辑关系的电路称逻辑门电路，简称门电路。门电路可以用晶体二极管、晶体晶体管等分立器件组成，也可以用集成电路实现，称为集成门电路。数字电路中的基本逻辑关系有三种，即："与"、"或"、"非"。与其对应的基本门电路有"与门"、"或门"、"非门"三种。

10.2.1 与门

图 10-5a 为与门逻辑关系图。开关 A 与 B 串联后控制指示灯 Y，只有当 A 与 B 都闭合时（全为"1"时），灯 Y 才亮（为"1"）：A 与 B 中只要一个断开（为"0"），则 Y 不亮（为"0"）。Y 与 A、B 的这种关系称为与逻辑。

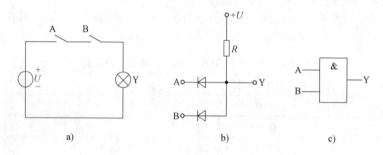

图 10-5 与门电路

"与"逻辑关系又称逻辑乘，其表达式：

$$Y = A \cdot B = AB \tag{10-1}$$

实现与门逻辑关系的电子电路称为与门电路，简称为与门，图 10-5b 为由二极管组成的与门电路。图 10-5c 为与门的逻辑符号，与门为多入单出门电路，对于有多个输入端的与门逻辑可用下式表示：

$$Y = ABCD\cdots$$

与门逻辑除用式（10-1）表示外，也可用逻辑状态真值表来表示，见表 10-3。根据真值表可画出与门逻辑功能波形图。如图 10-6 所示。

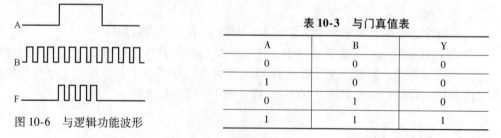

图 10-6 与逻辑功能波形

表 10-3 与门真值表

A	B	Y
0	0	0
1	0	0
0	1	0
1	1	1

由与门真值表和逻辑表达式可以得出逻辑乘的运算规律：

$$00 = 0 \quad 0 \cdot 1 = 0 \quad 1 \cdot 0 = 0 \quad 1 \cdot 1 = 1$$

逻辑功能总结："有 0 出 0，全 1 出 1"。

与门电路应用举例，一般用来控制信号的传送。例如有一个两输入端与门，如果在 A 端输入一控制信号，B 端输入一个持续的脉冲信号，图 10-6 为与门电路的工作波形图，图中只有当 A = 1 时，B 信号才能通过，在 Y 端得到输出信号，此时相当于与门被打开；当 A = 0 时，与门被封锁，信号 B 不能通过。

目前常用的与门集成电路有 74LS08，它的内部用 4 个二输入与门电路，图 10-7 为外引脚图和逻辑图。

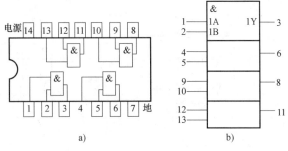

图 10-7　4 个二输入与门 74LS08

10.2.2　或门

图 10-8a 为或门逻辑关系图，在电路中，两开关 A、B 并联后控制指示灯 Y。只要 A 或 B 有一个接通（为"1"），灯 Y 就亮（为"1"）；而 A、B 全断开时（全为"0"），Y 才不亮（为"0"）。Y 与 A、B 的这种关系称为或逻辑。

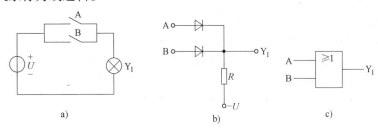

图 10-8　或门电路

或门逻辑关系又称为逻辑加，其表达式：

$$Y = A + B \tag{10-2}$$

实现或逻辑关系的电路称为或门电路，简称或门。

图 10-8b 为由二极管组成的或门电路。图 10-8c 为或门的逻辑符号。或门的真值表见表 10-4。根据表 10-4，可画出或门逻辑功能波形图，如图 10-9 所示。

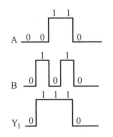

图 10-9　或门功能波形

表 10-4　或门真值表

A	B	Y
0	0	0
1	0	1
0	1	1
1	1	1

由或门真值表和逻辑表达式，可得出逻辑加的运算规律：

$$0 + 0 = 0 \quad 0 + 1 = 1 \quad 1 + 0 = 1 \quad\quad 1 + 1 = 1$$

逻辑功能总结："有 1 出 1，全 0 出 0"。

同样，或门输入变量可以是多个，如：$Y = A + B + C + \cdots$。

或门电路举例：常用于两路防盗报警电路，如图 10-10 所示。S_1 和 S_2 为微动开关，可装在门和窗上，门和窗都关上时，S_1 和 S_2 闭合接地，报警灯不亮。如果门或窗任何一个被打开时，相应的微动开关断开，接高电平，使报警灯亮；若在输出端接个音响电路则可实现声光同时报警。

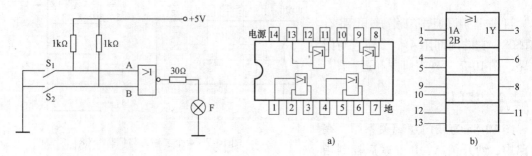

图 10-10　或门电路举例　　　　　　　　图 10-11　四个二输入或门 74LS32

目前常用或门集成电路有 74LS32，它的内部有四个二输入的或门电路，图 10-11 为外引脚和逻辑图符号。

10.2.3　非门

图 10-12a 为非门逻辑关系图，开关 A 与电灯 Y 并联。当开关 A 接通（为"1"）时，灯 Y 不亮（为"0"）；当 A 断开（为"0"）时，灯 Y 亮（为"1"），Y 与 A 的状态相反。这种关系称非门逻辑，非门逻辑关系也叫逻辑非，其表达式

$$Y = \overline{A} \tag{10-3}$$

图 10-12b 为由晶体管组成的非门电路。在电路中，晶体管是工作在饱和状态或截止状态。当 A 为低电平即 0 时，晶体管截止，相当于开路，输出端 Y 为接近 U 的高电平即为 1；当 A 为 1 即高电平（一般为 3V）时，晶体管处于饱和状态，饱和电压 $U_{CES} = 0.3V$，C、E 间相当于短路，输出端 Y 为 0。

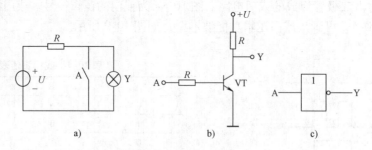

图 10-12　非门电路

图 10-12c 为非门逻辑符号。其非门逻辑状态真值表见表 10-5。

由表 10-5 和式（10-3），可得出逻辑非的运算规律，即：$\overline{0} = 1$　$\overline{1} = 0$。

非门电路常用于对信号波形的整形和倒相的电路中。常用的非门电路有 74LS04，图 10-13 为其内部结构及引线和逻辑符。

表 10-5　非门真值表

A	Y
0	1
1	0

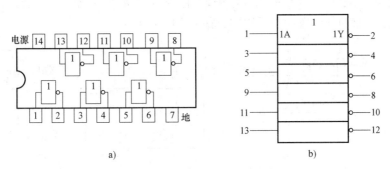

a)　　　　　　　　　　　　　　b)

图 10-13　六反相器 74LS04

10. 2. 4　复合门电路

在实际使用中，可以将上述的基本逻辑门电路组合起来，构成常用的组合逻辑电路，以实现各种逻辑功能。如将与门、或门、非门经过简单组合，可构成另一些复合逻辑门。常用的复合逻辑门有"与非门"、"或非门"、"异或门"等。

1. 与非门

在一个与门的输出端接一个非门，就可完成"与"和"非"的复合运算（先求"与"，再求"非"），称"与非"运算。实现与非复合运算的电路称与非门。与非门逻辑符号如图 10-14 所示。与非门的逻辑表达式：

$$Y = \overline{A \cdot B} \qquad (10\text{-}4)$$

图 10-14　与非门逻辑符号

与非门逻辑状态表见表 10-6。由表 10-6 可知与非门电路的特点："有 0 出 1，全1 出 0"。

常用的集成或"与非"门电路有 74LS00，它内部有四个二输入"与非"门电路。它的外引脚图和逻辑图，如图 10-15 所示。

表 10-6　与非门真值表

A	B	Y
0	0	1
0	1	1
1	0	1
1	1	0

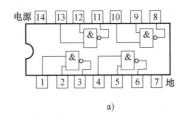

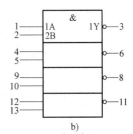

a)　　　　　　　　　　　　b)

图 10-15　四个二与非门 74LS00

2. 或非门

在一个或门的输出端接一个非门，则可构成实现"或非"复合运算的电路称或非门。

或非门逻辑符号如图 10-16 所示。或非门的逻辑表达式为：

$$Y = \overline{A + B} \qquad (10\text{-}5)$$

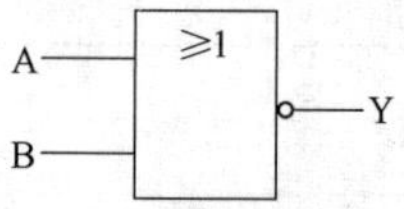

或非门的逻辑状态见表 10-7。由表 10-7 可知，或非门电路的特点："有 1 出 0，全 0 出 1"。

常用的集成"或非"门电路有 74LS02，它内部有 4 个二输入"或非"门电路。它的外引脚图和逻辑图，如图 10-17 所示。

图 10-16 或非门
逻辑符号

表 10-7 或非门状态表

A	B	Y
0	0	1
0	1	0
1	0	0
1	1	0

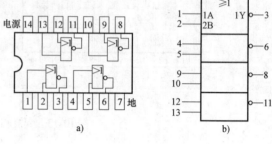

图 10-17 4 个二输入或非门 74LS02

3. 异或门

式 $Y = \overline{A}B + A\overline{B}$ 的逻辑运算称异或运算。记作：

$$Y = A \oplus B = A\overline{B} + \overline{A}B \qquad (10\text{-}6)$$

逻辑符号如图 10-18 所示。图 10-18a 为异或门电路。图 10-18b 为其逻辑符号。异或门电路的特点是："同则出 0，不同出 1"。

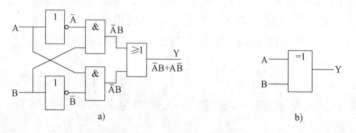

图 10-18 异或门电路及符号

4. 同或门

同或门与"异或"运算相反，其运算符号为"⊙"。

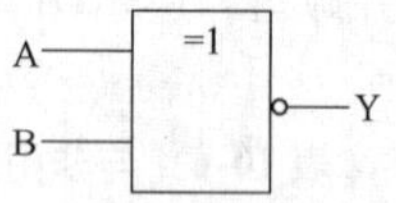

"同或"运算的逻辑表达式：

$$Y = A \odot B = \overline{A}\overline{B} + AB \qquad (10\text{-}7)$$

图 10-19 同或门
逻辑符号

由式（10-7）可得出逻辑状态表，同或门电路的特点：同则出 1，异则出 0。可见同或逻辑与异或逻辑互补。

$$A \odot B = \overline{A \oplus B} \quad A \oplus B = \overline{A \odot B}$$

同或逻辑是异或非。因此，它的逻辑功能一般采用异或门和非门来实现，其逻辑符号如图 10-19 所示。

5. 与或非门

与或非门逻辑运算：

$$Y = \overline{AB + CD} \tag{10-8}$$

实现"与或非"复合运算的电路与非门。与或非门逻辑符号如图 10-20 所示。与或非门电路的特点是：有同 1 出 0，否则出 1。

【**例 10.4**】　逻辑函数 $Y_1 = A + B$，$Y_2 = \overline{AB}$，$Y_3 = \overline{A + B}$，若输入信号 A、B 的波形如图 10-21 所示。试画出输出函数 Y_1、Y_2、Y_3 的波形。

解：根据输入信号 A、B 的波形，由逻辑函数可得 Y_1、Y_2、Y_3 的波形如图 10-21 所示。

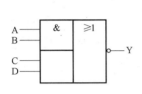

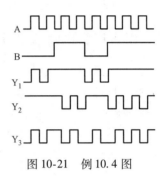

图 10-20　与或非门逻辑符号

图 10-21　例 10.4 图

10.3　组合逻辑电路的分析与设计

组合逻辑电路的结构如图 10-22 所示。它有若干个输入和若干个输出，任何时刻的输出仅决定于当时的输入信号。

10.3.1　组合逻辑电路的分析

组合逻辑电路的分析就是从给定的逻辑电路图求出输出函数的逻辑功能，即求出逻辑表达式和真值表等。

图 10-22　组合逻辑电路的结构

尽管各种组合逻辑电路在功能上千差万别，但是它们的分析方法是共同的。

其一般步骤：

（1）推导逻辑电路输出函数的逻辑表达式并化简（推导逻辑电路输出函数的过程一般为由入向出）。首先将逻辑图中各个门的输出都标上字母，然后从输入级开始，逐级推导出各个门的输出函数。

（2）由逻辑表达式建立真值表　做真值表的方法是，首先将输入信号的所有组合列表，然后将各组合代入输出函数得到输出信号值。

（3）分析真值表　判断逻辑电路的功能。

【**例 10.5**】　试分析图 10-23 所示逻辑电路图的功能。

解：1）根据逻辑图写出逻辑函数式并化简：

$$Y = \overline{\overline{A} \cdot \overline{B} \cdot \overline{AB}} = \overline{A} \cdot \overline{B} + AB$$

2）列真值表，见表 10-8。

3）分析逻辑功能。由真值表 10-8 可知：

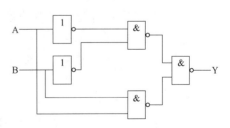

图 10-23　例 10.5 图

表 10-8　真值表

A	B	Y
0	0	1
0	1	0
1	0	0
1	1	1

A、B 相同时 Y = 1；A、B 不相同时 Y = 0。所以该电路是同或逻辑电路。

10.3.2　组合逻辑电路的设计

组合逻辑电路的设计就是在给定逻辑功能及要求的条件下，通过某种设计渠道，得到满足功能要求而且是最简单的逻辑电路，其一般步骤如下：

1）确定输入、输出变量，定义变量逻辑状态的含义。

2）将实际逻辑问题抽象成真值表。

3）根据真值表写逻辑表达式，并化简成最简与或表达式。

4）根据表达式画逻辑图。

【例 10.6】　设有甲、乙、丙三台电动机，它们运转时必须满足这样的条件，即任何时间必须有而且仅有一台电动机运行，如不满足该条件，就输出报警信号。

试设计此报警电路。

解： 1）取甲、乙、丙三台电动机的状态为输入变量，分别用 A、B 和 C 表示，并且规定电动机运转为 1，停转为 0，取报警信号为输出变量，以 Y 表示，Y = 0 表示正常状态，否则为报警状态。

2）根据题意可列出表 10-9 所示的真值表。

表 10-9　真值表

A	B	C	Y
0	0	0	1
0	0	1	0
0	1	0	0
0	1	1	1
1	0	0	0
1	0	1	1
1	1	0	1
1	1	1	1

3）写逻辑表达式，方法有二：其一是对 Y = 1 的情况写，其二是对 Y = 0 的情况写。用方法一写出的是最小项表达式；用方法二写出的是最大项表达式。若 Y = 0 的情况很少，也可对 Y 非等于 1 的情况写，然后再对 Y 非求反。

以下是对 Y = 1 的情况写出的表达式：

$$Y = \overline{ABC} + \overline{A}BC + A\overline{B}C + AB\overline{C} + ABC$$

化简后得到：

$$Y = \overline{ABC} + AC + AB + BC$$

4）由逻辑表达式可画出如图 10-24 所示的逻辑电路，一般为由出向入的过程。

【例 10.7】　试设计一逻辑电路供三人（A、B、C）表决使用。每人有一电键，如果他赞成，就按电键，表示 1；如果不赞成，不按电键，表示 0。表决结果用指示灯来表示，如果多数赞成，则指示灯亮，Y = 1；反之灯不亮，Y = 0。

解： 首先确定逻辑变量，设 A、B、C 为 3 个电键，Y 为指示灯。

（1）根据以上分析列出表 10-10 所示的真值表。

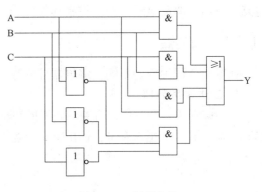

图 10-24　逻辑电路

表 10-10　真值表

A	B	C	Y
0	0	0	0
0	0	1	0
0	1	0	0
0	1	1	1
1	0	0	0
1	0	1	1
1	1	0	1
1	1	1	1

（2）由真值表写出逻辑式

$$Y = AB\overline{C} + A\overline{B}C + \overline{A}BC + ABC$$

化简后得到：

$$Y = \overline{\overline{AB} \cdot \overline{BC} \cdot \overline{CA}}$$

（3）根据逻辑表达式画逻辑图，如图 10-25 所示

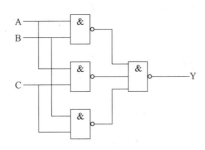

图 10-25　逻辑电路图

10.4　常用的组合逻辑电路

常用的组合逻辑电路是编码器和译码器。

编码就是采用二进制代码表示特定对象的过程，是能够实现编码功能的数字电路。译码是编码的逆过程，就是将给定的代码翻译成特定的信号，译码器是能够实现译码功能的数字

电路，可用于驱动显示电路或控制其他部件工作等。

10.4.1　编码器

按输出代码种类的不同，编码器可分为二进制编码器和二—十进制编码器。

1. 二进制编码器

图 10-26 为一个三位二进制编码器的逻辑电路，它是用三位二进制代码对 8 个对象进行编码，输入有 8 个逻辑变量，输出有 3 个逻辑函数，又称为 8 线—3 线编码器。

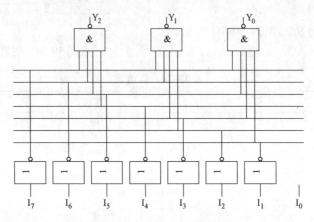

图 10-26　三位二进制编码器

根据组合逻辑电路的分析方法，有逻辑图可以写出该编码器的输出函数表达式：

$$Y_2 = I_4 + I_5 + I_6 + I_7$$
$$Y_1 = I_2 + I_3 + I_6 + I_7$$
$$Y_0 = I_1 + I_3 + I_5 + I_7$$

由逻辑表达式可以列出该编码器的真值表，见表 10-11。

表 10-11　三位二进制编码器的真值表

输入（8 个）								输出		
I_0	I_1	I_2	I_3	I_4	I_5	I_6	I_7	Y_2	Y_1	Y_0
1	0	0	0	0	0	0	0	0	0	0
0	1	0	0	0	0	0	0	0	0	1
0	0	1	0	0	0	0	0	0	1	0
0	0	0	1	0	0	0	0	0	1	1
0	0	0	0	1	0	0	0	1	0	0
0	0	0	0	0	1	0	0	1	0	1
0	0	0	0	0	0	1	0	1	1	0
0	0	0	0	0	0	0	1	1	1	1

由真值表可以看出，以上电路对 8 个对象进行了编码。对某个对象进行编码时，如果其他对象也出现了输入为"1"的状态怎么办？

为了避免这种现象的发生，实际集成电路常设计成优先编码方式，即允许同时有几个输入端出现"1"，但只对其中优先级别最高的对象进行编码。如图 10-27 所示为优先编码器 74LS748 引脚图。

2. 二—十进制编码器

将十进制数 0~9 共十个对象用 BCD 码来表示的电路称为二—十进制编码器。最常用的是 8421BCD 编码器，也称为 10 线—4 线编码器。它的逻辑电路如图 10-28 所示。表 10-12 是它的简化真值表。

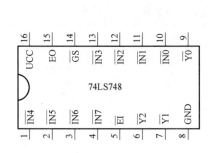

图 10-27　优先编码器 74LS748 引脚图

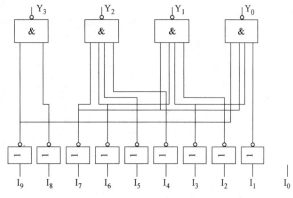

图 10-28　8421BCD 编码器的逻辑电路图

表 10-12　8421BCD 编码器的简化真值表

输入十进制数	输出（8421BCD 码）			
	Y_3	Y_2	Y_1	Y_0
0	0	0	0	0
1	0	0	0	1
2	0	0	1	0
3	0	0	1	1
4	0	1	0	0
5	0	1	0	1
6	0	1	1	0
7	0	1	1	1
8	1	0	0	0
9	1	0	0	1

10.4.2　译码器

译码器也称为解码器，译码器的功能与编码器相反，它将具有特定含义的二进制代码按其原意"翻译"出来，并转换成相应的输出信号。与编码器相对应，也分为二进制译码器和二—十进制译码器，还有显示译码器。

1. 二进制译码器

最常用的二进制译码器是中规模集成电路 74LS138，是一个 3 线-8 线译码器，其引脚图如图 10-29 所示。功能真值表见表 10-13。

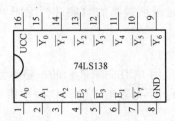

图 10-29　3 线-8 线译码器 74LS138 引脚图

表 10-13　3 线-8 线译码器 74LS138 的功能真值表

输入						输出(8 个)							
控制端			代码输入端						(低电平有效)				
E_1	$\overline{E_2}$	$\overline{E_3}$	A_2	A_1	A_0	$\overline{Y_7}$	$\overline{Y_6}$	$\overline{Y_5}$	$\overline{Y_4}$	$\overline{Y_3}$	$\overline{Y_2}$	$\overline{Y_1}$	$\overline{Y_0}$
×	1	×	×	×	×	1	1	1	1	1	1	1	1
×	×	1	×	×	×	1	1	1	1	1	1	1	1
0	×	×	×	×	×	1	1	1	1	1	1	1	1
1	0	0	0	0	0	1	1	1	1	1	1	1	0
1	0	0	0	0	1	1	1	1	1	1	1	0	1
1	0	0	0	1	0	1	1	1	1	1	0	1	1
1	0	0	0	1	1	1	1	1	1	0	1	1	1
1	0	0	1	0	0	1	1	1	0	1	1	1	1
1	0	0	1	0	1	1	1	0	1	1	1	1	1
1	0	0	1	1	0	1	0	1	1	1	1	1	1
1	0	0	1	1	1	0	1	1	1	1	1	1	1

2. 二—十进制译码器

二—十进制译码器有很多种型号，中规模集成电路 74HC42 的引脚如图 10-30 所示。其真值表见表 10-14。

图 10-30　4 线-10 线译码器 74HC42 的引脚

表 10-14　4 线-10 线译码器 74HC42 的真值表

序号	输入				输出(10 个)									
	A_3	A_2	A_1	A_0	$\overline{Y_9}$	$\overline{Y_8}$	$\overline{Y_7}$	$\overline{Y_6}$	$\overline{Y_5}$	$\overline{Y_4}$	$\overline{Y_3}$	$\overline{Y_2}$	$\overline{Y_1}$	$\overline{Y_0}$
0	0	0	0	0	1	1	1	1	1	1	1	1	1	0
1	0	0	0	1	1	1	1	1	1	1	1	1	0	1
2	0	0	1	0	1	1	1	1	1	1	1	0	1	1

（续）

序号	输入				输出(10个)									
	A_3	A_2	A_1	A_0	$\overline{Y}_9$	$\overline{Y}_8$	$\overline{Y}_7$	$\overline{Y}_6$	$\overline{Y}_5$	$\overline{Y}_4$	$\overline{Y}_3$	$\overline{Y}_2$	$\overline{Y}_1$	$\overline{Y}_0$
3	0	0	1	1	1	1	1	1	1	1	0	1	1	1
4	0	1	0	0	1	1	1	1	1	0	1	1	1	1
5	0	1	0	1	1	1	1	1	0	1	1	1	1	1
6	0	1	1	0	1	1	1	0	1	1	1	1	1	1
7	0	1	1	1	1	1	0	1	1	1	1	1	1	1
8	1	0	0	0	1	0	1	1	1	1	1	1	1	1
9	1	0	0	1	0	1	1	1	1	1	1	1	1	1
伪码	1	0	1	0	1	1	1	1	1	1	1	1	1	1
	1	0	1	1	1	1	1	1	1	1	1	1	1	1
	1	1	0	0	1	1	1	1	1	1	1	1	1	1
	1	1	0	1	1	1	1	1	1	1	1	1	1	1
	1	1	1	0	1	1	1	1	1	1	1	1	1	1
	1	1	1	1	1	1	1	1	1	1	1	1	1	1

3. 显示译码器

显示数字或符号的显示器一般与计数器、译码器、驱动器等配合使用，它的框图如图 10-31 所示。

图 10-31　显示译码器电路框图

在数字计算机系统及数字式测量仪表，如数字式万用表、电子表格、电子钟等中，常常需要将译码后获得的结果或数据，直接以十进制数字的形式显示出来，必须采用译码器的输出去驱动显示器件。具有这种功能的译码器称为显示译码器。显示器件很多，其中最常用的是七段数码管显示器，如图 10-32 所示。

常用的显示器有荧光数码管、液晶数码管（LCD）和半导体数码管（LED）等。七段数码管由七个发光二极管按"日"字排列。按数码管连接方式的不同，可分为共阴极和共阳极两种，如图 10-33 所示。为防止电路中电流过大而烧坏二极管，在每一个二极管的支路中

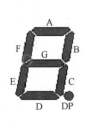

图 10-32　七段数
码显示译码器

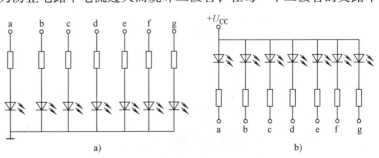

图 10-33　七段数码管显示器的连接方式
a）共阴极方式　b）共阳极方式

都串联了一个限流电阻。

74LS47 是一种具有 BCD 码输入、开路输出的 4 线—7 线译码/驱动的中规模集成电路，其引脚如图 10-34 所示。

图中，$A_0 \sim A_3$ 为 4 线输入（四位 8421BCD 码），a~g 为七段输出，输出为低电平有效。

图 10-34   74LS47 译码/驱动器的引脚

10.5 思考与练习

1. 设一位二进制全加器的被加数为 A_i，加数为 B_i，本位之和为 S_i，向高位进位为 C_i，来自低位的进位为 C_{i-1}，根据真值表 10-15，求：

（1）写出逻辑表达式；

（2）画出其逻辑图。

表 10-15   真值表

A_i	B_i	C_{i-1}	C_i	S_i
0	0	0	0	0
0	0	1	0	1
0	1	0	0	1
0	1	1	1	0
1	0	0	0	1
1	0	1	1	0
1	1	0	1	0
1	1	1	1	1

2. 分析如图 10-35 所示的逻辑电路，求：

（1）列真值表；（2）写出逻辑表达式；（3）说明其逻辑功能。

3. 用一个 74LS138 译码器实现逻辑函数，根据给出的部分逻辑图完成逻辑图的连接。

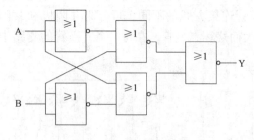

图 10-35   习题 10.2 图

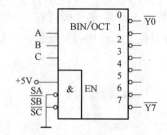

图 10-36   习题 10.3 图

4. 简单回答组合逻辑电路的设计步骤。

5. 试用 2 输入与非门和反向器设计一个 3 输入（I_0、I_1、I_2）、3 输出（L_0、L_1、L_2）的信号排队电路。它的功能是：当输入 I_0 为 1 时，无论 I_1 和 I_2 为 1 还是 0，输出 L_0 为 1，

L_1 和 L_2 为 0；当 I_0 为 0 且 I_1 为 1，无论 I_2 为 1 还是 0，输出 L_1 为 1，其余两个输出为 0；当 I_2 为 1 且 I_0 和 I_1 均为 0 时，输出 L_2 为 1，其余两个输出为 0。如 I_0、I_1、I_2 均为 0，则 L_0、L_1、L_2 也均为 0。求：

（1）列真值表；（2）写出逻辑表达式；（3）将表达式化成与非式；（4）根据与非式画出逻辑图。

6. 某个车间有红、黄两个故障指示灯，用来表示 3 台设备的工作情况。如一台设备出现故障，则黄灯亮；如两台设备出现故障，则红灯亮；如三台设备同时出现故障，则红灯和黄灯都亮。试用与非门和异或门设计一个能实现此要求的逻辑电路。求：

（1）列真值表；（2）写出逻辑表达式；（3）根据表达式特点将其化成与非式，或者是异或式；（4）根据化成的表达式画出逻辑图。

7. 组合逻辑的分析方法大致有哪几步？

8. 请用 3 线-8 线译码器和少量门器件实现逻辑函数。

9. 有一组合逻辑电路如图 10-37a 所示。其输入信号 A、B 的波形如图 10-37b 所示。求：

（1）写出逻辑表达式并化简；（2）列出真值表；（3）画出输出波形；（4）描述该电路的逻辑功能。

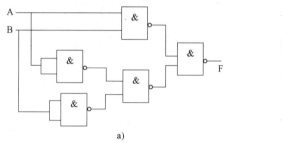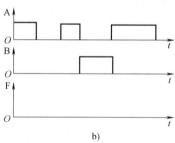

图 10-37　习题 10.9 图

10. 根据下列各逻辑表达式画出相应的逻辑图。

（1）$Y1 = AB + AC$；（2）$Y_2 = \overline{AB} + A\,\overline{C}$。

11. 根据下列逻辑图写出相应的逻辑表达式并化简。

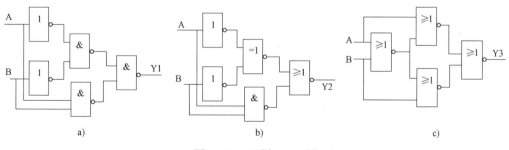

图 10-38　习题 10.11 图

12. 输入波形如图 10-39 所示。试画出下列各表达式对应的输出波形。

（1）$Y = \overline{A + B}$　　（2）$Y = \overline{AB}$　　（3）$Y = A\,\overline{B} + \overline{A}B$

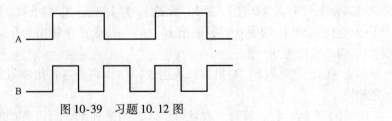

图 10-39 习题 10.12 图

第11讲 触发器与时序逻辑电路

【导读】

时序逻辑电路与组合逻辑电路并驾齐驱，是数字电路的两大重要分支之一。而时序逻辑电路的显著特点就是，电路中的任何一个时刻的输出状态不仅取决于当时的输入信号，还与电路原来的状态有关。构成时序逻辑电路的基本单元为触发器，触发器有两个稳定的输入状态，在没有外来信号作用时，触发器处于原来的稳定状态不变，指导有外部输入信号时才有可能翻转到另一个稳定状态，因此触发器具有记忆功能，常用来保存二进制信息。

应知

※掌握双稳态触发器的逻辑功能

※掌握寄存器电路

※掌握计数器电路

※了解555定时电路的基本原理

☆能判别双稳态触发器的输出电路状态

☆能调试寄存器电路

☆能调试计数器电路

☆能用555定时器来设计简单电子电路

应会

11.1　触发器

11.1.1　基本 RS 触发器

触发器有两个稳定的状态，可用来表示数字 0 和 1。按结构的不同可分为，没有时钟控制的基本触发器和有时钟控制的门控触发器。

基本 RS 触发器是组成门控触发器的基础，一般有与非门和或非门组成的两种，以下介绍与非门组成的基本 RS 触发器。

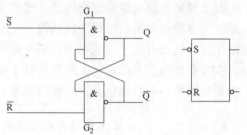

1. 电路结构与符号图

用与非门组成的基本 RS 触发器如图 11-1 所示。图中 $\bar{S}$ 为置 1 输入端，$\bar{R}$ 为置 0 输入端，都是低电平有效，Q、$\bar{Q}$ 为输出端，一般以 Q 的状态作为触发器的状态。

图 11-1　与非门组成的基本 RS 触发器

表 11-1　基本 RS 触发器的真值表

$\bar{R}$	$\bar{S}$	Q^{n+1}	$\bar{Q}^{n+1}$
0	1	0	1
1	0	1	0
1	1	Q^n	$\bar{Q}^n$
0	0	1	1

2. 工作原理与真值表

1）当 $\bar{R}=0$、$\bar{S}=1$ 时，因 $\bar{R}=0$，G_2 门的输出端 $\bar{Q}=1$，G_1 门的两输入为 1，因此 G_1 门的输出端 $Q=0$。

2）当 $\bar{R}=1$、$\bar{S}=0$ 时，因 $\bar{S}=0$，G_1 门的输出端 $Q=1$，G_2 门的两输入为 1，因此 G_2 门的输出端 $\bar{Q}=0$。

3）当 $\bar{R}=1$、$\bar{S}=1$ 时，因 G_1 门和 G_2 门的输出端被它们的原来状态锁定，故输出不变。

4）当 $\bar{R}=0$、$\bar{S}=0$ 时，则有 $Q=\bar{Q}=1$。若输入信号 $\bar{S}=0$、$\bar{R}=0$ 之后出现 $\bar{S}=1$、$\bar{R}=1$，则输出状态不确定。因此 $\bar{S}=0$、$\bar{R}=0$ 的情况不能出现，为使这种情况不出现，特给该触发器加一个约束条件 $\bar{S}+\bar{R}=1$。

由以上分析可得到表 11-1 所示真值表。这里 Q^n 表示输入信号到来之前 Q 的状态，一般称为现态。同时，也可用 Q^{n+1} 表示输入信号到来之后 Q 的状态，一般称为次态。

3. 时间图

时间图也称为波形图，用时间图也可以很好的描述触发器，时间图分为理想时间图和实际时间图，理想时间图是不考虑门电路延迟的时间图，而实际时间图考虑门电路的延迟时间。由与非门组成的 RS 触发器理想时间图，如图 11-2 所示。

11.1.2 门控触发器

在数字系统中，为了协调一致地工作，常常
要求触发器有一个控制端，在此控制信号的作用
下，各触发器的输出状态有序地变化。具有该控
制信号的触发器称为门控触发器。门控触发器按
触发方式，可分为电位触发、主从触发和边沿触
发三类；按逻辑功能可分为 RS 触发器、D 触发

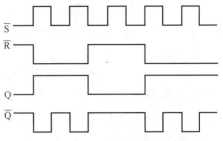

图 11-2　与非门组成的 RS 触发器理想时间图

器、JK 触发器、T 触发器四种类型。触发器的重点是它的逻辑功能和触发方式。

1. 门控 RS 触发器

（1）电路结构与符号图　门控 RS 触发器如图 11-3 所示。图中 C 为控制信号，也称为
时钟信号，记为 CP。

当门控信号 C 为 1 时，RS 信号可以
通过 G_3，G_4 门，这时的门控触发器就是
与非门结构的 RS 触发器，当门控信号为
0 时，RS 信号被封锁。

（2）真值表　由图 11-3 可见，C = 1
时，S、R 的作用正好与基本 SR 触发器
中的 $\overline{S}$、$\overline{R}$ 的作用相反，由此可得到门控
SR 触发器的真值表见表 11-2。

注意，对于门控 RS 触发器，输入端
S、R 不可同时为 1，或者说 SR = 0 为它
的约束条件。

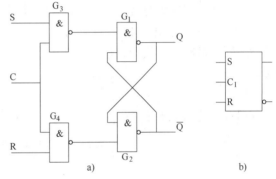

图 11-3　门控 RS 触发器

（3）特性表　根据以上分析可见触发器的次态 Q^{n+1} 不仅与触发器的输入 S、R 有关，
也与触发器的现态 Q^n 有关。

触发器的次态 Q^{n+1} 与现态 Q^n 以及输入 S、R 之间的真值表称为特性表。由表 11-2 门控
RS 触发器的真值表可得到其特性表，见表 11-3。

表 11-2　门控 RS 触发器的真值表

S	R	Q	$\overline{Q}$
0	1	0	1
1	0	1	0
0	0	Q^n	$\overline{Q}^n$
1	1	1	1

表 11-3　门控 RS 触发器的特性表

S	R	Q^n	Q^{n+1}	
0	0	0	0	
0	0	1	1	
0	1	0	0	
0	1	1	0	
1	0	0	1	
1	0	1	1	
1	1	0	1	不允许
1	1	1	1	

（4）特性方程　触发器的次态 Q^{n+1} 与现态 Q^n 以及输入 S、R 之间的关系式称为特性方程。由特性表可得门控 RS 触发器的特性方程：

$$Q^{n+1} = S + \overline{R}Q^n$$

$$RS = 0 （约束条件）$$

2. 门控 D 触发器

把门控 RS 触发器作成图 11-4 的形式，有 S = D，R = $\overline{D}$，将这两式代入 $Q^{n+1} = S + \overline{R}Q^n$，得到其特性方程：

$$Q^{n+1} = D + \overline{\overline{D}}Q^n = D + DQ^n = D$$

该形式的触发器称为 D 触发器或 D 锁存器。

3. 门控 JK 触发器

门控 JK 触发器的电路如图 11-5 所示。与门控 RS 触发器相比较，S = J、R = KQ。将 S = J，R = KQ 代入门控 RS 触发器的特性方程后，得到门控 JK 触发器的特性方程：

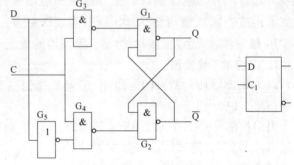

图 11-4　门控 D 触发器

$$Q^{n+1} = J\overline{Q}^n + \overline{K}Q^n$$

同时我们也可以看到 JK 触发器不需要约束条件，它的真值表见表 11-4。

表 11-4　门控 JK 触发器的真值表

J	K	Q^{n+1}
0	0	Q^n
0	1	0
1	0	1
1	1	$\overline{Q}^n$

4. 门控 T 触发器

如图 11-6 所示电路，是由门控 JK 触发器组成的门控 T 触发器。令 J = K = T 代入 JK 触发器特性方程得到 T 触发器特性方程：

$$Q^{n+1} = T\overline{Q}^n + \overline{T}Q^n$$

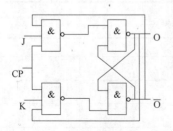

图 11-5　门控 JK 触发器

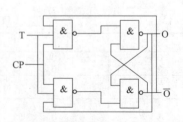

图 11-6　门控 T 触发器

所谓 T 触发器就是有一个控制信号 T，当 T 信号为 1 时，触发器在时钟脉冲的作用下不断的翻转，而当 T 信号为 0 时，触发器状态保持不变的一种电路。

11.1.3　主从触发器

主从触发器由两个门控触发器组成，接收输入信号的门控触发器称为主触发器，提供输出信号的触发器称为从触发器。下面介绍主从 RS 触发器、主从 D 触发器和主从 JK 触发器。

1. 主从 RS 触发器

（1）电路结构与工作原理　电路结构与逻辑符号如图 11-7 所示。主从 RS 触发器由两级与非结构的门控 RS 触发器串联组成，各级的门控端由互补时钟信号控制。

1）当时钟信号 CP = 1 时，主触发器控制门信号为高电平，R、S 信号被锁存到 Q^m 端，从触发器由于门控信号为低电平而被封锁；

2）当时钟信号 CP = 0 时，主触发器控制门信号为低电平而被封锁，从触发器的门控信号为高电平，所以从触发器接受主触发器的输出信号。

（2）特性方程　从以上分析可见，主从 RS 触发器的输出 Q 与输入 R、S 之间的逻辑关系仍与可控 RS 触发器的逻辑

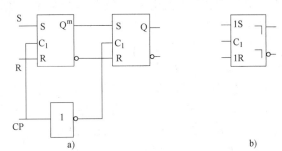

图 11-7　主从 RS 触发器电路结构与逻辑符号

功能相同，只是 R、S 对 Q 的触发分两步进行，时钟信号 CP = 1 时，主触发器接收 R、S 送来的信号；时钟信号 CP = 0 时，从触发器接受主触发器的输出信号。故主从触发器的特性方程仍：

$$Q^{n+1} = S + \overline{R}Q^n$$

约束条件：
$$SR = 0$$

2. 主从 D 触发器

（1）结构与工作原理　使用两个 D 锁存器可以构成一个主从 D 触发器，结构与逻辑符号如图 11-8 所示。两个锁存器分别由 CP 信号门控，当 CP = 0 时，主 D 锁存器控制门被打开，当 CP = 1 时从 D 锁存器控制门被打开。

（2）特性方程　与主从 RS 触发器类似，主从 D 触发器使用两个 D 锁存器构成，只是改变了触发器的触发方式，并没有改变其功能，故其特性方程
$$Q^{n+1} = D$$

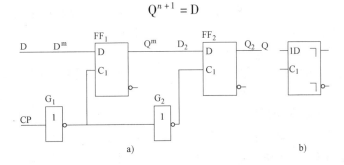

图 11-8　主从 RS 触发器结构与逻辑符号

3. 主从 JK 触发器

（1）结构与符号图　主从 RS 触发器加二反馈线组成的主从 JK 触发器如图 11-9 所示。

（2）特性方程　将 $S = J\overline{Q^m}$，$K = RQ^m$，代入主从 RS 触发器的特性方程后，得到主从 JK 触发器的特性方程：

$$Q^{n+1} = J\overline{Q^n} + \overline{K}Q^n$$

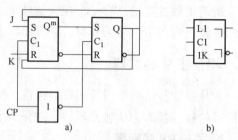

图 11-9　主从 JK 触发器结构与逻辑符号

11.1.4　边沿触发器

主从触发器需要时钟的上升沿和下降沿才能正常工作，下面介绍一种只需要一个时钟上升沿（或下降沿）就能工作的触发器，这就是边沿触发器。

边沿触发器从类型上可分为 RS、D、JK 等，从结构上分为维持阻塞边沿触发器、利用传输延迟时间的边沿触发器等。

1. 维持阻塞 D 触发器

（1）电路结构与符号图　图 11-10 是维持阻塞 D 触发器的电路和逻辑符号。图 11-10 中 G_1 和 G_2 组成基本 RS 触发器，G_3 和 G_4 组成门控电路，G_5 和 G_6 组成数据输入电路。

（2）工作原理和特性方程　在 CP = 0 时，G_3 和 G_4 两个门被关闭，它们的输出 $G_{3OUT} = 1$，$G_{4OUT} = 1$，所以 D 无论怎样变化，D 触发器保持输出状态不变。

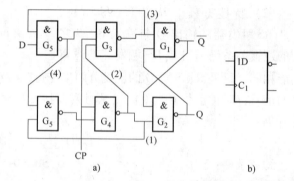

但数据输入电路的 $G_{5OUT} = \overline{D}$，$G_{6OUT} = D$。CP 上升沿时，G_3 和 G_4 两个门被打开，它们的输出只与 CP 上升沿瞬间 D 的信号有关。

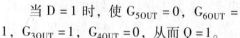

当 D = 0 时，使 $G_{5OUT} = 1$，$G_{6OUT} = 0$，$G_{3OUT} = 0$，$G_{4OUT} = 1$，从而 Q = 0。

当 D = 1 时，使 $G_{5OUT} = 0$，$G_{6OUT} = 1$，$G_{3OUT} = 1$，$G_{4OUT} = 0$，从而 Q = 1。

图 11-10　维持阻塞 D 触发器

在 CP = 1 期间，若 Q = 0，由于（图中）（3）线（又称置 0 维持线）的作用，仍使 $G_{3OUT} = 0$，由于（4）线（又称置 1 阻塞线）的作用，仍使 $G_{5OUT} = 1$，从而触发器维持不变。

在 CP = 1 期间，若 Q = 1，由于（1）线（又称置 1 维持线）的作用，仍使 $G_{4OUT} = 0$，由于（2）线（又称置 0 阻塞线）的作用，仍使 $G_{3OUT} = 1$，从而触发器维持不变。

维持阻塞 D 触发器的特性方程与主从 D 触发器的相同。

2. 利用传输延迟时间的边沿触发器

利用传输延迟时间的 JK 边沿触发器的电路与逻辑符号如图 11-11 所示。由图可以看出，G_1、G_3、G_4 和 G_2、G_5、G_6 组成 RS 触发器，与非门 G_7 和 G_8 组成输入控制门，而且 G_7 和 G_8 门的延迟时间比 RS 触发器长。

触发器置 1 过程：（设触发器初始状态 Q = 0，$\overline{Q} = 1$，J = 1，K = 0。）

当 CP = 0 时，门 $G_{3OUT} = 0$、$G_{6OUT} = 0$、$G_{7OUT} = 1$ 和 $G_{8OUT} = 1$、$G_{4OUT} = 1$、$G_{5OUT} = 0$，

RS 触发器输出保持不变。

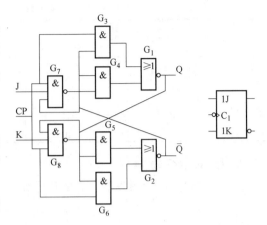

当 CP = 1 时，门 G_3 与 G_6 解除封锁，接替 G_4 与 G_5 门的工作，保持 RS 触发器输出不变，经过一段延迟后，$G_{7OUT} = \overline{J \cdot \overline{Q} \cdot CP} = 0$ 和 $G_{8OUT} = \overline{K \cdot Q \cdot CP} = 1$。

当 CP 下降沿到来时，首先 $G_{3OUT} = CP \cdot \overline{Q} = 0$，$G_{4OUT} = CP \cdot Q = 0$，而 $G_{7OUT} = 0$ 和 $G_{8OUT} = 1$ 的状态，由于 G_7 和 G_8 存在延迟时间暂时不会改变，这时会出现暂短的 $G_{3OUT} = 0$、$G_{4OUT} = 0$ 的状态，使 $Q = G_{1OUT} = 1$。随后使 $G_{5OUT} = 1$、$\overline{Q} = G_{2OUT} = 0$、$G_{3OUT} = 0$、$G_{4OUT} = 0$。

图 11-11　利用传输延迟时间的 JK 边沿触发器

经过暂短地延迟之后，$G_{7OUT} = 1$ 和 $G_{8OUT} = 1$，但是对 RS 触发器的状态已无任何影响，同时由于 CP = 0，对 G_7 和 G_8 即使 J 和 K 发生变化对触发器也不会有任何影响。

触发器置 0 过程：由于触发器对称，所以触发器置 0 过程同置 1 过程基本相同。

11.1.5　集成触发器

实际中有很多种集成触发器，下面介绍几种

1. 四 RS 触发器 74279

图 11-12 是四 RS 触发器 74279 的符号。表 11-5 是它的特性表。

该触发器就是基本 RS 触发器，但是有两个与逻辑的置 1 输入端。输入信号低电平置位和复位。其中左图是流行符号，右图是 IEEE 符号。

该触发器输出互补信号，有多种封装形式，外引线为 16 条，输入端加有箝位二极管。

2. 7474 上升沿触发的双 D 触发器

7474 是常用的 D 触发器。它的符号如图 11-13 所示。其中左图是流行符号，右图是 IEEE 号。它的特性表见表 11-6。

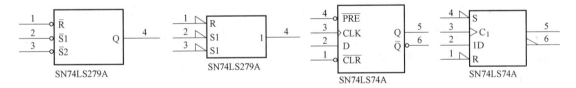

图 11-12　四 RS 触发器 74279 的符号　　　　图 11-13　7474 上升沿触发的双 D 触发器的符号

表 11-5　四 RS 触发器 74279 的特性表

输入		输出	
$\overline{S1}$ & $\overline{S2}$	$\overline{R}$	Q	
1	1	Q	保持
0	1	1	置 1
1	0	0	置 0
0	0	1	不允许

表 11-6　7474 上升沿触发的双 D 触发器的特性

输入				输出		
$\overline{PRE}$	$\overline{CLR}$	CLK	D	Q	$\overline{Q}$	
0	1	×	×	1	0	预置1
1	0	×	×	0	1	预置0
0	0	×	×	Illega	1	非法
1	1	1	0	0	1	置0
1	1	1	1	1	0	置1
1	1	0	X	Q_0	$\overline{Q_0}$	保持

3. 双 JK 触发器 7473

7473 是常用的 JK 触发器。它的符号如图 11-14 所示。它的特性见表 11-7。

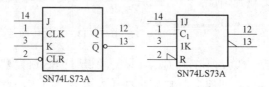

图 11-14　双 JK 触发器 7473 的符号

表 11-7　双 JK 触发器 7473 的特性

输入				输出		
$\overline{CLR}$	CLK	J	K	Q	$\overline{Q}$	
0	×	×	×	0	1	清0
1	0	×	×	Q_0	$\overline{Q_0}$	保持
1	1	0	0	Q_0	Q_0	保持
1	1	0	1	0	1	置0
1	1	1	0	1	0	置1
1	1	1	1	$\overline{Q^n}$	Q^n	翻转

11.1.6　触发器的触发方式及使用中的注意问题

所谓触发器的触发方式是指触发器在控制脉冲的什么阶段（上升沿、下降沿和高或低电平期间）接收输入信号改变状态。

门控触发器是在门控脉冲的高电平期间接收输入信号改变状态，故为电平触发方式。门控触发器存在的问题是"空翻"，所谓空翻就是在一个控制信号期间触发器发生多于一次的翻转，比如，门控 T 触发器在控制信号为高电平期间不停的翻转。这种触发器是不能构成计数器的。

主从触发器是在门控脉冲的一个电平期间主触发器接收信号；另一个电平期间从触发器改变状态，故为主从触发方式。这种触发器存在的问题是主触发器接收信号期间，如果输入信号发生改变，将使触发器状态的确定复杂化，故在使用主从触发器时，尽可能别让输入信号发生改变。

边沿触发器是在门控脉冲的上升沿或下降沿接收输入信号改变状态，故为边沿触发方式。这种触发器的触发沿到来之前，输入信号要稳定地建立起来，触发沿到来之后仍需保持一定时间，也就是要注意这种触发器的建立时间和保持时间。

另外，要注意同一功能的触发器触发方式不同，即使输入相同输出也不相同。

11.2　寄存器

11.2.1　普通寄存器

寄存器由多个锁存器或触发器组成，用于存储一组二进制信号，是数字系统中常用的器件。以下介绍几种常用的寄存器。

1. 4 位 D 型锁存器 7475

7475 是锁存器结构的寄存器，由 4 位 D 锁存器构成，在使能信号 C 的控制下锁存输入信号 D，该锁存器的流行符号与 IEEE 符号如图 11-15 所示（1/2 芯片）。功能见表 11-8。

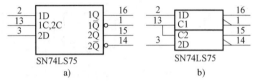

图 11-15　7475 流行符号及 IEEE 符号

表 11-8　7475 功能表

输入		输出	说明
D	C	Q	
0	1	0	存 0
1	1	1	存 1
×	0	Q_0	保持

图 11-16 是 7475 内部结构，从 7475 的内部结构来看，它是用门控 D 锁存器组成，两个锁存器一组，共用一个门控信号，因此在门控信号 C 高电平期间，输出端 Q 的状态随 D 端变化。当门控信号 C 变成低电平之后，Q 端状态保持不变。注意这里 C 是电位信号。

2. 寄存器 74175

74175 是触发器结构的数据寄存器，具有 4 个数据输入端、公共清除端和时钟端，输出具有互补结构。它的流行符号和 IEEE 符号如图 11-17 所示。功能见表 11-9。

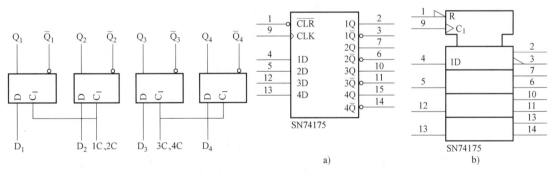

图 11-16　7475 内部结构　　　　图 11-17　寄存器 74175 的流行符号及 IEEE 符号

表 11-9　74175 功能表

输　入			输出	说明
$\overline{\text{CLR}}$	CLK	D	Q	
0	×	×	0	清 0
1	↑	1	1	置 1
1	↑	0	0	置 0
1	0	×	Q_0	保持

图 11-18 是 74175 的内部结构，它是由 4 位维持阻塞 D 触发器组成，当脉冲正沿到来时，D 信号被送到 Q 端输出。注意：74175 输出端只在时钟脉冲上升沿时，随输入信号 D 变化；而 7475 只要门控端是高电平输出端就随 D 端的变化而变化。在脉冲的作用下，四位信号同时输入称为并行输入，在脉冲的作用下，四位信号同时输出称为并行输出。

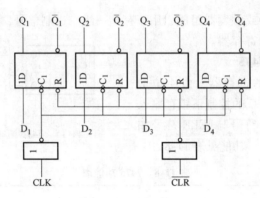

图 11-18　74175 内部结构

3. 寄存器 74273

寄存器 74273 是触发器结构的寄存器，具有公共清除端和时钟端的 8D 触发器，在时钟 CLK 正沿，Q 端接收 D 端输入的数据。该芯片常用在单片机系统中锁存数据信号等。符号如图 11-19 所示。功能见表 11-10。

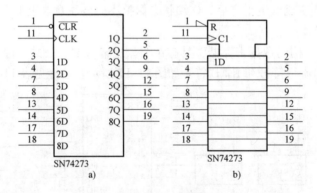

图 11-19　寄存器 74273 流行符号与 IEEE 符号

表 11-10　74273 功能表

输　　　入			输　出	说　　　明
$\overline{CLR}$	CLK	D	Q	
0	×	×	0	清 0
1	↑	1	1	置 1
1	↑	0	0	置 0
1	0	×	Q_0	保持

以上寄存器电路，由于电路的结构不同动作特点也不同。使用时一定注意控制信号是电位还是脉冲。

11.2.2 移位寄存器

1. 移位寄存器框图

在时钟信号的控制下，所寄存的数据依次向左（由低位向高位）或向右（由高位向低位）移位的寄存器称为移位寄存器。根据移位方向的不同，有左移寄存器、右移寄存器和双向寄存器之分。移位寄存器的原理图如图 11-20 所示。

一般移位寄存器具有如下全部或部分输入输出端：

并行输入端：寄存器中的每一个触发器输入端都是寄存器的并行数据输入端。

并行输出端：寄存器中的每一个触发器输出端都是寄存器的并行数据输出端。

移位脉冲 CP 端：寄存器的移位脉冲。

串行输入端：寄存器中最左侧或最右侧触发器的输入端是寄存器的串行数据输入端。

串行输出端：寄存器中最左侧或最右侧触发器的输出端是寄存器的串行数据输出端。

置 0 端：将寄存器中的所有触发器置 0。

置 1 端：将寄存器中的所有触发器置 1。

移位/并入控制：控制寄存器是否进行数据串行移位或数据并行输入。

左/右移位控制端：控制寄存器的数据移位方向。

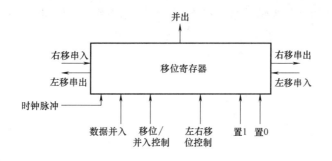

图 11-20　移位寄存器框图

以上介绍的这些输入、输出和控制端并不是每一个移位寄存器都具有，但是移位寄存器一定有移位脉冲端。

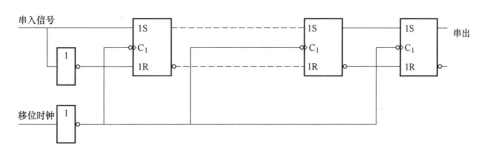

图 11-21　边沿 RS 触发器组成的移位寄存器

由边沿 RS 触发器组成的移位寄存器电路如图 11-21 所示。其中串行输入的数据在时钟脉冲的作用下移动。

2. 移位寄存器 74164

移位寄存器 74164 是 8 位串入并出的移位寄存器，图 11-22 为它的逻辑符号。移位寄存器 74164 由 8 个具有异步清除端的 RS 触发器组成，具有时钟端 CLK、清除端 $\overline{CLR}$、串行输入端 A、B 和 8 个输出端。

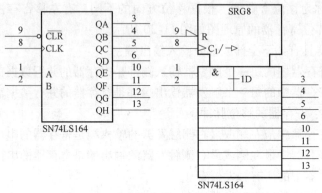

图 11-22　移位寄存器 74164 的逻辑符号

图 11-23 是移位寄存器 74164 的第一级电路，通过它可以分析移位寄存器 74164 的功能。图 11-23 中可以看出，移位寄存器 74164 是低电平清 0。

输入端 A、B 之间是与逻辑关系，当 A、B 都是高电平时，相当于串行数据端接高电平，而其中若有一个是低电平，就相当于串行数据端接低电平，一般将 A、B 端并接在一起使用。移位寄存器 74164 的功能见表 11-11。

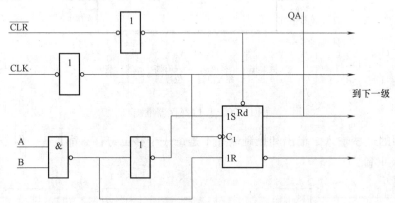

图 11-23　移位寄存器 74164 的第一级电路

表 11-11　移位寄存器 74164 功能表

输　入				输　出				说　明
CLK	$\overline{CLR}$	A	B	QA	QB	…	OH	
×	0	×	×	0	0	…	0	清 0
0	1	×	×	QA_0	QB_0	…	QH_0	保持
↑	1	1	1	1	QA_0	…	QG_0	移入 1
↑	1	0	×	0	QA_0	…	QG_0	移入 0
↑	1	×	0	0	QA_0	…	QG_0	移入 0

　　图 11-24 是使用移位寄存器 74164 的数码管驱动电路。图中 U_1 的串行输入端用于接收欲显示的数据，而时钟端用于将数据移到移位寄存器 74164 中。使用这种方式显示数据，首先要将数据编码。例如，显示数字 3，则移入移位寄存器 74164 的数据应为 00001101，各位数据对应于数码管的各段笔画 a、b、c、d、e、f、g 和小数点。

　　该电路可以和单片机、微机和可编程序控制器等装置连接，用于显示数据。若是几百个这样的电路串联，可以节约大量的 I/O 接口。若使用单片机的串行通信口与该电路连接，使用起来更加方便。

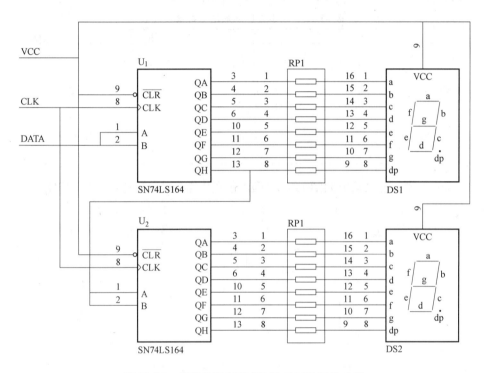

图 11-24　用移位寄存器 74164 显示数码的电路

11.3　计数器

　　计数器是最常见的时序电路，它常用于计数、分频、定时及产生数字系统的节拍脉冲等，其种类很多，划分如下：

　　按照触发器是否同时翻转可分为同步计数器或异步计数器。

　　按照计数顺序的增减，分为加、减计数器，计数顺序增加称为加计数器，计数顺序减少称为减计数器，计数顺序可增可减称为可逆计数器。

　　按计数容量（M）和构成计数器的触发器的个数（N）之间的关系，可分为二进制和非二进制计数器。计数器所能记忆的时钟脉冲个数（容量）称为计数器的模。当 $M = 2^N$ 时为二进制，否则为非二进制计数器。当然二进制计数器又可称为 $M = 2^N$ 计数器。

11.3.1 同步计数器

1. 同步二进制加法计数器

同步二进制加法计数器的状态见表 11-12。从表 11-12 中可以知道，Q_0 只要有时钟脉冲就翻转，而 Q_1 要在 Q_0 为 1 时翻转，Q_2 要在 Q_1 和 Q_0 都是 1 时翻转，由此类推，若要 Q_n 翻转，必须 $Q_{n-1} \cdots Q_2$、Q_1 和 Q_0 都为 1。若用 JK 触发器组成同步二进制加法计数器，则每一个触发器的翻转的条件：

$$J_n = K_n = Q_{n-1} \cdot Q_{n-2} \Lambda Q_2 \cdot Q_1 \cdot Q_0$$

表 11-12 同步二进制加法计数器状态表

Q_n	...	Q_2	Q_1	Q_0
0	...	0	0	0
0	...	0	0	1
0	...	0	1	0
0	...	0	1	1
0	...	1	0	0
⋮	...	⋮	⋮	⋮
1	...	1	1	0
1	...	1	1	1

根据这个规律，可以画出如图 11-25 所示的同步二进制加法计数器的逻辑图。

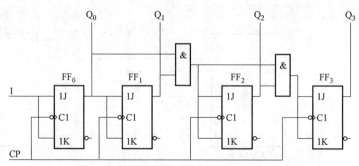

图 11-25 同步二进制加法计数器的逻辑图

74163 是四位二进制加法计数器。图 11-26 是 74163 的流行符号和 IEEE 符号。功能见表 11-13。它具有同步预置$\overline{LOAD}$、清除$\overline{CLR}$、使能控制 ENT、ENP 和纹波进位端 RCO，计数器在时钟上升沿时进行预置、清除和计数器操作。

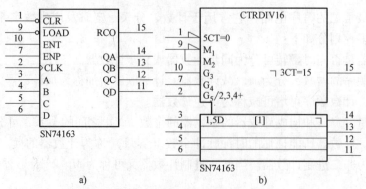

图 11-26 74163 的流行符号和 IEEE 符号

表 11-13　74163 功能表

输　　　入					输　　出
$\overline{\text{CLR}}$	$\overline{\text{LOAD}}$	ENT	ENP	CLK	Q_n
0	×	×	×	1	同步清除
1	0	×	×	1	同步预置
1	1	1	1	1	计数
1	1	0	×	×	保持
1	1	×	0	×	保持

2. 同步二进制减法计数器

二进制减法计数器状态见表 11-14。从表中可以知道，Q_0 只要有时钟脉冲就翻转，而 Q_1 要在 Q_0 为 0 时翻转，Q_2 要在 Q_1 和 Q_0 都是 0 时翻转，由此类推，若要 Q_n 翻转必须 $Q_{n-1}\cdots Q_2$、Q_1 和 Q_0 都为 0。若使用 JK 触发器组成同步减法计数器，则任何一个触发器的翻转条件：

$$J_n = K_n = \overline{Q}_{n-1} \cdot \overline{Q}_{n-2} \Lambda \overline{Q}_2 \cdot \overline{Q}_1 \cdot \overline{Q}_0$$

表 11-14　二进制减法计数器状态表

Q_n	…	Q_2	Q_1	Q_0
0	…	0	0	0
1	…	1	1	1
1	…	1	1	0
1	…	1	0	1
1	…	1	0	0
1	…	0	1	1
⋮	…	⋮	⋮	⋮
0	…	0	1	0
0	…	0	0	1

根据这个规律，可以画出如图 11-27 所示同步二进制减法计数器的逻辑图。

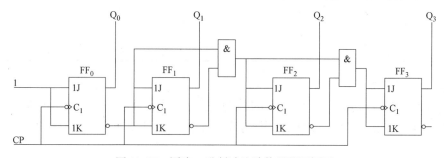

图 11-27　同步二进制减法计数器的逻辑图

74191 是可预置数 4 位二进制同步可逆（加减）计数器，流行符号和 IEEE 符号如图 11-28 所示。它具有置数端$\overline{\text{LOAD}}$、加减控制端 D/$\overline{\text{U}}$ 和计数控制端$\overline{\text{CTEN}}$，为方便级连，设置了两个输出端RCO和 MAX/MIN。当加减控制端 D/$\overline{\text{U}}$ = 减计数，D/$\overline{\text{U}}$ = 0 时加计数；当置数端$\overline{\text{LOAD}}$ = 0 时预置数；当计数控制端$\overline{\text{CTEN}}$ = 1 时禁止计数；$\overline{\text{CTEN}}$ = 0 时，计数器将在时钟上升沿开始计数；当计数器产生正溢出或下溢出时，MAX/MIN 端输出与时钟周期相同的正脉冲，而$\overline{\text{RCO}}$产生一个宽度为时钟低电平宽度的低电平。详细功能见表 11-15。

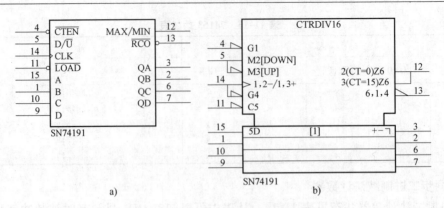

图 11-28　74191 流行符号和 IEEE 符号

表 11-15　74191 功能表

输　　入								输　　出				说明
$\overline{CTEN}$	$\overline{LOAD}$	$D/\overline{U}$	D	C	B	A	CLK	Q_D	Q_C	Q_B	Q_A	
×	0	×	d	c	b	a	×	d	c	b	a	异步预置
0	1	0					↑					加计数
0	1	1					↑					减计数
1	1	×					×					保持

表 11-16　十进制计数器状态表

计数脉冲	Q_3	Q_2	Q_1	Q_0
1	0	0	0	0
2	0	0	0	1
3	0	0	1	0
4	0	0	1	1
5	0	1	0	0
6	0	1	0	1
7	0	1	1	0
8	0	1	1	1
9	1	0	0	0
10	1	0	0	1
11	0	0	0	0

3. 同步十进制加法计数器

下面以 JK 触发器为例，讨论同步十进制加法计数器。从状态表 11-16 可以看出，在第 10 个脉冲到来之前的情况，与同步二进制计数器相同，只要在第 10 个脉冲后，解决如下问题：

第一问题：使 Q_1 和 Q_2 保持不变。

从状态表可以看出，Q_3 为 1 时，Q_1 和 Q_2 保持为零，所以可以取 Q_3 信号保持 Q_1 为 0，只要 Q_1 为 0，Q_2 就保持不变。

第二问题：使 Q_0 和 Q_3 翻转置 0。

Q_0 自由翻转，当第 10 个脉冲到来前，$Q_0 = 1$，所以当第 10 个脉冲到来后，$Q_0 = 0$。

从状态表可以看出，只有当 Q_3 自己为 1 时，同时 Q_0 也为 1 时，Q_3 才置 0。

从以上分析我们有如下驱动方程：

$$J_0 = K_0 = 1$$
$$J_1 = K_1 = Q_0 \overline{Q_3}$$
$$J_2 = K_2 = Q_1 Q_0$$
$$J_3 = K_3 = Q_2 Q_1 Q_0 + Q_3 Q_0$$

由此可以画出如图 11-29 所示逻辑电路。

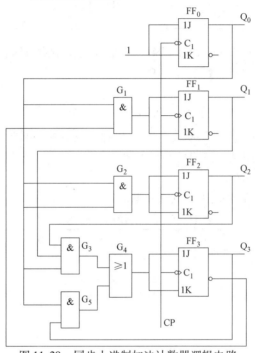

图 11-29　同步十进制加法计数器逻辑电路

74160 是可预置数十进制同步加法计数器，它的流行符号与 IEEE 符号如图 11-30 所示。它具有数据输入端 A、B、C 和 D，置数端LOAD、清除端$\overline{\text{CLR}}$和计数控制端 ENT 和 ENP，为方便级连，设置了输出端RCO。

当置数端$\overline{\text{LOAD}}$ = 0、$\overline{\text{CLR}}$ = 1、CP 脉冲上升沿时预置数。当$\overline{\text{CLR}}$ = $\overline{\text{LOAD}}$ = 1，而 ENT = ENP = 0 时，输出数据和进位 RCO 保持。当 ENT = 0 时，计数器保持，但 RCO = 0。$\overline{\text{LOAD}}$ = $\overline{\text{CLR}}$ = ENT = ENP = 1，电路工作在计数状态。详细功能见表 11-17。

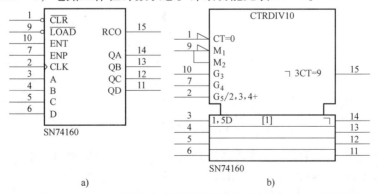

图 11-30　74160 同步十进制计数器的流行符号与 IEEE 符号

表 11-17　74160 功能表

输　　入					输　　出
$\overline{CLR}$	$\overline{LOAD}$	ENT	ENP	CLK	Q
0	×	×	×	×	异步清除
1	0	×	×	↑	同步预置
1	1	1	1	↑	计数
1	1	0	×	×	保持
1	1	×	0	×	保持

同步二进制计数器 74161 的功能同 74160，它也是直接清零的计数器。74190 是可预置数同步可逆（加减）十进制计数器。

11.3.2　异步计数器

若没有同一时钟控制计数器的状态变化，则此计数器就是异步计数器。在异步计数器中充分利用了各个触发器输出状态的时钟沿。

1. 异步二进制加法计数器

首先分析表 11-18 所示的二进制加法计数状态。

表 11-18　二进制加法计数状态表

Q_3	…	Q_2	Q_1	Q_0
0	…	0	0	0
0	…	0	0	1
0	…	0	1	0
0	…	0	1	1
0	…	1	0	0
0	…	1	0	1
0	…	1	1	0
⋮	…	⋮	⋮	⋮

从表中可以看出，当 Q_0 从 1 变 0 时，Q_1 发生变化，而只有当 Q_1 从 1 变为 0 时，Q_2 才发生变化，由此可以得出结论，异步二进制加法计数器各位触发器的翻转发生在前一位输出从 1 变 0 的时刻。

用 JK 触发器实现 4 位异步二进制加法计数器，如图 11-31 所示。

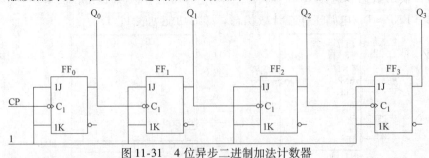

图 11-31　4 位异步二进制加法计数器

74293 是 4 位异步二进制加法计数器，具有二分频和八分频能力，逻辑符号如图 11-32 所示。74293 内部逻辑图如图 11-33 所示。从逻辑图可知，它由一个 2 进制和一个 8 进制计数器组成，两个计数器各具有时钟端 CKA、CKB，两个计数器具有相同的清除端 R0（1）、

R0（2）。

74293 的功能见表 11-19。该计数器可以接成 2 进制、8 进制和 16 进制，使用起来非常灵活。

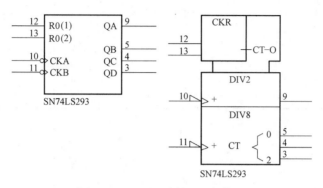

图 11-32　74293 计数器逻辑符号

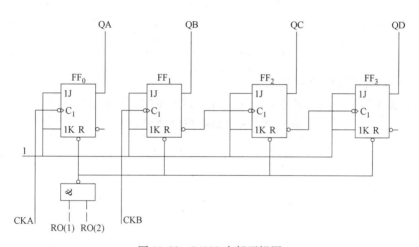

图 11-33　74293 内部逻辑图

表 11-19　74293 功能表

输　　　　　入				输　　　出
R0（1）	R0（2）	CKA	CKB	Q
1	1	×	×	清 0
0	×	↓	↓	计数
×	0	↓	↓	计数

2. 异步二进制减计数器

为得到二进制减法计数器的规律，首先列出表 11-20 所示的二进制减法计数状态。

由表中可以看出，当 Q_0 从 0 变 1 时，Q_1 发生变化，而只有当 Q_1 从 0 变为 1 时，Q_2 才发生变化，由此可以得出结论，异步二进制加法计数器各位触发器的翻转发生在前一位输出从 0 变 1 的时刻。

用 JK 触发器实现 4 位异步二进制减法计数器，如图 11-34 所示。

表 11-20　二进制减法计数状态表

Q_n	…	Q_2	Q_1	Q_0
0	…	0	0	0
1	…	1	1	1
1	…	1	1	0
1	…	1	0	1
1	…	1	0	0
1	…	0	1	1
0	…	0	1	0
⋮	…	⋮	⋮	⋮

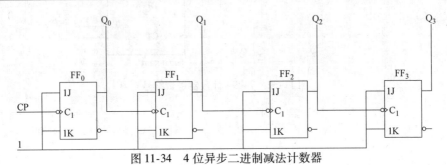

图 11-34　4 位异步二进制减法计数器

3. 异步十进制加法计数器

为得到异步十进制加法计数器的规律，首先列出表 11-21 所示的状态。

表 11-21　十进制加法计数器状态表

Q_3	Q_2	Q_1	Q_0
0	0	0	0
0	0	0	1
0	0	1	0
0	0	1	1
0	1	0	0
0	1	0	1
0	1	1	0
0	1	1	1
1	0	0	0
1	0	0	1
0	0	0	0

根据十进制加法计数的规律，要组成十进制加法计数器，关键是从 1001 状态跳过 6 个状态进入 0000 态，要使 1001 态进入 0000 态需要解决如下问题：

第一问题：Q_3 的时钟。

当 Q_1 和 Q_2 都为 1 时，Q_3 从 0 变为 1；当 Q_1 和 Q_2 为 0 时，Q_3 要从 1 变为 0。由此可以知道，Q_3 的时钟脉冲不能来自 Q_2 与 Q_1，只能来自 Q_0。

第二问题：保持 Q_1 和 Q_2 为 0。

当 1001 变为 0000 时，要求 Q_1 和 Q_2 保持 0 不变，保持信号来自 Q_3，因为 Q_3 为 1 时，需要保持 Q_1 和 Q_2 为 0 不变。

若用 JK 触发器实现四位异步十进制计数器，从以上讨论可以得到如下驱动信号。

Q_0 是自由翻转的触发器，所以：

$$J_0 = K_0 = 1$$

需要用 Q_3 保持 Q_1 和 Q_2 为 0，所以根据 JK 触发器的特性方程有：

$$J_1 = \overline{Q_3}$$
$$K_1 = 1$$

只要 Q_1 保持为 0，Q_2 就会保持不变，因为 Q_2 的时钟端是 Q_1 的输出，所以 Q_2 是自由翻转的触发器，所以：

$$J_2 = K_2 = 1$$

Q_3 在 Q_1 和 Q_2 为 1 时，从 0 变为 1；当 Q_1 和 Q_2 为 0 时，Q_3 从 1 变为 0，根据 JK 触发器的特性方程，有

$$J_3 = Q_1 Q_2$$
$$K_3 = 1$$

图 11-35 是驱动方程所示的逻辑图。

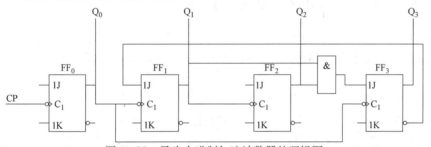

图 11-35　异步十进制加法计数器的逻辑图

74290 就是按上述原理制成的异步十进制计数器，符号示于图 11-36。该计数器是由一个二进制计数器和一个五进制计数器组成，其中时钟 CKA 和输出 QA 组成二进制计数器，时钟 CKB 和输出端 QB、QC、QD 组成五进制计数器。另外这两个计数器还有公共置 0 端 R0（1）、R0（2）和公共置 1 端 R9（1）、R（9）。

该计数器之所以分成二、五进制两个计数器，就是为了使用灵活，例如它本身就是二、五进制计数器，若将 QA 连接到 CKB 就得到十进制计数器。该计数器功能见表 11-22。

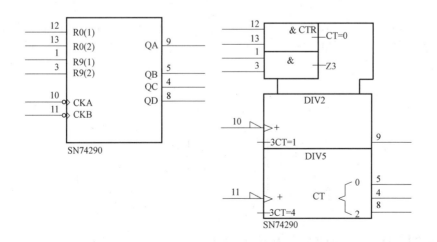

图 11-36　74290 的逻辑符号

表 11-22　74290 的功能表

输　入				输　出			
R0(1)	R0(2)	R9(1)	R9(2)	QD	DC	QB	QA
1	1	0	×	0	0	0	0
1	1	×	0	0	0	0	0
×	×	1	1	1	0	0	1
×	0	×	0	计数			
0	×	0	×	计数			
0	×	×	0	计数			
×	0	0	×	计数			

11.3.3　使用集成计数器构成 N 进制计数器

由于集成计数器一般都是 4 位二进制、8 位二进制、12 位二进制、14 位二进制、十进制等几种，若要构成任意进制计数器，只能利用这些计数器已有的功能，同时增加外电路构成。

1. N > M 的情况

假定已有 N 进制计数器，要得到 M 进制计数器，方法如下：

当 N > M 时，需要去掉 N - M 个状态，方法有二：其一就是计数器到 M 状态时，将计数器清零，此种方法称为清零法；其二就是计数器到某状态时，将计数器预置到某数，使计数器减少 M - N 种状态，此种方法称为预置数法。第一种方法要用计数器的清零功能，第二种方法要用计数器的预置数功能。下面分别介绍。

（1）清零法　假定已有 N 进制计数器，用清零法得到 M 进制计数器。就是当计数器计数到 M 状态时，将计数器清零。清零方法与计数器的清零端功能有关，一定要清楚计数器是异步清零还是同步清零。若为异步清零则要在 M 状态将计数器清零，若为同步清零，应该在 M - 1 状态将计数器清零。

【例 11.1】　试使用清零法，把四位二进制计数器 74293 接成 13 进制计数器。

解：　首先把 74293 的输出端 QA 连接到时钟端 CKB，形成十六进制计数器。由于 74293 是异步清零，所以在 M = 1101 状态时清零。结果如图 11-37 所示。状态图如图 11-38 所示。

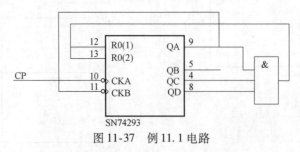

图 11-37　例 11.1 电路

【例 11.2】　试用 4 位同步计数器 74163 组成 M = 13 计数器。

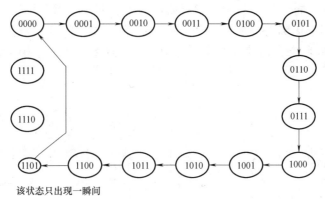

图 11-38 例 11.1 状态图

解: 74163 是同步十六进制计数器,具有同步清零端。所以应该在 M−1 状态清零,因为当计数器状态为 1100 时,满足清零条件,但是不清零,等待下一个脉冲到来时清零。逻辑电路如图 11-39 所示,状态图如图 11-40 所示。

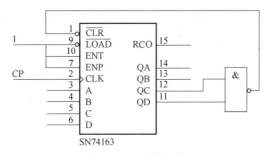

图 11-39 逻辑电路

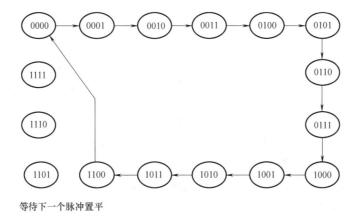

图 11-40 状态图

(2)预置数法 假定已有 N 进制计数器,用预置数法得到 M 进制计数器,方法是当计数器到某状态时,将计数器预置到某数使计数器减少 M−N 状态。预置数的方法与计数器的预置端功能有关,分为异步预置和同步预置。若为同步预置应该在 M−1 状态时预置,若为异步预置则应该在 M 状态预置。

【**例 11.3**】 试用同步十进制计数器 74160 组成接成 6 进制计数器。

解：由于74160具同步预置数功能，所以可以采用同步预置数法。如图11-41所示电路。当计数器输出等于0101状态时，由外加门电路产生$\overline{LOAD}=0$信号，下一个CP到达时将计数器预置到0000状态，使计数器跳过0110—1001这4个状态，得到6进制计数器。状态图如图11-42所示。

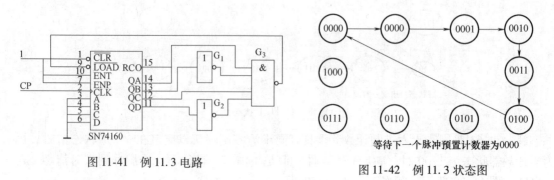

图11-41　例11.3电路

图11-42　例11.3状态图

【例11.4】　用另一种方法实现例11.5。

解：该方法是当计数器输出0100时，产生$\overline{LOAD}=0$信号，下一个CP信号到来时向计数器置入1001。这种方法的好处就是能够使用原计数器进位端产生进位。逻辑电路如图11-43所示。状态图如图11-44所示。

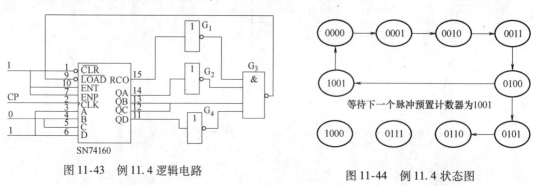

图11-43　例11.4逻辑电路

图11-44　例11.4状态图

2. N < M 的情况

由于N < M，所以必须将多片N进制计数器组合起来，才能形成M进制计数器。

第一种方法是用多片N进制计数器串联起来使：$N_1 * N_2 \cdots N_n > M$。然后使用整体清0或置数法，形成M进制计数器。

第二种方法是假如M可分解成两个因数相乘，即$M = N_1 * N_2$。则可采用同步或异步方式将一个N_1进制计数器和一个N_2进制计数器连接起来，构成M进制计数器。

同步方式连接是指两个计数器的时钟端连接到一起，低位进位控制高位的计数使能端。

异步方式连接是指低位计数器的进位信号连接到高位计数器的时钟端。

【例11.5】　试用两片74160组成100进制计数器。

解：74160是十进制计数器，将两片74160串联起来就可以形成100进制计数器。采用异步方式连接就是使两片计数器都具有正常计数器功能，因为第一片的进位RCO在计数器为1001时跳到高电平，在下个CP到来时跳到低电平，所以须通过反相器连接到高位的时钟 CLK，以满足时钟需要上升沿的要求。连接完成的电路如图 11-45 所示。

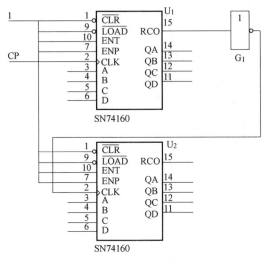

图 11-45　例 11.5 逻辑电路　　　　　　　图 11-46　例 11.6 逻辑电路

【例 11.6】　　选用两片同步十进制计数器 74160，以同步连接方式实现 100 进制计数器。

解：两片 74160 具有共同的时钟 CP，以第一片的进位 RCO 输出到第二片的 ENT 和 ENP 端，就是每当第一片计数到 1001 时，RCO 变为 1，给第二片提供了计数条件，当下一个 CP 到来后，第二片增加 1，而当第一片计数到 0000 时，RCO 变为 0，第二片计数器停止计数，等待下一个 RCO = 1。连接完成的电路如图 11-46 所示。

11.4　555 集成定时器及其应用

11.4.1　555 定时器的基本电路结构及其工作原理

555 定时器电路是一个中规模的集成电路，可以由 TTL 电路或 CMOS 电路构成。它是一种能产生时间延迟和多种脉冲信号的控制电路。只要在外部配上几个适当的电阻元件，就可以构成单稳态触发器。多谐振荡器以及施密特触发器等脉冲产生与整形电路，在工业自动控制、定时、仿声和防盗报警等方面有广泛的应用。

555 定时电路结构如图 11-47 所示。

定时器电路包含两个比较器，由差分放大器和恒流源组成。两个比较器结构完全相同。图中电路由 CA_1 和 CA_2 两个高精度比较器、R-S 双稳态触发器、放电晶体管和功率输出级构成。

当控制端 5 脚无外加控制电压及直流电流时，CA_1 的反相输入端的基准电压 $U_{th1} = 2V_{CC}/3$，同相输入端 6 脚为阈值电压输入端，用于监测外接定时电路的电容 C_7 上的电压；CA_2 的同相输入端的基准电压 $U_{th2} = V_{CC}/3$，反相输入端 2 脚为触发电压输入端，两电压比较器的输出控制 R-S 双稳态触发点工作状态。4 脚为复位端，当其为低电平时，电路优先复

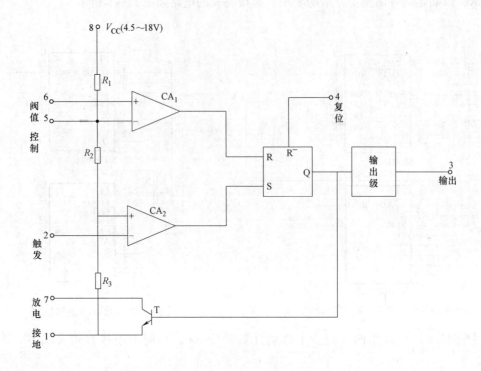

图 11-47   555 定时电路结构

位。3 脚输出为低电平。控制电压端 5 是比较器 CA_1 的基准电压端，通过外接元件或电压源可改变控制端的电压值，即可改变比较器 CA_1、CA_2 的参考电压。不用时可将它与地之间接一个 $0.01\mu F$ 电容，以防止干扰电压引入。555 的电源电压范围为 $4.5 \sim 18V$，输出电流可达 $100 \sim 200mA$，能直接驱动 α 型电机、继电器和低阻抗扬声器。

其外引线排列为双列直插式，如图 11-48 所示。定时器功能见表 11-23。

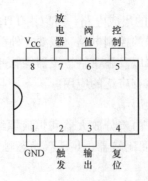

图 11-48   直插式芯片

表 11-23　555 定时器功能

输　　　入			输　　　出	
阀值(6)	触发(2)	复位(4)	输出(3)	放电器(7)
-- $<2/3V_{CC}$	-- $<1/3V_{CC}$	0 1	0 1	导通 截止
$>2/3V_{CC}$ $<2/3V_{CC}$	$>1/3V_{CC}$ $>1/3V_{CC}$	1 1	0 不变	导通 不变

11.4.2　555 定时器应用

单稳态电路如图 11-49 所示。当电源接通后，V_{CC} 通过电阻 R 向电容 C 充电，待电容上电压 U_c 上升到 $2V_{CC}/3$ 时，RS 触发器置 0，即输出 U_o 为低电平，同时电容 C 通过晶体管 T 放电。当触发端 2 的外接输入信号电压 $U_i < V_{CC}/3$ 时，RS 触发器置 1，即输出 U_o 为高电平，同时，晶体管 T 截止。电源 V_{CC} 再次通过 R 向 C 充电。输出电压维持高电平的时间取决于 RC 的充电时间，$t = t_\omega$ 时，电容上的充电时间：

$$u_c = V_{CC}(1 - e^{-\frac{t_\omega}{RC}}) = \frac{2}{3}V_{CC} \tag{11-1}$$

所以输出电压的脉宽
$$t_\omega = RC\ln 3 \approx 1.1RC \tag{11-2}$$

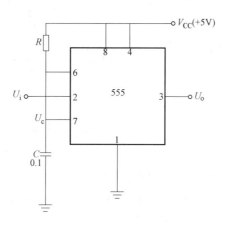

图 11-49　单稳态电路

一般取 $R = 1\text{k}\Omega \sim 10\text{M}\Omega$，$C > 1000\text{pF}$

值得注意的是：U_i 的重复周期必须大于 t_ω，才能保证每一个正倒置脉冲起作用。单稳态的暂态时间与 V_{CC} 无关。因此用 555 定时器组成的单稳电路可以作为较精确定时器。

555 组成的单稳态触发器的应用十分广泛，以下为几种典型的应用实例：

1. 触摸开关电路

555 组成的单稳态触发器可以用作触摸开关，电路如图 11-50 所示。其中 M 为触摸金属片（或导线）。静态时无触发脉冲输入，555 的输出为低电平，即 $U_o=0$，发光二极管 VD 不亮；当用手触摸金属片 M 时，相当于 2 端输入一负脉冲，555 的内部比较器 CA_2 翻转，使输出变为高电平，即 $U_o=1$，发光二极管亮，直到电容 C 上的电压充到 $U_C=2V_{CC}/3$，由式（11-2）可得，发光二极管亮的时间为 $t_\omega=1.1$，$RC=1.1s$。

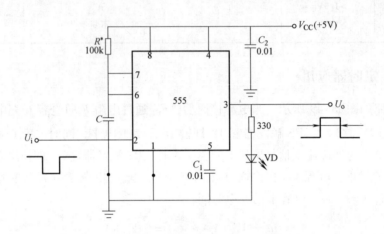

图 11-50　触摸开关电路

该触摸开关电路可以用触摸报警、触摸报时、触摸控制等方面。

电路输出信号的高低电平与数字逻辑电平兼容。图中 C_1 为高频滤波电容，以保持 $\frac{2}{3}V_{CC}$ 的基准电压稳定，一般取 $0.01\mu F$。C_2 用来滤除电源电流跳变引入的高频干扰，一般取 $0.01\sim0.1\mu F$。

2. 脉冲宽度检测器

图 11-51 为脉冲宽度检测仪电路，可用来检测输入脉冲的宽度 t_1。其中 555 与 R_2C_2 组成基本的单稳态触发器，晶体管 VT_1、VT_2 工作在开关状态。电路工作原理：输入脉冲 A 未来到时，VT_1 截止，555 的输出 C 为低电平，VT_2 亦截止，因此电路的输出端 D 为低电平。输入脉冲 A 的正跳变来到，VT_1 导通，B 点变为低电平，C 变为高电平，VT_2 导通，输出 D 仍为低电平。低电平的持续时间由单稳态触发器的延迟时间 t_2 决定，$t_2=1.1R_2C_2$，如果被测脉冲的宽度 t_1 大于 t_2，当 C 变为低电平时，VT_2 截止，由于 A 仍为高电平，所以 D 变为高电平。D 的高电平持续时间 t_3 由 t_1 决定，即 A 变为低电平时，D 也变为低电平，由图 11-51b 可知，输入脉冲的宽度

$$t_1=t_2+t_3=1.1R_2C_2+t_3$$

上式表明，只有当触发脉冲的宽度 t_1 大于延迟时间 t_2 时，电路的输出脉冲 D 才有可能产生。

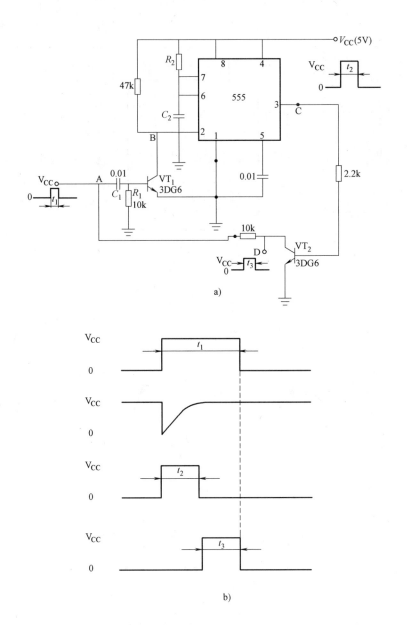

图 11-51　脉冲宽度检测器电路及波形

a）脉冲宽度检测器电路　b）波形

3. 多谐振荡器及其应用

（1）图 11-52 为占空比可调的多谐振荡器方波电路。

由于接入了隔离二极管，使电路中定时电容 C_T 充放电路分开。

电源接通 V_{CC} 时，$U_{CT}=0$，定时电路处于置位状态，U_o ="1"，放电管 VT 截止。由 $+V_{CC}$ 经 R_1、VD_1 对 C_T 充电，U_{CT} 上升，当 $U_{CT}=U_{th1}=2V_{CC}/3$ 时，定时电路转为复位状态，U_o ="0"，放电管 VT 导通，C_T 经 D_2、R_2 及放电管 VT 放电，U_{CT} 下降，至 $U_{CT}=U_{th2}$

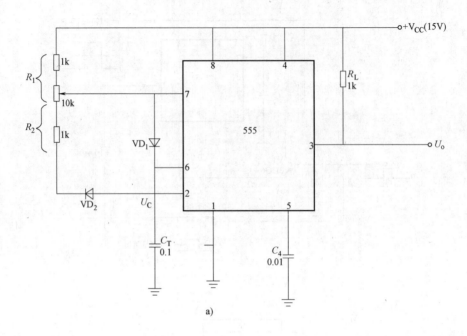

a)

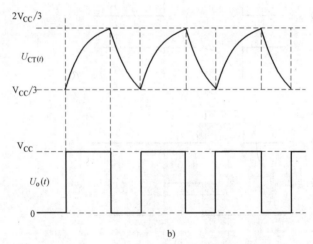

b)

图 11-52　多谐振荡器方波电路

a) 多谐振荡器电路图　b) 多谐振荡器方波发生波形

$= V_{CC}/3$ 时，定时电路又转到置位状态，$U_o =$ "1"，VT 截止，C_T 又开始被充放电循环而形成振荡。

　　振荡稳定后，$U_o =$ "1" $= V_{CC}$ 时，C_T 从 $U_{th2} = V_{CC}/3$ 充电到 $U_{th1} = 2V_{CC}/3$，充电时间常数 $\tau_1 = R_1 C_T$，设 t_1 为充电时间。$U_o =$ "0" $= 0V$ 时，C_T 从 $U_{th1} = 2V_{CC}/3$ 放电到 $U_{th2} = V_{CC}/3$ 放电时间常数 $\tau_2 = R_2 C_T$，设 t_2 为放电时间。

由充电方程式：$U_{CT}(t_1) = \left(V_{CC} - \dfrac{V_{CC}}{3}\right)\left[1 - \exp\left(-\dfrac{t}{t_1}\right)\right] + \dfrac{V_{CC}}{3} = \dfrac{2V_{CC}}{3}$

可得：　　　　　　　　　　$t_1 = \tau_1 \ln 2 \approx 0.693\tau_1 = 0.693 R_1 C_T$

同理：　　　　　　　　　　$t_2 = \tau_2 \ln 2 \approx 0.693\tau_2 = 0.693 R_2 C_T$

振荡周期和频率分别为

$$T_o = t_1 + t_2 \approx 0.693(R_1 + R_2)C_T$$

$$f_o = \frac{1}{T_o} \approx \frac{1.443}{(R_1 + R_2)C_T}$$

电路输出方波信号的占空比系数

$$q = \frac{t_1}{T_o} = \frac{R_1}{R_1 + R_2}$$

调节电路中的电位器可得占空系数调节范围：8.3% ~ 91.3%

（2）可编程多谐振荡器　如图 11-53 所示。当开关接通时，其两端电阻应尽可能的小：$R_{ON} = 240 \sim 1050\Omega$。断开时，两端电阻尽可能大：$R_{OFF} >$ 几百千欧。电子开关功耗低，速度高，电源电压范围为 ±15V，否则会使 R_{ON} 增加，R_{OFF} 减小，容易损坏开关。

图中利用模拟电子开关 4016，选用 1.5MΩ 定时电阻 R_{t1}^*，当控制输入端为高电平时，S_1 导通，输出 100Hz 的负脉冲；当控制输入端为低电平时，S_2 导通，选择 1.2MΩ 的定时电阻 R_{t2}^*，输出 120Hz 的脉冲。

由上面 A 中的 555 充放电方程式可得：

S_1 导通时：　　　　　　$\tau_1 = R_{t1}^* C_2, t_1 = \tau_1 \ln 2 = 0.693\tau_1$

$$\tau_1' = R_1 C_2, \quad t_1' = \tau_1' \ln 2 = 0.693\tau_1'$$

式中，τ_1、t_1 代表充电，τ_1'、t_1' 代表放电。

所以振荡频率和周期：

$$T_1 = t_1 + t_1' = 0.693(R_{t1}^* + R_1)C_2$$

$$f_1 = \frac{1}{T_1} = \frac{1}{0.693(R_{t1}^* + R_1)C_2} = \frac{1.443}{(R_{t1}^* + R_1)C_2}$$

同理可得 S_2 导通时的周期和频率：

$$T_2 = 0.693(R_{t2}^* + R_1)C_2$$

$$f_2 = \frac{1}{T_2} = \frac{1}{0.693(R_{t2}^* + R_1)C_2} = \frac{1.443}{(R_{t2}^* + R_1)C_2}$$

如果选通开关用 4 选 1，8 选 1，就可输出更多的频率。

（3）模拟声响电路　图 11-54 是用两个多谐振荡器构成的模拟声响电路。这种模拟声响发生器是由两个多谐振荡器组成。一个振荡频率较低，另一个振荡频率受其控制。例如可调节定时元件 R_{A1}、R_{B1}、C_1，使振荡器 1 的 $f = 1$Hz，调节 R_{A2}、R_{B2}、C_2，使振荡器 2 的 $f = 1$kHz，那么扬声器就会发出呜呜…的声音。

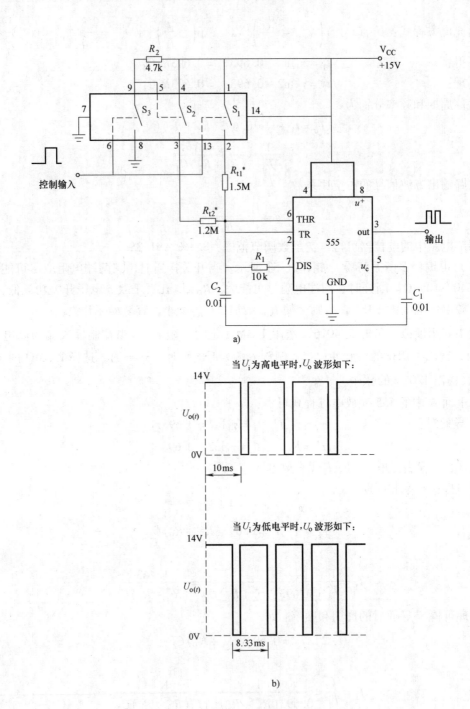

图 11-53　可编程多谐振荡器

a）可编程多谐振荡器电路图

b）可编程多谐振荡器波形

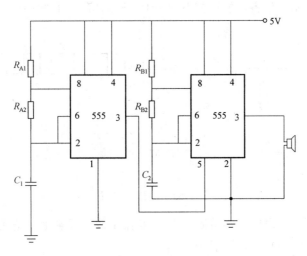

图 11-54　模拟声响电路

11.5　思考与练习

1. 试将 JK 触发器、D 触发器构成 T′触发器。

2. 设同步 RS 触发器初始状态 1，R、S 和 CP 端输入信号如图 11-55 所示。画出相应的 Q 和$\overline{Q}$的波形。

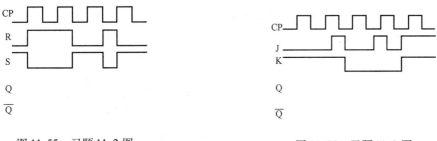

图 11-55　习题 11.2 图　　　　　　　　图 11-56　习题 11.3 图

3. 设边沿 J、K 触发器的初始状态为 0，请画出如图 11-56 所示 CP、J、K 信号作用下，触发器 Q 和$\overline{Q}$端的波形。

4. 设维持阻塞 D 触发器初始状态为 0，试画出在如图 11-57 所示的 CP 和 D 信号作用下，触发器 Q 端的波形。

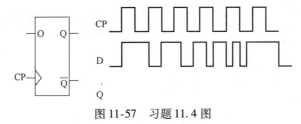

图 11-57　习题 11.4 图

5. 如图 11-58 所示，设各触发器初态 $Q^n = 0$，试画出在 CP 脉冲作用下，各触发器 Q 端的波形。

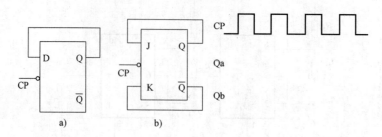

图 11-58 习题 11.5 图

6. 如图 11-59 所示，电路由维持阻塞 D 触发器组成，设初始状态 $Q_1 = Q_2 = 0$，试画出在 CP 和 D 信号作用下，$Q_1 Q_2$ 端的波形。

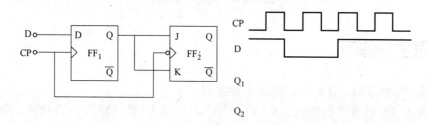

图 11-59 习题 11.6 图

7. 如图 11-60 所示，电路初始状态为 1，试画出在 CP、A、B 信号作用下，Q 端波形。并写出触发器次态 Q^{n+1} 函数表达式。

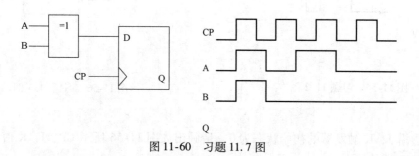

图 11-60 习题 11.7 图

8. 维持阻塞 D 触发器接成如图 11-61 所示电路。画出在 CP 脉冲作用下，Q_1、Q_2 的波形（设 Q_1、Q_2 初始状态均为 0）

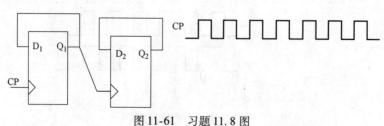

图 11-61 习题 11.8 图

9. 如图 11-62 所示。电路初始状态为 0，试画出在 CP 信号作用下 Q_1、Q_2 端波形。若用 D 触发器构成相同功能的电路，应如何连接？

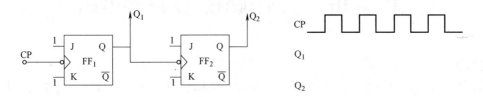

图 11-62　习题 11.9 图

10. 分析图 11-63 所示电路，它具有什么功能，并填入表 11-24。

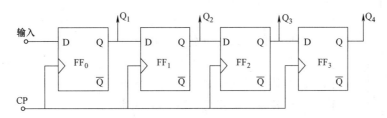

图 11-63　习题 11.10 图

表 11-24　习题 11.10 表

CP	输入数据	Q_1	Q_2	Q_3	Q_4
1	1				
2	0				
3	0				
4	1				

11. 某时序电路如图 11-64 所示。要求：（1）分析电路功能；（2）画时序图。

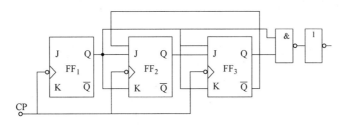

图 11-64　习题 11.11 图

第 12 讲　数-模和模-数转换电路

【导读】

　　数-模（D-A）和模-数（A-D）转换器是沟通模拟、数字领域的桥梁，特别是当计算机广泛应用于工业控制、测量数据分析后，它便成为数字系统中的重要组成部分。在使用计算机进行工业控制的过程中，数-模和模-数转换器是重要的接口电路。在数字测量仪器仪表中，模-数转换器是核心电路。在对非电量的测量与控制系统中，数-模和模-数转换器也是不可缺少的组成部分。

应知

　　※掌握权电阻 D-A 转换器的工作原理

　　※掌握倒 T 型电阻网络 D-A 转换器的工作原理

　　※了解 D-A 转换器典型芯 DAC0832 的特点及应用

　　※了解 A-D 转换器典型芯 ADC0809 的特点及应用

应会

　　☆能合理选择 D-A、A-D 转换器

　　☆能绘制 A-D 数据采样电路

　　☆能安装与调式 ADC0809 电子电路

　　☆会安装与调式 DAC0832 电子电路

12.1　数-模转换器（DAC）

12.1.1　数-模转换器的基本概念

把数字信号转换为模拟信号称为数-模转换，简称 D-A（Digital to Analog）转换，实现 D-A 转换的电路称为 D-A 转换器，或写为 DAC（Digital-Analog Converter）。

随着计算机技术的迅猛发展，人类从事的许多工作，从工业生产的过程控制、生物工程到企业管理、办公自动化、家用电器等等各行各业，几乎都要借助于数字计算机来完成。但是，计算机是一种数字系统，它只能接收、处理和输出数字信号，而数字系统输出的数字量必须还原成相应的模拟量，才能实现对模拟系统的控制。数 – 模转换是数字电子技术中非常重要的组成部分。

把模拟信号转换为数字信号称为模-数转换，简称 A-D（Analog to Digital）转换。实现 A-D 转换的电路称为 A-D 转换器，或写为 ADC（Analog-Digital Converter）。D-A 及 A-D 转换在自动控制和自动检测等系统中应用非常广泛。

D-A 转换器及 A-D 转换器的种类很多，这里主要介绍常用的权电阻网络 D-A 转换器、倒 T 型电阻网络 D-A 转换器、权电流型 D-A 转换器及权电容网络 D-A 转换器等几种类型；A-D 转换器一般有直接 A-D 转换器和间接 A-D 转换器两大类。

12.1.2　权电阻网络 D-A 转换器

权电阻网络 D-A 转换器的基本原理如图 12-1 所示。

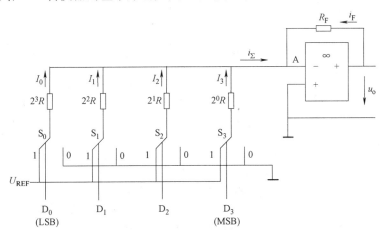

图 12-1　权电阻网络 D-A 转换器的基本原理

这是一个四位权电阻网络 D-A 转换器。它由权电阻网络电子模拟开关和放大器组成。该电阻网络的电阻值是按四位二进制数的位权大小来取值的，低位最高（2^3R），高位最低（2^0R），从低位到高位依次减半。S_0、S_1、S_2 和 S_3 为 4 个电子模拟开关，其状态分别受输入代码 D_0、D_1、D_2 和 D_3 4 个数字信号控制。输入代码 D_i 为 1 时，开关 S_i 连到 1 端，连接到参考电压 U_{REF} 上，此时有一支路电流 I_i 流向放大器的 A 节点。D_i 为 0 时，开关 S_i 连到 0 端，直接接地，节点 A 处无电流流入。运算放大器为一反馈求和放大器，此处我们将它近

似看做是理想运放。因此我们可得到流入节点 A 的总电流

$$i_\Sigma = (I_0 + I_1 + I_2 + I_3) = \Sigma I_i$$

$$= \left(\frac{1}{2^3 R}D_0 + \frac{1}{2^2 R}D_1 + \frac{1}{2^1 R}D_2 + \frac{1}{2^0 R}D_3\right)U_{REF}$$

$$= \frac{U_{REF}}{2^3 R}(2^3 D_3 + 2^2 D_2 + 2^1 D_1 + 2^0 D_0) \qquad (12\text{-}1)$$

可得结论：i_Σ 与输入的二进制数成正比，故而此网络可以实现从数字量到模拟量的转换。

另一方面，对通过运放的输出电压，我们有同样的结论：

运放输出电压

$$u_o = -i_\Sigma R_F \qquad (12\text{-}2)$$

将（12-1）式代入，得

$$u_o = -\frac{U_{REF}}{2^3 R} \cdot \frac{1}{2}R(2^3 D_3 + 2^2 D_2 + 2^1 D_1 + 2^0 D_0)$$

$$= -\frac{U_{REF}}{2^4}(2^3 D_3 + 2^2 D_2 + 2^1 D_1 + 2^0 D_0) \qquad (12\text{-}3)$$

将上述结论推广到 n 位权电阻网络 D-A 转换器，输出电压的公式可写成：

$$u_o = -\frac{U_{REF}}{2^n}(2^{n-1}D_{n-1} + 2^{n-2}D_{n-2} + L + 2^1 D_1 + 2^0 D_0) \qquad (12\text{-}4)$$

权电阻网络 D-A 转换器的优点是电路简单，电阻使用量少，转换原理容易掌握；缺点是所用电阻依次相差一半，当需要转换的位数越多，电阻差别就越大，在集成制造工艺上就越难以实现。为了克服这个缺点，通常采用 T 型或倒 T 型电阻网络 D-A 转换器。

12.1.3　D-A 转换器的主要技术指标

1. 分辨率

分辨率是说明 D-A 转换器输出最小电压的能力。它是指 D-A 转换器模拟输出所产生的最小输出电压 U_{LSB}（对应的输入数字量仅最低位为 1）与最大输出电压 U_{FSR}（对应的输入数字量各有效位全为 1）之比：

$$分辨率 = \frac{U_{LSB}}{U_{FSR}} = \frac{1}{2^n - 1} \qquad (12\text{-}5)$$

式中，n 表示输入数字量的位数。可见，分辨率与 D-A 转换器的位数有关，位数 n 越大，能够分辨的最小输出电压变化量就越小，即分辨最小输出电压的能力也就越强。

例如：$n = 8$ 时，D-A 转换器的分辨率

$$分辨率 = \frac{1}{2^8 - 1} = 0.0039$$

而当 $n = 10$ 时，D-A 转换器的分辨率

$$分辨率 = \frac{1}{2^{10} - 1} = 0.000978$$

很显然，10 位 D-A 转换器的分辨率比 8 位 D-A 转换器的分辨率高得多。但在实践中我

们应该记住，分辨率是一个设计参数，不是测试参数。

2. 转换精度

转换精度是指 D-A 转换器实际输出的模拟电压值与理论输出模拟电压值之间的最大误差。显然，这个差值越小，电路的转换精度越高。但转换精度是一个综合指标，包括零点误差、增益误差等，不仅与 D-A 转换器中的元件参数的精度有关，而且还与环境温度、求和运算放大器的温度漂移以及转换器的位数有关。故而要获得较高精度的 D-A 转换结果，一定要正确选用合适的 D-A 转换器的位数，同时还要选用低漂移高精度的求和运算放大器。一般情况下，要求 D-A 转换器的误差小于 $U_{\text{LSB}}/2$。

3. 转换时间

转换时间是指 D-A 转换器从输入数字信号开始到输出模拟电压或电流达到稳定值时所用的时间。即转换器的输入变化为满度值（输入由全 0 变为全 1 或由全 1 变为全 0）时，其输出达到稳定值所需的时间，为转换时间也称建立时间。转换时间越小，工作速度就越高。

12.1.4 常用集成 DAC 转换器简介

DAC0830 系列包括 DAC0830、DAC0831 和 DAC0832，是 CMOS 工艺实现的 8 位乘法 D-A 转换器，可直接与其他微处理器接口。该电路采用双缓冲寄存器，使它能方便地应用于多个 D-A 转换器同时工作的场合。数据输入能以双缓冲、单缓冲或直接通过三种方式工作。0830 系列各电路的原理、结构及功能都基本相同，参数指标略有不同。现在以使用最多的 DAC0832 为例进行说明。

DAC0832 是用 CMOS 工艺制成的 20 只脚双列直插式单片八位 D-A 转换器。它由八位输入寄存器、八位 DAC 寄存器和八位 D-A 转换器三大部分组成。它有两个分别控制的数据寄存器，可以实现两次缓冲，所以使用时有较大的灵活性，可根据需要接成不同的工作方式。

DAC0832 芯片上各管脚的名称和功能说明如下：

1. 引脚功能

DAC0832 的逻辑功能框图和引脚如图 12-2 所示。各引脚的功能说明如下：

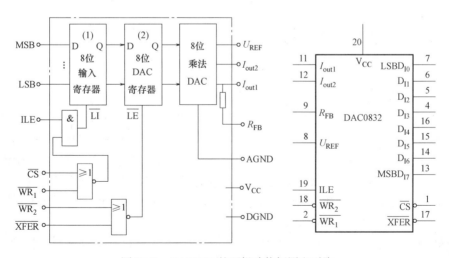

图 12-2 DAC0832 的逻辑功能框图和引脚

$\overline{\text{CS}}$：片选信号，输入低电平有效。

ILE：输入锁存允许信号，输入高电平有效。

$\overline{\text{WR}_1}$：输入寄存器写信号，输入低电平有效。

$\overline{\text{WR}_2}$：DAC 寄存器写信号，输入低电平有效。

$\overline{\text{XFER}}$：数据传送控制信号，输入低电平有效。

$D_{I0} \sim D_{I7}$：8 位数据输入端，D_{I0} 为最低位，D_{I7} 为最高位。

I_{out1}：DAC 电流输出 1。此输出信号一般作为运算放大器的一个差分输入信号（通常接反相端）。

I_{out2}：DAC 电流输出 2，$I_{out1} + I_{out2} = $ 常数。

R_{FB}：反馈电阻。

U_{REF}：参考电压输入，可在 $-10 \sim 10V$ 内选择。

V_{CC}：数字部分的电源输入端，可在 $5 \sim 15V$ 内选取，15V 时为最佳工作状态。

AGND：模拟地。

DGND：数字地。

2. 工作方式

（1）双缓冲方式　DAC0832 包含输入寄存器和 DAC 寄存器两个数字寄存器，因此称为双缓冲。即数据在进入倒 T 型电阻网络之前，必须经过两个独立控制的寄存器。这对使用者是非常有利的：首先，在一个系统中，任何一个 DAC 都可以同时保留两组数据，其次双缓冲允许在系统中使用任何数目的 DAC。

（2）单缓冲与直通方式　在不需要双缓冲的场合，为了提高数据通过率，可采用这两种方式。例如，当 $\overline{\text{CS}} = \overline{\text{WR}_2} = \overline{\text{XFER}} = 0$、ILE $= 1$ 时，这时的 DAC 寄存器就处于"透明"状态，即直通工作方式。当 $\overline{\text{WR}_1} = 1$ 时，数据锁存，模拟输出不变，当 $\overline{\text{WR}_1} = 0$ 时，模拟输出更新。这被称为单缓冲工作方式。又假如 $\overline{\text{CS}} = \overline{\text{WR}_2} = \overline{\text{XFER}} = \overline{\text{WR}_1} = 0$、ILE $= 1$ 时，此时两个寄存器都处于直通状态，模拟输出能够快速反应输入数码的变化。

DAC0832 的双缓冲器型、单缓冲器型和直通型工作方式如图 12-3 所示。

12.2　模-数转换器（ADC）

12.2.1　ADC 基本概念

模-数转换是将模拟信号转换为相应的数字信号，把模拟信号转换为数字信号称为模-数转换，简称 A-D（Analog to Digital）转换。实现 A-D 转换的电路称为 A-D 转换器，或写为 ADC（Analog-Digital Converter）；实际应用中用到大量的连续变化的物理量，如温度、流量、压力、图像、文字等信号，需要经过传感器变成电信号，但这些电信号是模拟量，它必须变成数字量才能在数字系统中进行加工、处理。因此，模-数转换是数字电子技术中非常重要的组成部分，在自动控制和自动检测等系统中应用非常广泛。

A-D 转换器是模拟系统和数字系统之间的接口电路，A-D 转换器在进行转换期间，要求输入的模拟电压保持不变，但在 A-D 转换器中，因为输入的模拟信号在时间上是连续的，而输出的数字信号是离散的，所以进行转换时，只能在一系列选定的瞬间对输入的模拟信号

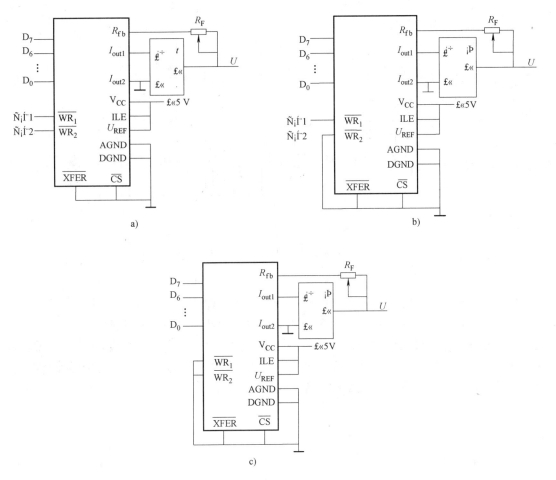

图 12-3　DAC0832 的三种工作方式

a) 双缓冲器型　b) 单缓冲器型　c) 直通型

进行采样,然后再把这些采样值转化为输出的数字量,一般来说,转换过程包括取样、保持、量化和编码四个步骤。

A-D 转换的一般步骤如下:

1. 采样和保持

采样(又称抽样或取样)是对模拟信号进行周期性地获取样值的过程,即将时间上连续变化的模拟信号转换为时间上离散、幅度上等于采样时间内模拟信号大小的模拟信号,即转换为一系列等间隔的脉冲。其采样原理如图 12-4 所示。

图 12-4a 中,u_i 为模拟输入信号,u_s 为采样脉冲,u_o 为取样后的输出信号。

采样电路实质上是一个受采样脉冲控制的电子开关,其工作波形如图 12-4b 所示。在采样脉冲 u_s 有效期(高电平期间)内,采样开关 S 闭合接通,使输出电压等于输入电压,即 $u_o = u_i$;在采样脉冲 u_s 无效期(低电平期间)内,采样开关 S 断开,使输出电压等于 0,即 $u_o = 0$。因此,每经过一个采样周期,在输出端便得到输入信号的一个采样值。u_s 按照一定频率 f_S 变化时,输入的模拟信号就被采样为一系列的样值脉冲。当然采样频率 f_S 越高,在时间一定的情况下采样到的样值脉冲越多,因此输出脉冲的包络线就越接近于输入的模拟信号。

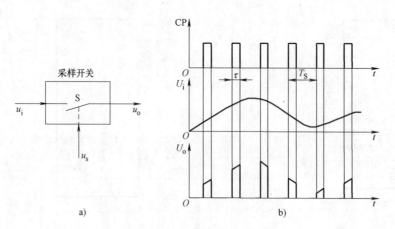

图 12-4　采样原理图

a) 采样原理图　b) 工作波形

为了不失真地用采样后的输出信号 u_o 来表示输入模拟信号 u_i，采样频率 f_S 必须满足：采样频率应不小于输入模拟信号最高频率分量的两倍，即 $f_S \geq 2f_{max}$（此式就是广泛使用的采样定理）。其中，f_{max} 为输入信号 u_i 的上限频率（即最高次谐波分量的频率）。

ADC 把采样信号转换成数字信号需要一定的时间，所以在每次采样结束后，都需要将这个断续的脉冲信号，保持一定时间以便进行转换。图 12-5a 是一种常见的采样保持电路，它由采样开关、保持电容和缓冲放大器组成。

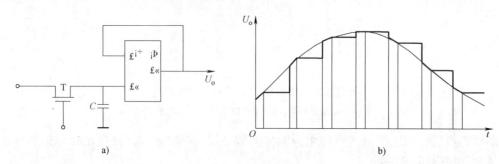

图 12-5　基本采样-保持电路

a) 电路　b) 输入输出波形

在图 12-5a 中，利用场效应晶体管做模拟开关。在采样脉冲 CP 到来的时间 τ 内，开关接通，输入模拟信号 $u_{i(t)}$ 向电容 C 充电，当电容 C 的充电时间常数为 t_C 时，电容 C 上的电压在时间 τ 内跟随 $u_{i(t)}$ 变化。采样脉冲 CP 结束后，开关断开，因电容的漏电很小且运算放大器的输入阻抗又很高，所以电容 C 上电压可保持到下一个采样脉冲到来为止。运算放大器构成电压跟随器，具有缓冲作用，以减小负载对保持电容的影响。在输入一连串采样脉冲后，输出电压 $u_{o(t)}$ 波形如图 12-5b 所示。

2. 量化和编码

输入的模拟信号经采样—保持电路后，得到的是阶梯形模拟信号，它们是连续模拟信号在给定时刻上的瞬时值，但仍然不是数字信号。必须进一步将阶梯形模拟信号的幅度等分成 n 级，并给每级规定一个基准电平值，然后将阶梯电平分别归并到最邻近的基准电平上。这个过程称为量化。量化中采用的基准电平称为量化电平，采样保持后未量化的电平 u_o 值与量化电平 u_q 值之差称为量化误差 δ，即 $\delta = u_o - u_q$。量化的方法一般有两种：只舍不入法和有舍有入法（或称四舍五入法）。我们将用二进制数码来表示各个量化电平的过程称为编码。此时把每个样值脉冲都转换成与它的幅度成正比的数字量，才算全部完成了模拟量到数字量的转换。

只舍不入的方法是：取最小量化单位 $\Delta = U_m/2^n$，其中 U_m 为模拟电压最大值，n 为数字代码位数，将 $0 \sim \Delta$ 之间的模拟电压归并到 $0 \cdot \Delta$，把 $\Delta \sim 2\Delta$ 之间的模拟电压归并到 $1 \cdot \Delta$，依此类推。这种方法产生的最大量化误差为 Δ。比如，将 $0 \sim 1\text{V}$ 的模拟电压信号转换成三位二进制代码。有 $\Delta = \dfrac{1}{2^3}\text{V} = \dfrac{1}{8}\text{V}$，那么 $0 \sim \dfrac{1}{8}\text{V}$ 之间的模拟电压归并到 $0 \cdot \Delta$，用 000 表示，$\dfrac{1}{8} \sim \dfrac{2}{8}\text{V}$ 之间的模拟电压归并到 $1 \cdot \Delta$，用 001 表示，…，依此类推直到将 $\dfrac{7}{8} \sim 1\text{V}$ 之间的模拟电压归并到 $7 \cdot \Delta$，用 111 表示，此时最大量化误差为 $\dfrac{1}{8}\text{V}$。该方法简单易行，但量化误差比较大，为了减小量化误差，通常采用另一种量化编码方法，即有舍有入法。

有舍有入的方法是：取最小量化单位 $\Delta = \dfrac{2U_m}{2^{n+1}-1}$，其中 U_m 仍为模拟电压最大值，n 为数字代码位数，将 $0 \sim \dfrac{\Delta}{2}$ 之间的模拟电压归并到 $0 \cdot \Delta$，把 $\dfrac{\Delta}{2} \sim \dfrac{3\Delta}{2}$ 之间的模拟电压归并到 $1 \cdot \Delta$，…，依此类推。这种方法产生的最大量化误差为 $\dfrac{1}{2}\Delta$。用此法重做上例，将 $0 \sim 1\text{V}$ 的模拟电压信号转换成三位二进制代码。有 $\Delta = \dfrac{2}{15}\text{V}$，那么将 $0 \sim \dfrac{1}{15}\text{V}$ 之间的模拟电压归并到 $0 \cdot \Delta$，用 000 表示，把 $\dfrac{1}{15} \sim \dfrac{3}{15}\text{V}$ 以内的模拟电压归并到 $1 \cdot \Delta$，用 001 表示…，直到将 $\dfrac{13}{15} \sim 1\text{V}$ 之间的模拟电压归并到 $7 \cdot \Delta$，用 111 表示，很明显此时最大量化误差为 $\dfrac{1}{15}\text{V}$。比上述只舍不入方法的最大量化误差 $\dfrac{1}{8}\text{V}$ 明显减小了（减小了近一半）。因而实际中广泛采用有舍有入的方法。当然，无论采用何种划分量化电平的方法都不可避免地存在量化误差，量化级分得越多（即 ADC 的位数越多），量化误差就越小，但同时输出二进制数的位数就越多，要实现这种量化的电路将更加复杂。因而在实际工作中，并不是量化级分的越多越好，而是根据实际要求，合理地选择 A-D 转换器的位数。图 12-6 表示了两种不同的量化编码方法。

3. A-D 转换器的分类

目前，A-D 转换器的种类虽然很多，但从转换过程来看，可以归结成两大类，一类是直接 A-D 转换器，另一类是间接 A-D 转换器。在直接 A-D 转换器中，输入模拟信号不需要中间变量就直接被转换成相应的数字信号输出，如计数型 A-D 转换器、逐次逼近型 A-D 转换器和并联比较型 A-D 转换器等，其特点是工作速度高，转换精度容易保证，调准也比较方便。而在间接 A-D 转换器中，输入模拟信号先被转换成某种中间变量（如时间、频率等），然后再将中间变量转换为最后的数字量，如单次积分型 A-D 转换器、双积分型 A-D 转换器等，其特点是工作速度较低，但转换精度可以做得较高，且抗干扰性能强，一般在测试仪表

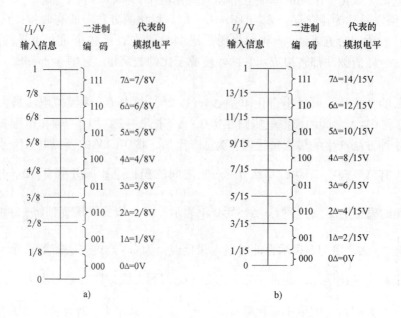

图 12-6　两种量化编码方法的比较

a) 只舍不入法　b) 有舍有入法

中用得较多。我们将 A-D 转换器的分类归纳如下：

$$
\text{A-D 转换器}\begin{cases}\text{直接型}\begin{cases}\text{并联比较型}\\[6pt]\text{反馈比较型}\begin{cases}\text{计数型}\\[6pt]\text{逐次逼近型}\end{cases}\end{cases}\\[18pt]\text{间接型}\begin{cases}\text{电压时间变换（}U-T\text{）型-双积分型}\\[6pt]\text{电压频率变换（}U-F\text{）型}\end{cases}\end{cases}
$$

下面将以最常用的两种 A-D 转换器（逐次逼近型 A-D 转换器、双积分型 A-D 转换器）为例，介绍 A-D 转换器的基本工作原理。

4. 逐次逼近型 A-D 转换器

逐次逼近型 A-D 转换器又称逐次渐近型 A-D 转换器，是一种反馈比较型 A-D 转换器。逐次逼近型 A-D 转换器进行转换的过程类似于天平称物体重量的过程。天平的一端放着被称的物体，另一端加砝码，各砝码的重量按二进制关系设置，一个比一个重量减半。称重时，把砝码从大到小依次放在天平上，与被称物体比较，如砝码不如物体重，则该砝码予以保留，反之去掉该砝码，多次试探，经天平比较加以取舍，直到天平基本平衡称出物体的重量为止。这样就以一系列二进制码的重量之和表示了被称物体的重量。例如设物体重 11 克，砝码的重量分别为 1 克、2 克、4 克和 8 克。称重时，物体天平的一端，在另一端先将 8 克的砝码放上，它比物体轻，该砝码予以保留（记为 1），我们将被保留的砝码记为 1，不被保留的砝码记为 0。然后再将 4 克的砝码放上，现在砝码总和比物体重了，该砝码不予保留（记为 0），依次类推，我们得到的物体重量用二进制数表示为 1011。用表 12-1 表示整个称重过程。

表 12-1　逐次逼近法称重物体过程表

顺序	砝码/g	比较	砝码取舍
1	8	8 < 11	取(1)
2	4	12 > 11	舍(0)
3	2	10 < 11	取(1)
4	1	11 = 11	取(1)

利用上述天平称物体重量的原理可构成逐次逼近型 A-D 转换器。

逐次逼近型 A-D 转换器的结构框图如图 12-7 所示。包括四个部分：电压比较器、D-A 转换器、逐次逼近寄存器和顺序脉冲发生器及相应的控制逻辑。

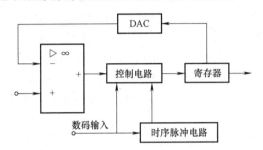

图 12-7　逐次逼近型 A-D 转换器框图

逐次逼近型 A-D 转换器是将大小不同的参考电压与输入模拟电压逐步进行比较，比较结果以相应的二进制代码表示。转换开始前先将寄存器清零，即送给 D-A 转换器的数字量为 0，三个输出门 G_7、G_8、G_9 被封锁，没有输出。转换控制信号有效后（为高电平）开始转换，在时钟脉冲作用下，顺序脉冲发生器发出一系列节拍脉冲，寄存器受顺序脉冲发生器及控制电路的控制，逐位改变其中的数码。首先控制逻辑将寄存器的最高位置为 1，使其输出为 100……00。这个数码被 D-A 转换器转换成相应的模拟电压 U_o，送到比较器与待转换的输入模拟电压 U_i 进行比较。若 $U_o > U_i$，说明寄存器输出数码过大，故将最高位的 1 变成 0，同时将次高位置 1；若 $U_o \leq U_i$，说明寄存器输出数码还不够大，则应将这一位的 1 保留。数码的取舍通过电压比较器的输出经控制器来完成的。依次类推按上述方法将下一位置 1 进行比较确定该位的 1 是否保留，直到最低位为止。此时寄存器里保留下来的数码即为所求的输出数字量。

5. A-D 转换器的主要技术指标

（1）分辨率

$$分辨率 = \frac{u_I}{2^n} \tag{12-6}$$

A-D 转换器的分辨率指 A-D 转换器对输入模拟信号的分辨能力，即 A-D 转换器输出数字量的最低位变化一个数码时，对应的输入模拟量的变化量。常以输出二进制码的位数 n 来表示。

式中，u_I 是输入的满量程模拟电压，n 为 A-D 转换器的位数。显然 A-D 转换器的位数越多，可以分辨的最小模拟电压的值就越小，也就是说 A-D 转换器的分辨率就越高。

例如，$n = 8$，$u_I = 5V$，A-D 转换器的分辨率

$$分辨率 = \frac{5V}{2^8} = 19.53mV$$

当 $n=10$，$u_I = 5V$，A-D 转换器的分辨率为

$$分辨率 = \frac{5V}{2^{10}} = 4.88mV$$

由此可知，同样输入情况下，10 位 ADC 的分辨率明显高于 8 位 ADC 的分辨率。

实际工作中经常用 A-D 转换器的位数来表示 A-D 转换器的分辨率。和 D-A 转换器一样，A-D 转换器的分辨率也是一个设计参数，不是测试参数。

（2）转换速度 转换速度是指完成一次 A-D 转换所需的时间。转换时间是从模拟信号输入开始，到输出端得到稳定的数字信号所经历的时间。转换时间越短，说明转换速度越高。并联型 A-D 转换器的转换速度最高，约为数十纳秒；逐次逼近型转换速度次之，约为数十微秒；双积分型 A-D 转换器的转换速度最慢，约为数十毫秒。

（3）相对精度 在理想情况下，所有的转换点应在一条直线上。相对精度是指 A-D 转换器实际输出数字量与理论输出数字量之间的最大差值。一般用最低有效位 LSB 的倍数来表示。如果相对精度不大于 LSB 的一半，就说明实际输出数字量与理论输出数字量的最大差值不超过 LSB 的一半。

6. 常用集成 ADC 简介

ADC0809 是一种逐次比较型 ADC。它是采用 CMOS 工艺制成的 8 位 8 通道 A-D 转换器，采用 28 只引脚的双列直插封装，其原理和引脚如图 12-8 所示。

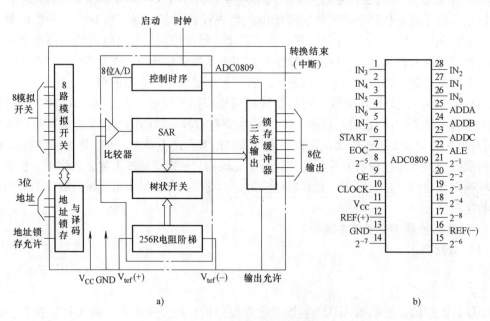

图 12-8 ADC0809 原理和引脚

a）功能框图 b）引脚图

ADC0809 有三个主要组成部分：256 个电阻组成的电阻阶梯及树状开关、逐次比较寄存器 SAR 和比较器。电阻阶梯和树状开关是 ADC0809 的一个特点。另一个特点是，它含有一个 8 通道单端信号模拟开关和一个地址译码器。地址译码器选择 8 个模拟信号之一送入

ADC 进行 A-D 转换, 因此适用于数据采集系统。表 12-2 为通道选择。

表 12-2　通道选择

地　址　输　入			选中通道
ADDC	ADDB	ADDA	
0	0	0	IN_0
0	0	1	IN_1
0	1	0	IN_2
0	1	1	IN_3
1	0	0	IN_4
1	0	1	IN_5
1	1	0	IN_6
1	1	1	IN_7

图 12-8b 为引脚图。各引脚功能如下:

1) $IN_0 \sim IN_7$ 是八路模拟输入信号;

2) ADDA、ADDB、ADDC 为地址选择端;

3) $2^{-8} \sim 2^{-1}$ 为变换后的数据输出端;

4) START (6 脚) 是启动输入端。

5) ALE (22 脚) 是通道地址锁存输入端。当 ALE 上升沿到来时, 地址锁存器可对 AD-DA、ADDB、ADDC 锁定。下一个 ALE 上升沿允许通道地址更新。实际使用中, 要求 ADC 开始转换之前地址就应锁存, 所以通常将 ALE 和 TART 连在一起, 使用同一个脉冲信号, 上升沿锁存地址, 下降沿则启动转换。

6) OE (9 脚) 为输出允许端, 它控制 ADC 内部三态输出缓冲器。

7) EOC (7 脚) 是转换结束信号, 由 ADC 内部控制逻辑电路产生。当 EOC = 0 时表示转换正在进行, 当 EOC = 1 表示转换已经结束。因此 EOC 可作为微机的中断请求信号或查询信号。显然只有当 EOC = 1 以后, 才可以让 OE 为高电平, 这时读出的数据才是正确的转换结果。

12.3　ADC 和 DAC 的应用

1. 实验目的

熟悉、掌握 ADC 和 DAC 的使用方法。

2. 实验内容

(1) ADC 电路分析　按图 12-9 连接 ADC 电路。

图中:

U_{IN}: 电压输入端。　　　　　　　　　　$D_0 \sim D_7$: 二进制数码输出端。

$U_{REF(+)}$: 上基准电压输入端。　　　　　　$U_{REF(-)}$: 下基准电压输出端。

SOC: 转换数据启动端 (高电平启动)　　DE: 三态输出控制端。

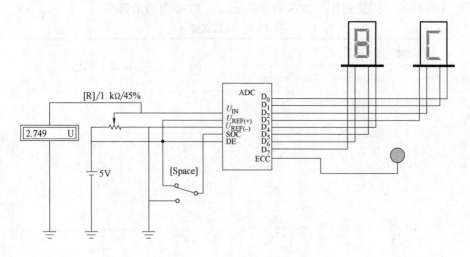

图 12-9　ADC 转换电路

ECC：转换周期结束指示端（输出正脉冲）。

SOC（数模转换启动端）在输入信号改变时，可连续按动 K 键两次，实现模数转换。

该电路输入电压可通过改变电位器 R 值提供，与输出的关系可表示：

$$U_{IN} = 输出数码（十进制）\times (U_{REF(+)} - U_{REF(-)}) / 256。$$

输出的二进制数有如下关系：

$$输出数码 = [U_{IN} \times 256 / (U_{REF(+)} - U_{REF(-)})]$$

并用带译码器七段 LED 以十六进制数形式显示。

运行该电路，调节电位器 R，观察输入（用数字万用表![icon]的电压挡）和输出信号，熟悉、掌握该电路的使用方法，并回答下列问题：

1）图 12-9 的电路是一个 8 位 ADC，基准电压为 5V，对应每 bit 数字输出的电压是多少？

2）该 ADC 的分辨率是多少？

3）填写表 12-3。

表 12-3　测试数据一

输入电压/V	输出数据	
	计算值	实测值
0.050		
0.100		
1.200		
2.199		
3.300		
4.850		

（2）DAC 电路分析　按图 12-10 连接 DAC 电路。

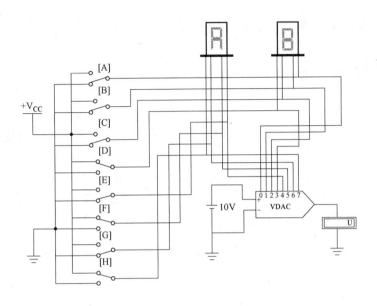

图 12-10　DAC 电路

图中：$D_0 \sim D_7$ 为二进制数码输入端。U_o 为电压输出端。

$U_{REF(+)}$：上基准电压输入端。　　$U_{REF(-)}$：下基准电压输入端。

该 DAC 电路输出表达式：

$U_o = (U_{REF(+)} - U_{REF(-)}) \times D / 256$（D 为输入二进制码对应的十进制数）

运行该电路，调节开关［A］~［H］，观察输入和输出信号，掌握该电路的使用方法，并回答下列问题：

1）该 8 位 DAC，当参考电压为 10V 时，每 bit 对应输出的模拟电压为多少？

2）该 DAC 的分辨率为多少？

3）测量并填写表 12-4。

表 12-4　测试数据二

输 入 数 据		输出电压($U_{REF(+)}$ = 10V)		输出电压($U_{REF(-)}$ = 5V)	
十六进制数	二进制数	计算值	测量值	计算值	测量值
06H					
19H					
38H					
41H					
5CH					
F1H					

4）改变参考电压至 5V，重复第 4）步内容。

12. 4　思考与练习

1. 选择题

1）一输入为十位二进制（n = 10）的倒 T 型电阻网络 DAC 电路中，基准电压 U_{REF} 提供电流为_____。

A. $\dfrac{U_{REF}}{2^{10}R}$　　B. $\dfrac{U_{REF}}{2 \times 2^{10}R}$　　C. $\dfrac{U_{REF}}{R}$　　D. $\dfrac{U_{REF}}{(\Sigma 2^i)\,R}$

2）权电阻网络 DAC 电路最小输出电压是_____。

A. $\dfrac{1}{2}U_{LSB}$　　B. U_{LSB}　　C. U_{MSB}　　D. $\dfrac{1}{2}U_{MSB}$

3）在 D-A 转换电路中，输出模拟电压数值与输入的数字量之间_____关系。

A. 成正比　　B. 成反比　　C. 无

4）ADC 的量化单位为 S，用舍尾取整法对采样值量化，则其量化误差 ε_{max} = _____。

A. 0.5s　　B. 1s　　C. 1.5s　　D. 2s

5）在 D-A 转换电路中，当输入全部为"0"时，输出电压等于_____。

A. 电源电压　　B. 0　　C. 基准电压

6）在 D-A 转换电路中，数字量的位数越多，分辨输出最小电压的能力_____。

A. 越稳定　　B. 越弱　　C. 越强

7）在 A-D 转换电路中，输出数字量与输入的模拟电压之间_____关系。

A. 成正比　　B. 成反比　　C. 无

8）集成 ADC0809 可以锁存_____模拟信号。

A. 4 路　　B. 8 路　　C. 10 路　　D. 16 路

9）双积分型 ADC 的缺点是_____。

A. 转换速度较慢　　　　　　B. 转换时间不固定

C. 对元件稳定性要求较高　　D. 电路较复杂

2. 要求某 DAC 电路输出的最小分辨电压 U_{LSB} 约为 5mV，最大满度输出电压 U_m = 10V，试求该电路输入二进制数字量的位数 N 应是多少？

3. 已知某 DAC 电路输入 10 位二进制数，最大满度输出电压 U_m = 5V，试求分辨率和最小分辨电压。

4. 设 U_{REF} = +5V，试计算当 DAC0832 的数字输入量分别为 7FH，81H，F3H 时（后缀 H 的含义是指该数为十六进制数）的模拟输出电压值。

5. 用 DAC0832 和 4 位二进制计数器 74LS161，设计一个阶梯脉冲发生器。要求有 15 个阶梯，每个阶梯高 0.5V。请选择基准电源电压 U_{REF}，并画出电路图。

6. 某 8 位 D-A 转换器，试问：

1）若最小输出电压增量为 0.02V，当输入二进制 01001101 时，输出电压为多少伏？

2）若其分辨率用百分数表示，则为多少？

3）若某一系统中要求的精度由于 0.25%，则该 D-A 转换器能否使用？

7. 已知 10 位 R-2R 倒 T 型电阻网络 DAC 的 $R_F = R$，$U_{REF} = 10V$，试分别求出数字量为 0000000001 和 1111111111 时，输出电压 u_o。

参 考 文 献

[1]　陆国和.电路与电工技能 [M].2 版.北京：高等教育出版社，2005.

[2]　曾令琴,等.电子技术基础 [M].北京：人民邮电出版社，2006.

[3]　李方园.维修电工技能实训 [M].北京：中国电力出版社，2009.

[4]　毕淑娥.电工与电子技术基础 [M].哈尔滨：哈尔滨工业大学出版社，2008.